广西高等职业教育示范特色专业系列教材

（作物生产技术专业群）

种子生产技术

梁庆平　主编

中国农业大学出版社

·北京·

内容简介

本教材根据广西高等职业教育示范特色专业及作物生产专业群的职业岗位工作任务，由校、行、企以共建的形式共同开发。全书内容包括作物种子生产基础、玉米种子生产技术、水稻种子生产技术、花生种子生产技术、大豆种子生产技术、甘蔗种苗生产技术、甘薯种薯(苗)生产技术、马铃薯种薯生产技术八个项目及附录。每个项目有问题与思考，切实强化对学生的实践技能训练，以提高学生的大田动手能力。

教材内容编排和形式均体现工学结合的特点，注重技术实用性、先进性，突出可操作性，可作为南方地区各类农业高等职业院校种植专业教材及顶岗实训手册，也可供农业科技工作者阅读参考。

图书在版编目(CIP)数据

种子生产技术/梁庆平主编. —北京：中国农业大学出版社，2019.6(2022.1重印)
ISBN 978-7-5655-2224-6

Ⅰ.①种…　Ⅱ.①梁…　Ⅲ.①作物育种-教材　Ⅳ.①S33

中国版本图书馆CIP数据核字(2019)第107456号

书　　名　种子生产技术
作　　者　梁庆平　主编

策划编辑　姚慧敏　司建新　　**责任编辑**　姚慧敏　邢永丽
封面设计　郑　川
出版发行　中国农业大学出版社
社　　址　北京市海淀区学清路甲38号　　**邮政编码**　100083
电　　话　发行部 010-62733489,1190　　读者服务部 010-62732336
编辑部 010-62732617,2618　　出　版　部 010-62733440
网　　址　http://www.caupress.cn　　**E-mail**　cbsszs@cau.edu.cn
经　　销　新华书店
印　　刷　北京时代华都印刷有限公司
版　　次　2019年6月第1版　　2022年1月第2次印刷
规　　格　787×1092　16开本　18.75印张　350千字
定　　价　59.00元

图书如有质量问题本社发行部负责调换

教材编审委员会

编写人员

主　编　梁庆平（广西农业职业技术学院）

副主编　李　梅（广西农业职业技术学院）

编　者　黄　鹂（广西壮族自治区种子管理局）

李永青（广西恒茂种业有限公司）

王世杰（广西农业职业技术学院）

周晓舟（广西农业职业技术学院）

简　峰（广西农业职业技术学院）

黄少军（广西农业职业技术学院）

林　莉（广西农业职业技术学院）

前　言

本教材是在广西高等职业教育种子种苗专业教学改革的精神指导下编写的，供农业高等职业院校相关专业使用，在编写过程中根据农业职业教育特点，注重和突出专业技术知识的应用性、实用性、综合性和先进性，较大程度满足高等职业院校种子种苗专业培养人才的需要。

该教材是高等职业院校作物生产技术专业、种子生产与经营专业专业主干课教材，以理论够用、注重培养技术应用能力为原则，并按行业和职业岗位来设计教学内容。教材编写时将种子生产原理的相关知识和技术技能融于一体，强调以职业岗位能力培养为核心，紧紧围绕培养适应生产、建设、管理和服务第一线需要的高素质、高技能型人才。

《种子生产技术》教材的特色是基础知识系统完整，应用技术实用性强，体现课程综合性，适合项目化教学。本教材共分八个项目，主要内容包括作物种子生产基础、玉米种子生产技术、水稻种子生产技术、花生种子生产技术、大豆种子生产技术、甘蔗种苗生产技术、甘薯种薯（苗）生产技术、马铃薯种薯生产技术。实施本专业教学需要“作物生产技术”“遗传学”“作物育种学”“植物保护”“植物与植物生理学”“土壤与肥料学”“气象学”等课程的相关知识和技能。在教学中，应坚持以学生为主体，利用现场、多媒体等直观的教学手段，强化学生的技能训练。

本教材的编写分工：项目一由梁庆平、简峰编写，项目二由梁庆平编写，项目三由李梅编写，项目四由黄少军编写，项目五由王世杰编写，项目六由周晓舟编写，项目七、项目八由黄少军、林莉编写，黄鹂、李永青在教材编写过程中提供了技术支持。本教材广泛参阅、引用了国内外数百位专家、学者的著述和论文，在此一并致以诚挚的谢意。

由于编写人员水平有限，书中难免有一些不足之处，欢迎广大读者批评指正，以便我们今后修订、补充完善。

编　者

2019 年 3 月

前言

目录

项目一　作物种子生产基础……1

任务1　认知种子生产的意义和作用……2

任务2　认知种业现状与地位……5

任务3　认知作物繁殖方式与种子生产关系……14

任务4　纯系品种种子生产基本技术……18

任务5　杂种优势利用与杂交种种子生产……25

任务6　建设和管理种子生产基地……27

项目二　玉米种子生产技术……34

子项目一　玉米种子生产基本认知……35

子项目二　玉米杂交种种子生产技术……46

任务1　建立相对稳定的制种基地……47

任务2　规格播种……50

任务3　玉米制种田田间管理……56

任务4　制种田除杂去劣……61

任务5　预测和调节制种田花期……65

任务6　母本去雄与人工辅助授粉……69

任务7　砍除父本与鉴定田间种子纯度……73

任务8　收获与晾晒……79

子项目三　玉米自交系种子生产……84

任务1　生产玉米自交系种子……84

任务2　亲本自交系的提纯复壮……92

项目三　水稻种子生产技术……97

子项目一　水稻种子生产基本认知……97

任务1　认知水稻种子生产概况……98

任务2　了解水稻种子的形成与发育……102

任务3　水稻种子的分级分类及鉴别……104

任务 4　认识三系杂交水稻 …… 107
任务 5　认识两系杂交水稻 …… 111
子项目二　水稻常规品种种子生产 …… 115
任务 1　三圃制原种生产 …… 116
任务 2　常规稻良种生产 …… 119
子项目三　三系杂交水稻种子生产 …… 121
任务 1　播种前准备 …… 122
任务 2　确定播种期 …… 125
任务 3　播种与秧田管理 …… 132
任务 4　父母本移栽及田间管理 …… 135
任务 5　父母本花期预测与调节 …… 139
任务 6　制种田除杂去劣 …… 146
任务 7　科学喷施赤霉素 …… 149
任务 8　人工辅助授粉 …… 152
任务 9　收获种子 …… 155
子项目四　两系杂交水稻种子生产 …… 156
子项目五　杂交水稻母本不育系繁育 …… 161
任务 1　三系不育系繁育 …… 161
任务 2　光温敏核不育系冷灌繁殖 …… 165
项目四　花生种子生产技术 …… 170
任务 1　生产花生原种 …… 171
任务 2　繁育花生良种 …… 175
任务 3　花生良种的提纯复壮技术 …… 181
项目五　大豆种子生产技术 …… 193
任务 1　大豆防杂保纯技术 …… 193
任务 2　生产大豆种子 …… 196
项目六　甘蔗种苗生产技术 …… 207
项目七　甘薯种薯（苗）生产技术 …… 232
任务 1　甘薯种(苗)生产的基本知识 …… 232
任务 2　甘薯脱毒种薯生产技术 …… 237

任务 3　繁育甘薯种苗 ………………………………………………………… 244
项目八　马铃薯种薯生产技术 ……………………………………………… 256
附录 ………………………………………………………………………… 277
参考文献 …………………………………………………………………… 288

项目一

作物种子生产基础

知识目标

1. 认知种子生产的意义和作用;
2. 了解我国种业在农业生产中的地位及现状;
3. 理解作物繁殖方式与种子生产关系;
4. 掌握纯系品种种子生产基本技术;
5. 掌握杂种优势利用与杂交种种子生产。

技能目标

1. 能够进行种子生产基地建设和选择;
2. 熟练掌握不同作物种子繁殖类型;
3. 具有文献检索及信息技术应用能力。

布置任务

学习小组在课下进行自主学习,并通过企业参观学习,研讨制订出种子生产基地建设和选择方案。

具体要求:

1. 能根据教师提供的资料和自主学习获取的资料,明确纯系品种、杂交种种子生产基本程序、种子生产基地建设和选择方案;
2. 课下进行自主学习并了解种业发展概况及其作用;
3. 能准确叙述种子含义及种类、品种概念及类型;
4. 能准确说出作物种子繁殖方式与种子生产的关系;
5. 撰写项目学习总结。

知识准备

种子是农业生产中不可替代、最基础的生产资料。种子行业位于整个农业产业链起点，是提高农业综合生产能力、增加农民收入、确保粮食安全、关系国计民生的基础性、战略性产业。当今世界各国都把加强种子科技研究，推动种子产业发展列为促进农业发展的重要举措。2014 年，全球种业已超过 400 亿美元的规模(不含自留种部分)。预计 2020 年全球种业市场规模将达到 561 亿美元。

任务 1　认知种子生产的意义和作用

一、种子生产的意义

种子生产是指有计划、迅速、大量的繁殖优良品种的优质种子。特点是采用优良的栽培条件和科学的农艺措施，大量培育具有优良性状的农作物种子，防止混杂退化，进一步为大田生产服务。良种繁育是整个种子工作的基础，是育种工作的延续，是连接育种和生产的桥梁和纽带。对种子经营者而言，具有质量优良的种子，才能提高竞争能力，获得良好的经济效益和社会效益；对种子使用者而言，获得了优良品种的种子，就意味着丰收和收益；对于农业生产而言，繁育出量足质优的种子是实现持续、稳定增产的先决条件和重要保证。没有良种繁育工作，育成的新品种就不可能在生产中大面积推广，其优良品质和增产作用也就得不到发挥，并且生产中推广的优良品种会很快混杂退化，失去增产作用。因此，搞好良种繁育对整个农业生产具有十分重要的意义。

二、种子的概念与特点

植物学中的种子是指高等植物(种子植物)通过有性繁殖，由胚珠发育而来的繁殖器官。多数植物用种子繁殖，但是植物对环境长期的适应性，也可以通过根、茎、叶等无性繁殖。现代农业科技又可以利用生物工程技术创造出新的作物品种及种子。因此，农业生产中的种子含义比植物学的种子含义广泛。凡是农业生产上可直接用作播种材料的植物组织、器官都称为种子，包括种子、果实、根、茎、苗、芽、叶等。种子大体可以分为四类。

(1)真种子。真种子是植物学上所指的由胚珠发育而成的，如豆类(除少数例外)、棉花、油菜及十字花科的各种蔬菜、黄麻、亚麻、蓖麻、烟草、芝麻、瓜类、茄子、番茄、辣椒、苋菜、茶、柑橘、梨、苹果、银杏以及松柏类等。

(2)类似种子的果实。某些作物的干果成熟后不开裂，可以直接用果实作为播种材料。如禾本科作物的颖果(小麦及玉米等为典型的颖果，而水稻与皮大麦果实外部包有稃壳，在植物学上称为假果)；向日葵、荞麦、大麻、苎麻的瘦果；伞形科(如胡萝卜和芹菜)的分果；榉科(如板栗和麻栎)和藜科(如甜菜和菠菜)、蓼科牧草的坚果；黄花苜蓿和鸟足豆的荚果以及蔷薇科内果皮木质化的核果等。在这些干果中，以颖果和瘦果在农业生产上居多。这两类果实内部均含有1颗种子，在外形上和真种子很相似。

(3)用以繁殖的营养器官。许多作物具有自然无性繁殖器官，如甘薯、大丽花和山药的块根，辣根的肉质根；马铃薯的块茎，芋和慈姑的球茎，葱、蒜、洋葱的鳞茎；甘蔗和菊花用地上茎繁殖，莲用根茎(藕)、苎麻用吸芽繁殖；石莲、橡皮树用叶片繁殖；草莓用分蘖苗繁殖或分株繁殖等。这些植物能正常开花结实，但在农业生产上一般利用其营养器官繁殖，更能发挥其优越性。在育种等少数情况下，才直接用种子作播种材料。

(4)植物的人工种子。指将植物离体培养中产生的胚状体(主要指体细胞胚)，包含于有养分和具有保护功能的物质中而形成，在适宜条件下能够发芽出苗，长成正常植株的个体，也可称为合成种子、人造种子或无性种子。人工种子是现代生物工程技术的成果，如通过组织培养技术、转基因技术、原生质融合技术、克隆技术等，创造出大量新品种，使农作物种类更加丰富多样，满足人们不同的需求。

天然种子的繁殖和生产受到季节气候的限制，在遗传上会发生天然杂交和分离现象。人工种子的培育利用了细胞的“全能性”，细胞经过“分裂—产生愈伤组织—分化营养器官—形成植株”这一过程，根本上是细胞中的遗传物质不断复制，通过基因控制的性状表达出来，产生了品种的不同特征特性和一个完整的植株体。人工种子反映了植物的微观方面，甚至在“基因—DNA(或RNA)—染色体—细胞—组织器官—植物体”的培养过程中，每个环节都可以称为种子。人工种子在本质上属于无性繁殖，具有不受季节限制、繁殖速度快、能固定杂种优势等特点，有很大的发展前景。

三、品种概念与类型

1. 品种的概念

作物品种是在一定的生态条件和社会经济条件下，根据人类生产和生活的需要而创造的一定作物的特定群体。这一群体具有相对稳定的遗传性状，在生物学上、经济上和形态上具有相对一致性，与同一作物的其他群体在性状上有所区别，在一定地区和栽培条件下，产量、品质和适应性符合生产的需要。作物品种是育种的产物，是经济上的类别。在使用上，品种具有区域性和时间性。

优良品种是指在一定地区和栽培条件下能符合生产发展要求，并具有较高经济价值的品种。农业生产上的良种是指优良品种的优质种子。“科技兴农，种子先行”，作为农业发展的重要驱动力和科技应用先导，良种推广和应用为我国农业生产尤其是种植业生产的持续发展发挥了重大作用。

2. 品种的类型

作物品种具有三个基本特性，即特异性、一致性和稳定性。特异性指本品种具有一个或多个不同于其他品种的形态、生理等特性；一致性指同品种内植株性状整齐一致；稳定性指繁殖或再组成本品种时，品种的特异性和一致性能保持不变。

根据作物的繁殖方式、遗传基础、品种选育方法及种子生产方法等，可将作物品种分为以下四种。

(1)自交系品种。又称纯系品种，是从品种突变单株或杂交组合的单株中经过多代自交加选择得到的同质纯合群体。这类品种群体基因型纯合，可以重复利用。它实际上既包括了自花授粉作物和常异花授粉作物的纯系品种，即常规品种，也包括异花授粉作物的自交系品种。例如，目前生产上种植的小麦、水稻、棉花等作物的常规品种；水稻、高粱、油菜、玉米等作物的雄性不育系、保持系、恢复系、自交不亲和系和自交系，当作为推广杂交种的亲本使用时，都属于自交系品种之列。

(2)杂交种品种。杂交种品种是在严格选择亲本和控制授粉的条件下生产的各类杂交组合的杂种一代(F_1)群体。这类品种群体个体的基因型高度杂合，个体间基因型有不同程度的异质性。杂交种品种通常只种植 F_1，即利用 F_1 的杂种优势。F_2 会发生基因型分离，杂种优势下降，生产上一般不再利用。过去主要在异花授粉作物中利用杂交种品种(如玉米杂交种)，现在许多作物相继发现并育成了雄性不育系，解决了大量生产杂交种子的瓶颈问题，使自花授粉作物和常异花授粉作物也容易选育和生产杂交种品种，利用杂种优势提高产量和品质。

(3)群体品种。群体品种主要包括异花授粉作物的开放授粉品种和自花授粉作物的多系品种。开放授粉品种群体遗传组成异质，个体基因型杂合，目前在生产上很难见到，如玉米的地方品种和综合品种。多系品种群体遗传组成异质，个体纯合。如为了选育抗多个锈病生理小种的小麦品种，先分别选育成多个抗不同生理小种而在其他性状上相同的近等基因系，然后根据不同地区的需要，分别用不同的近等基因系混合成不同抗性的品种在生产上推广，以拦截和减少锈病传播渠道，达到防止锈病大发生的目的。

(4)无性系品种。由一个或几个遗传上近似的无性系通过营养器官扩大繁殖所形成的品种称为无性系品种。大多数无性系品种是通过有性杂交，选择优良变异，然后采用无性繁殖保持变异育成的。所以这类品种群体遗传组成同质，个体杂合。许多薯类作物和果树品种都属于无性系品种。

四、种子生产的任务

1. 迅速生产优良品种的优质种子

在保证品种优良种性的前提下，按市场需求生产出符合种子质量标准的种子。其主要工作一是加速生产新育成、新引进的优良品种的种子，以替换老品种，实现品种更换；二是有计划地生产已大量应用推广而且继续占据市场的品种的种子，实现品种定期更新。

2. 保持品种种性和纯度

对生产上正在使用的品种，采用科学的技术和方法生产原种，以保持品种的纯度和种性，延长其使用年限。

任务2　认知种业现状与地位

种子产业是指为满足农业生产用种需要而专门从事与种子整体产品生产及经营有关的经济活动的集合，简称种业。这个集合主要由品种选育、种子生产加工、种子经营等系统和种质资源收集、育种、原种(亲本)繁殖、种子生产、收购、贮运、精选、包衣、检验、包装、标牌、销售及售后服务等环节组成的有机整体。

一、我国种业发展历程

新中国的成立是中国农业发展的转折点，也是中国种子事业发展的起点。这段时期中国种业的发展分四个阶段。

1. 种业未形成阶段(1958—1978年)

该阶段特点可以概括为“四自一辅”，即农民对于农作物种子“自繁、自选、自留、自用，辅之以必要的调剂”。种子生产由“户户留种”发展到“队队留种”，以后又进一步形成以县良种场为核心，公社（大队）良种场为桥梁，生产队种子田为基础的三级良种繁育体系。这一阶段延续传统农业的实践，以自留种为主，并未形成真正的种业。

2. 初步发展阶段（1978—2000 年）

“四化一供”是这一阶段的主要特点，指的是“品种布局区域化、种子生产专业化、加工机械化、质量标准化和有计划组织供种的原则”。这一阶段，受制于经济体制和人员认知的限制，产业运作效率低下，资源浪费严重，虽然对于种业发展的认知水平有很大提高，但和先进国家仍有较大差距。

3. 市场化探索阶段（2000—2011 年）

2000 年 7 月 8 日通过的《中华人民共和国种子法》，标志着我国种业开始了市场化的探索。这一阶段取得了一些成绩，如打破计划经济体制，市场化经营；明确品种权和种植资源保护，重视科研和育种的发展；加快引入新品种和优质资源，促进产业的发展。但这一阶段也存在不足，如体制改革不到位，科研育种“双轨制”制约种业发展；条块分割严重，未形成产业链，企业发展受阻；市场不规范，侵权、套牌、虚假宣传等行为盛行。

4. 改革深化阶段（2011 年至今）

2011 年 4 月 10 日，国务院颁布《关于加快推进现代农作物种业发展的意见》，标志着我国种业进入改革深化期。这一阶段，种业改革的重点从销售、产权转向科研、产业转移。国家明确提出了对未来中国种业发展定位和构想的政策，明确了科研机构和种业企业的责任分工，鼓励育繁推一体化种子企业构建商业育种体系，淘汰落后种业企业，提高行业集中度，并建立健全品种审定机制，加强市场监督。

二、中国种业的发展概况及特点

1. 我国种业的发展现状

2007 年，我国商业种子市场规模达到 147 亿元，到 2009 年达到 222 亿元，2014 年约为 463 亿元，预计到 2020 年中国商业种子市场潜在规模将超过 1 000 亿元，具体见图 1-1 所示。

据相关数据统计，2013 年国内种子产量已达到 1 670 万 t。随着国内种子市场规模的扩张、市场需求的增长、政策推动等因素，未来几年种子产量呈现稳定增长趋势。预计到 2020 年我国种子需求量将超过 2 000 万 t，见图 1-2 所示。

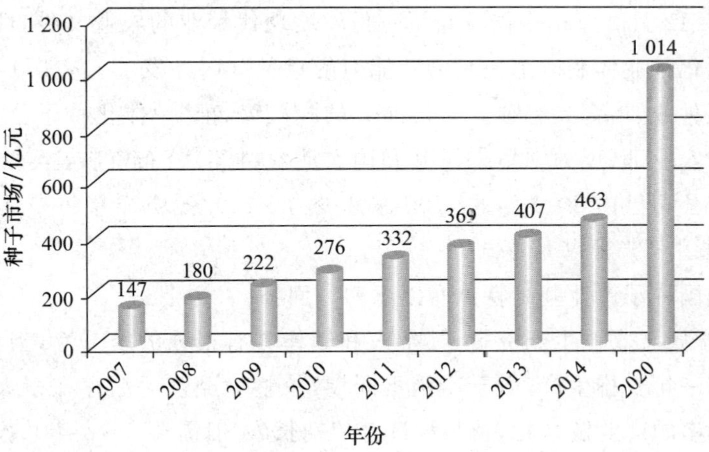

图 1-1　2007—2020 年我国商业种子市场规模统计及预测

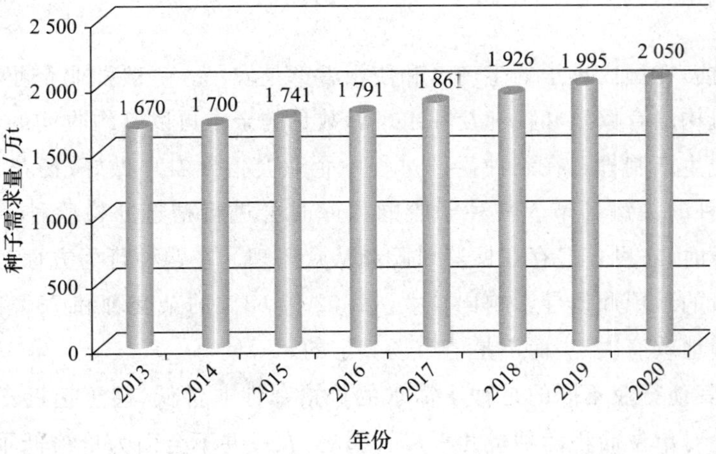

图 1-2　2013—2020 年种子行业需求量统计及预测分析

中国耕地面积约 1.2 亿 hm^2，种植面积约 1.6 亿 hm^2。从产品结构来看，水稻种子约占种植规模的 21%，玉米种子占 33%，蔬菜种子占 31%，棉花种子占 8%，油菜种子占 3%，瓜果及其他种子占 4%。

近年来，中国种子出口规模不断扩大，种子年出口总额已超过 3 亿美元。中国种业的龙头企业如袁隆平农业高科技股份有限公司已在海外搭建包含研发、种植、销售等多个环节在内的完整产业链。北京地区种子进出口交易额也不断增长，2013 年全市种子进出口额为 5 922 万美元，占全国种子进出口总额的 18%。

2013 年 12 月 20 日，中国发布了一份发展现代种业的农业文件，即“国务院办公厅关于深化种业体制改革提高创新能力的意见”(国办发〔2013〕109 号)，可见政府将在加强种业、培育具有独立研发能力的“育、繁、推”一体化种子公司方面加大力度。根据农业部(现为中华人民共和国农业农村部)公布资料，至 2014 年 5 月，中国的种子公司已由 2011 年的8 700 家减少为 5 200 家，并希望将来进一步减少。

2. 中国种子产业基础特点

当前我国种子产业基础特点有以下四方面：

(1)种子属于农业生产资料，其生产和销售具有很强的季节性，当年销售的种子需要提前一年安排生产，由于产销不同期，故整个经营活动存在很大的盲目性。从种业一长串的产业链来看，新品种选育周期长(一般需要 6～8 年)、投入大，风险大，生产的前置期长且最终的收种产量往往由自然条件决定，高要求的仓储，市场需求及竞争状态的不确定性，售后的高风险性等决定了种业是经营难度很大、风险很高的行业。

(2)目前，在国内种子的生产者和使用者都是农民。一般种业企业都是通过自己的科研机构培育繁殖和提纯复壮出足够数量的亲本再以签约收购的方式委托农户大批量地生产制种。在制种生产过程中企业会指导农户做好“扬花传粉”“田间除杂”等制种的关键环节。在种子收购入库时会进行精选并检验种子质量指标。在使用种子时，农民普遍存在回避风险和从众心理。在购种行为方面存在依赖性，受政府政策的干预和诱导影响比较大。2002 年 63%的杂交种和 73%的常规种的供应是由当地政府决定，而不是由市场决定的。

(3)与其他行业不同的是种子需求的价格弹性非常低，甚至接近于零，即种子价格的变化对单位面积播种量几乎没有影响，农民并不会因为价格低了就多买种。而供给的价格弹性却较高，种子是必需的农业生产资料，具有不可替代性且无法即时生产(必须提前一年，所以一旦遇到种子生产量不足或自然灾害减产的年份，种子的价格会出奇的高)。一般种子的生产成本是同期粮价的 2.5～3 倍，只要粮价有波动(直接影响农户的种粮积极性，进而使种子的市场需求量发生变化)，都将会刺激种子生产者的生产欲望或降低他们的生产积极性。

(4)种子的质量指标较为复杂，有些指标如净度、发芽率、水分等可及时检测，而有些指标如纯度等却无法及时检测，只有播种后在实际生长过程当中才能发现和检验。另外，种子的实际田间表现除了与种子本身的质量相关外，还与自然气候、田间管理、生态适应性等许多方面有关。当销售季节结束，多余的种子需要转到第二年销售时，必须将种子晾晒至一定的水分含量以下进入低温库冷藏。一般随着时间的推移种子的发芽率会越来越低，当发芽率低于国家规定的标准时，该种子也就不能销售，只能转为商品粮了。

3. 现阶段中国种业发展特点

(1)种子企业数量锐减。进入改革深化阶段以来，国家出台一系列政策规定，逐步规范整个种业市场，日趋提高行业门槛，种企数量迅速下降，行业集中度提高。2010 年种企数量达8 000 余家，至 2018 年 5 月仅有约 3 500 家，规模缩小了一多半。

(2)行业集中度提高。种子行业兼并重组行为加剧，规模较小、资本实力较弱的企业被整合。对比 2017 年与 2010 年种子企业规模数据：截至 2018 年 3 月 6 日，3 421 家种子企业中，注册资本在 3 000 万元以上的 1 186 家，占比 34.7%，远高于 2010 年的 16%。

(3)行业集中度虽然有所提高，但相较于发达国家仍较低。2015 年中国种业前 10 强企业的市场份额占据了 18%，前 50 强企业的市场份额占 35%，比 2011 年分别提高了 3%和 5%。尽管我国种业近些年集中度不断提高，但和发达国家企业相比仍然很低。在发达国家，长期竞争带来的结果是企业不断兼并重组，目前国外种子行业已进入寡头垄断阶段，少数几家大型的种子企业垄断了种子行业大部分市场。2015 年，美国孟山都的市场份额占全球种业的 26%，七大种业集团市场份额占比合计 71%。

行业的集中有利于发挥种子企业的规模优势，也有利于实现资源优化配置、产品更新与互补和经济收益的提高。玉米种子新品种的研发壁垒高、培育周期长，兼并重组使得资金实力雄厚的企业迅速得到良种的品种权，加快品种的上市推广，此外企业也可以整合研发优势，加快新品种的研发培育，提高市场占有率。

当前阶段，一方面政策趋向于提高行业门槛，提升行业集中度；另一方面政策中明确表明要做大，做强“育、繁、推”一体化企业(2014 年“中央一号文件”)，并给予简化审批等制度倾斜，使得人才、资本、技术等优势资源加快流入具有资金、研发优势的龙头企业。种业巨头加速整合，我国种子行业进入了爬坡过坎、换档升级的关键时期。

(4)种业在农业生产中的地位。种子是一种必需的、最基本的农业生产资料，是决定农产品质量和产量的最重要因素。我国是世界上最大的种子消费国之一，年种子需求量 125 亿～130 亿 kg，约占世界种子需求量的 10%，实际商品总量 45 亿 kg，商品种子价值 220 亿元左右，占世界种子总贸易额的 8%～9%。“国以农为本，农以种为先”“科技兴农，种子先行”，作为农业发展的重要驱动力和科技应用先导，良种推广和应用为我国农业生产尤其是种植业生产的持续发展发挥了重大作用。种业在农业生产中的作用主要有以下五个方面：

①推广优良品种增加粮食产量。对中国这样一个人口大国来说，粮食安全始终是国家安定和发展的主要问题。尤其随着世界经济一体化的发展，中国的粮食安全影响了中国粮食市场的价格，也影响着世界粮食市场的价格。新中国成立70年尤其改革开放40多年来，育成了一批批农作物新品种，主要粮食作物品种更换了4～5次，使我国优良品种在粮食增产中的贡献率近40%。我国推广的杂交水稻、杂交玉米等优良品种足以证明这一点，通过品种改良进一步提高粮食产量的潜力还很大。

②通过品种改良促进种植业结构调整。长期以来我国农作物品种改良主要致力于提高产量水平，品质育种，尤其是加工专用型品种的选育起步较晚。我国应用品种的品质普遍较差，适合加工专用的品种更少。农作物品种的品质与发达国家相比，差距更大。近年来，我国以市场为导向，把品种的优质、专用、多样作为主攻目标。引进了一批优质品种，广泛吸收国外先进技术、先进经验，正在改善我国农作物品种的品质现状。

③改善和保护环境。现代农业对化肥和农药的依赖越来越强，超量施用化肥(主要是氮肥)和农药，不仅增加了生产成本，而且造成了环境和农产品的肥、药残留污染，危害人体健康，破坏了生态平衡。选育和推广抗病虫品种是最经济有效的途径。优良品种因其自身具有较高的生产性能，有抗御不良环境和病虫害的能力，可以有效地提高化肥利用率或减少化肥和农药的施用量，可生产无污染的绿色食品。

④促进农业产业化经营。加工是实现农产品增值增效的重要手段，增值增效的程度，则依赖于原料的品质。原料的品质是品种在遗传改良和定向培育过程中形成的内在品质。依赖生产过程的栽培管理或加工中的工艺处理对品质改善的可能性十分有限，往往伴随着加工成本的提高。农产品的市场竞争，实质上是质量和价格的竞争。相同产品看质量，同质产品看价格，同质同价看成本。要实现农产品的产业化经营，必须从优良新品种的选育抓起，培育符合不同加工要求和适应相应区域的抗病、优质、高产新品种，用优质品种生产无污染的优质原料，加工优质产品，去开拓市场、占领市场、赢得市场主动权。

⑤有利于耕作制度改革和农业机械化发展。在我国中、高纬地带，热量不足常常制约其他资源的有效利用。选育合适的作物种类品种予以组合，实施间作套种，可以有效地提高资源利用率。同时，选育生产适合机械化作业的品种和种子可以有效促进我国农业机械化发展，降低劳动力工作量，提高经济效益。如使用高质量

单粒种，采取精量播种可以省去间定苗繁重的田间作业；选育株型紧凑，吐絮早而集中，苞叶能自动脱落的棉花品种，可适宜机械采收，实现机械采棉，大幅度减少人工采收棉花对劳力的需求。

未来十年，中国种子产业将迎来高速增长期，国内种子市场规模增长也将是世界种子市场增长的主要引擎。国内种子企业在立足国内发展的同时，随着国家“一带一路”政策的实施，种子企业将有机会大幅度拓展东南亚、西亚、中非、南非的种植业市场。

三、国外种业的发展状况及特点

1. 国外种业的发展状况

目前，全球前六大种子公司占据全球 2/3 的种子市场，而这六大公司中有四个是大型农化公司。全球玉米和大豆种子主要集中在孟山都、杜邦先锋和先正达等公司(三家企业的两种作物总和均超过 60%)；棉花种子主要集中在孟山都和拜耳两家公司；蔬菜种子集中在孟山都和利马格兰。孟山都、杜邦、先正达、陶氏益农、巴斯夫和拜耳之间存在广泛的种子性状的交叉授权。以孟山都、杜邦先锋、先正达等为代表的几大公司，除亚洲外几乎垄断了全球大部分市场。

全球 70%以上的商品种集中在 20 个国家，其中美国排在第一位，超过 130 亿美元，占 22%；中国排在第二位，约 100 亿美元，占 17%。2010 年全球销售超过 1 亿美元的企业有 18 家。前 5 家占全球市场份额 30%以上。

当前全球种业企业主要分为创新型和农民合作社型，创新型企业主要以六大农化公司为代表，以研发为主导，同时覆盖种子及农药领域；农民合作社型以利马格兰和蓝多湖为代表，以农民作为合作社成员，已通过并购进入转基因领域，并向下整合到种植业和食品制造领域。世界种业的变化趋势主要表现为集中度升高、转基因的快速发展和技术的垄断化。

当前种业市场发展潜力巨大，传统农化行业进军种子行业的主要方式是“借鸡生蛋”，通过并购种子公司完成横向扩张。杜邦公司通过与先锋种业合并成功转型；陶氏化学通过与其他种子公司共同创建 Dow Elanco 公司，再进行全资收购后更名为陶氏益农，开拓种子处理业务；先正达公司 2000 年成立，在 2004 年通过收购 3 家全球种业巨头来拓宽相关业务。孟山都公司和陶氏益农公司仍然是近几年全球种子行业兼并收购的风云企业，拜耳与先正达公司后来居上。

2. 国外种业特点

(1)种子企业规模不断扩大。近年来全球种子产业加快了改革、兼并和重组的步伐,各大公司向规模化、集团化和国际化方向发展。1998 年孟山都兼并了美国嘉吉公司,道化工收购了 Mycogen。1999 年农化公司巨头杜邦公司购买了世界最大的玉米种子公司——先锋国际杂交种子公司的 20%股份。2000 年利马格兰与德国 KWS 公司共同兼并美国大湖,呈现出跨国、跨行业兼并重组的强劲势头。世界第三大种业公司瑞士先正达收购了韩国的汉城种苗公司。德国 Hoechst AG 和法国 Rhonepoulence 合并成 Arentis。

(2)种质资源越来越受到重视。农作物种质资源是人类赖以生存和发展最根本的物质基础和战略资源。21 世纪,农业生物技术和农业的可持续发展,以及人口生存环境的改善,生活质量的提高,将主要依靠农作物种质资源中宝贵基因的开发与利用。因此,世界各国特别是许多发达国家越来越重视种质资源,并千方百计地通过多种渠道获取各种种质资源,从中鉴定、分离优异基因用于培育新品种。

(3)"育、繁、推"一体化成为比较普遍的取向。种子公司不断加大研发投入,将现代生物技术手段与传统育种手段相结合,大幅度提高品种选育的速度和效率,使本企业向科研、生产、销售一体化方向发展。已成为当今世界种子产业的主流。1996 年先锋、诺华、利玛格兰、Advanta、迪卡、圣尼斯、KWS、嘉吉公司的研发支出分别达 1.33 亿美元、1.22 亿美元、0.66 亿美元、0.47 亿美元、0.39 亿美元、0.38 亿美元、0.35 亿美元和 0.25 亿美元,分别占其销售额的 8.3%、12.6%、9.1%、11.3%、10.6%、12.4%、13.4%和 14.8%。全球 5 大基因巨头(先正达、Advanta、孟山都、杜邦、道化工)占据全球种子市场 20%的份额,控制了世界 90%以上转基因种子市场。截至 1997 年,仅先锋种子公司一家就拥有美国专利 159 项,国外专利 349 项,还有 700 余项正在申请专利。

(4)种子经营集中度越来越高。据对 2000 年的种子贸易统计,全球十大种子企业的年销售额大都在 3 亿美元以上,按 2000 年全球种子销售额 240 亿美元计算,前 3 位种子公司占据 18.7%销售份额,前 10 位种子公司占据 30%种子商品销售份额。而且种子企业大多向专业化方向发展,先锋公司占据了美国玉米种子市场 43%的份额,占据了全球玉米种子市场 22%的份额。圣尼斯公司拥有世界蔬菜种子市场 26%的份额。

四、中国种业发展机遇

农业部 2015 年 2 月 17 日发布《到 2020 年化肥使用量零增长行动方案》和《到

2020年农药使用量零增长行动方案》，有利于推进农业发展方式转变，有效控制农药使用量，保障农业生产安全、农产品质量安全和生态环境安全，促进农业可持续发展。另外，我国政府目前正积极推进种业供给侧结构性改革，对种子品种选育、生产、示范推广、种质资源保护、种子储备以及制种大县给予扶持。国家鼓励推广使用高效、安全制种采种技术和先进适用的制种采种机械，将先进适用的制种采种机械纳入农机具购置补贴范围，国家积极引导社会资金投资种业。这些政策都将有利于我国种业的发展。

国际种业发展经验表明，只有牢牢把握种业的控制权，才能牢牢把握农业发展的主动权。当前我国拥有世界第二大种业市场，却还没有一家世界前20强的种子公司。未来在经济全球化和种业市场化进程中，守住中国种业安全的底线，培育一批"育、繁、推"一体化种业集团成为必然选择。我国政府已出台《全国现代农作物种业发展规划(2012—2020年)》《国务院办公厅关于深化种业体制改革提高创新能力的意见》(国办发〔2013〕109号)等多项政策支持国内种子企业发展。农化总公司可在"十三五"期间，依托当前国家对种业的政策支持及央企中国化工的先天优势，选择合适的契机，积极并购122家国内种子公司，熟悉种子业务之后再根据市场发展情况，逐步并购122家国际知名种子公司，引入国际先进种业生产工艺及管理技术，逐步做大做强种子业务，打造种业——植保链状产业模式。

知识链接

认知种业产业

1. 种子整体产品

种子整体产品包括核心产品、形式产品、扩增产品三个层次，三种产品在整体产品中的地位和表现形式有所不同。核心产品是整体产品的内核，重点强调的是一种技术、性能或权利的获得，它是形式产品与扩增产品的基础，用种者购买种子的根本目的是为获得该种子的一些性能，如高产、优质、抗逆、抗虫等，追求的是核心产品。形式产品是核心产品的物化，是一种有形的产品，大多具有商标、包装、样式等商业特点，用种者在购买形式产品的同时也就获得了核心产品。扩增产品以前两者为基础，主要表现为种子售后以栽培、植保为主的配套技术服务和促销等，扩增产品相对于前两种产品而言，更着重于对无形价值的创造，用种者购买的是种子整体产品，所以发展种子产业应该放在促进种子整体产品的开发上。

2. 种子产业

为满足农业生产用种需要而专门从事与种子整体产品生产及经营有关的经济活动的集合称为种子产业。这个集合主要由品种选育、种子生产加工、种子经营等系统和种质资源收集、育种、原种(亲本)繁殖、种子生产、收购、贮运、精选、包衣、检验、包装、标牌、销售及售后服务等环节组成的有机整体。

3. 种业体系

种业体系是指由品种选育、种子生产加工、种子经营这一产业链条以及与其相互作用的政府管理、公共支持、社会服务等系统共同构成的有机整体。

4. 种子产业与种业体系的关系

分析种业体系概念就可以发现,种子产业与种业体系的关系是部分与整体的关系。种子产业是种业体系的主要组成部分,种业体系则是包括种子产业链条各个组成部分在内的,并由相应的政府管理、公共支持、社会服务等系统共同构成的一个有机整体。

5. 种子产业各组成部分的主要功能与作用

种子产业包括品种选育、种子生产加工、种子经营三大组成部分。品种选育的主要功能与作用是获得核心产品,它是种子企业为提高核心竞争力而应该必备的首要关键。品种选育包括种质资源收集和育种两个环节,种质资源收集是育种的基础,育种是对种质资源的开发利用。种子生产加工的主要功能与作用是获得形式产品,它是种子企业将核心产品物化的必经之道,种子生产加工包括原种(亲本)繁殖、种子生产、收购、贮运、精选、包衣、检验、包装、标牌等多个环节,其中原种(亲本)繁殖和种子生产是将核心产品物化的关键环节,精选、包衣、检验、包装、标牌等环节是进一步强化形式产品的过程,而种子收购、贮运则是连接上述环节的中间过程。种子经营的主要功能与作用是形成扩增产品、收回投资和实现利润,它是种子企业实现其最终目标,创造利润的具体形式。

任务3 认知作物繁殖方式与种子生产关系

任务目标

1. 理解作物种子的繁殖、授粉方式与种子生产的关系;

2. 熟练掌握不同作物种子繁殖类型。

一、有性繁殖与种子生产

凡是经过雌雄配子结合而繁衍后代的方式，称为有性繁殖。通过有性繁殖方式繁衍后代的作物称为有性繁殖作物。在有性繁殖的作物中，根据授粉方式不同，分为自花授粉作物、异花授粉作物、常异花授粉作物三大类：

（一）自花授粉作物

凡是在自然条件下，雌蕊接受同一花内的花粉或同一株上的花粉而繁殖后代的作物，称为自花授粉作物，又称自交作物。如小麦、水稻、大麦、大豆、绿豆、花生、烟草、马铃薯、番茄、茄子等。

1. 花器特点

自花授粉作物的花器构造一般是雌雄同花；花瓣一般没有鲜艳色彩和特殊气味；雌、雄蕊同期成熟，甚至开花前已完成授粉（闭花授粉）；花朵开放时间较短，花器保护严密，外来花粉不易侵入；雌、雄蕊等长或雄蕊紧密围绕雌蕊，花药开裂部位紧靠柱头，极易自花授粉。所以自花授粉作物的天然杂交率很低，一般低于1%，不超过4%，因作物品种和环境条件而异。如水稻为0.2%～0.4%，大豆为0.5%～1%，小麦为1%～4%。

2. 品种特点及其育种途径

由于长期的自花授粉和人为定向选择，自花授粉作物的纯系品种群体内绝大多数个体的基因型纯合，群体的基因型同质，表现型整齐一致，连续自交不会导致后代生活力衰退。

自花授粉作物的授粉特点，决定了该类作物的育种途径：一是选育基因型纯合的常规（纯系）品种；二是利用杂种优势。

3. 种子生产特点

自花授粉作物的常规品种的种子生产技术比较简单，品种保纯相对较容易，主要是防止各种形式的机械混杂、生物学混杂，但对隔离条件的要求不太严格，可适当采取隔离措施。

（二）异花授粉作物

凡是在自然条件下，雌蕊接受异株的花粉而繁殖后代的作物，称为异花授粉作物，或称异交作物。异花授粉作物主要依靠风、昆虫等媒介传播花粉。

1. 花器特点

异花授粉作物按花器特点可分为四种类型:一是雌雄异株,即雌花和雄花分别生长在不同植株上,异交率为100%,如大麻、蛇麻、菠菜等;二是雌雄同株异花,如玉米、蓖麻及瓜类作物;三是雌雄同花但自交不亲和,如黑麦、甘薯、白菜型油菜;四是雌雄同花但雌雄蕊熟期不同或花柱异型,如向日葵、荞麦、甜菜、洋葱。异花授粉作物天然杂交率一般在50%以上,高的甚至达到100%。

2. 品种特点及其育种途径

由于异花授粉作物在自然条件下长期处于异交状态,所以该类作物的开放授粉品种(群体品种)群体中绝大多数个体的基因型是杂合的,个体间基因型和表现型不一致,自交会导致后代生活力严重衰退。

异花授粉作物的授粉特点决定了该类作物的育种途径是以利用杂种优势为主。但异花授粉作物要获得纯合、稳定的杂交亲本,必须经过连续多代的人工强制自交和单株选择。杂交亲本由于连续多代的自交,在生活力、生长势、产量等方面显著下降,因而在生产上不能直接利用。

3. 种子生产特点

异花授粉作物杂交种的种子生产较为复杂,它包括杂交制种和亲本繁殖两大环节。杂交亲本的种子生产与常规品种种子生产基本相同。需要注意的是:由于异花授粉作物的天然杂交率高,无论是杂交制种,还是亲本繁殖,都须采取严格的隔离措施、去杂去劣和控制授粉,才能达到防杂保纯的目的。

(三)常异花授粉作物

常异花授粉作物是典型的自花授粉作物和典型的异花授粉作物的中间类型,以自花授粉为主,也经常发生异花授粉。其天然杂交率在5%~50%。如棉花、高粱、蚕豆、甘蓝型油菜等都属于这种类型。

1. 花器特点

常异花授粉作物花器的基本特点是雌雄同花,雌雄蕊不等长或不同期成熟,雌蕊外露,易接受外来花粉。花朵开放时间长,多数作物花瓣色彩鲜艳,能分泌蜜汁,以引诱昆虫传粉。常异花授粉作物的天然杂交率因作物、品种、环境而异。如棉花天然杂交率一般为5%~20%,高粱的天然杂交率一般为5%~50%,甘蓝型油菜和蚕豆的天然杂交率为10%~13%。

2. 品种特点及其育种途径

常异花授粉作物以自花授粉为主，故其常规品种群体内大多数个体主要性状的基因型纯合同质，少数个体的基因型杂合异质，自交后代的生活力衰退较轻。

常异花授粉作物的育种途径：一是选育常规（纯系）品种；二是利用杂种优势。生产上大面积种植的常异花授粉作物的杂交种有高粱、甜椒。培育杂交种品种时，也须经过必要的人工强制自交和单株选择才能得到纯系亲本。

3. 种子生产特点

常异花授粉作物常规品种种子生产同自花授粉作物一样。杂交种品种的种子生产包括杂交制种与其亲本繁殖两个环节。需要注意的是：由于常异花授粉作物较容易发生天然杂交，则在其种子生产时，必须进行严格隔离和除杂去劣，才能保证种子的纯度。

二、无性繁殖与种子生产

凡是不经过雌雄配子结合而繁衍后代的方式，称为无性繁殖。通过无性繁殖方式繁衍后代的作物称为无性繁殖作物。常见的无性繁殖作物多以营养器官繁殖后代，如根、茎、叶的再生能力强，通过分根、扦插、压条、嫁接等方式产生新的植物体，生产上利用营养体产生种苗的作物主要有甘薯、马铃薯、甘蔗、木薯、苎麻、洋葱、蒜等。

1. 品种特点及其育种途径

无性繁殖作物的一个个体通过无性繁殖而产生的后代群体，称为无性繁殖系，简称无性系。无性系起源于母体的体细胞，无论母本的基因型纯合或杂合，产生的后代通常都没有分离，表现型与其母本完全相同，这为作物利用杂种优势提供了很大的方便。

无性系在繁殖过程中会有突变，主要是芽变，但突变率很低，变异的遗传比较简单。无性繁殖作物的基因型一般是高度杂合的，其有性生殖的后代（自交或异交）或杂交第一代就开始分离，分离类型极其复杂，因而其种子一般不宜直接用于生产。但是，其无性繁殖的后代遗传型是相同的，性状具有高度的稳定性和一致性。

2. 种子生产特点

因为无性繁殖不会发生天然杂交，不用设置隔离，但要注意及时淘汰表现不良性状的芽变类型，并注意防止机械混杂。目前无性繁殖作物的病毒病是引起品种退化的主要原因，所以在种子生产过程中，还应采取以防治病毒病为中心的防止良种混杂退化的各种措施。

任务4　纯系品种种子生产基本技术

任务目标

1. 能熟练叙述纯系品种种子类别；
2. 熟知纯系品种种子生产程序；
3. 熟练掌握三圃制、二圃制生产原种种子流程。

一、种子级别分类

种子级别的实质可以说是质量的级别。在我国一般分为育种家种子(原原种)、原种和良种三个级别：由育种家种子产生原种，由原种产生良种。

1. 育种家种子(原原种)

育种家种子(原原种)是指品种经审定通过后，由育种者向有关种子部门提供的该品种纯度最高、最原始的优良种子，国内目前也称作原原种。

2. 原种

按《农作物种子质量标准(禾谷类)》GB 4404.1—2008 规定：原种是指用育种家种子繁殖的第一代至第三代或按原种生产技术规程生产的达到原种质量标准的种子。原种相当于国外的基础种子，由省、地、县各级原(良)种场、种子企业生产。

3. 良种

按国家标准 GB 4404.1—2008 规定：良种是用常规种原种繁殖的第一代至第三代或杂交种达到良种质量标准的种子，称为良种。良种由地、市、县种子公司建立的种子生产基地生产，相当于国外的检验种子。

国家标准局颁布的我国农作物种子分级标准中，除了将棉花种子分为原种及原种一代、二代、三代外，其他作物种子均分为原种、一级良种、二级良种和三级良种四级。它主要是按种子的纯度、净度、发芽率、水分等定级，而不是按种子生产程序或世代划分的。

纯系品种遗传特点是基因型纯合一致。目前，大多数水稻、小麦等自花授粉作物常规品种是纯系品种，棉花等常异花授粉作物品种、玉米等异花授粉作物的亲本自交系也是纯系品种。

二、纯系品种原种生产

原种在种子生产中起到承上启下的作用，各国对原种的繁殖代数和质量都有一定的要求。原种生产是整个种子生产过程中最基本和最重要的环节。在目前的原种生产中，主要存在着两种不同的生产程序：一种是重复繁殖程序（也称保纯繁殖程序）；另一种是循环选择程序。

（一）重复繁殖程序（保纯繁殖程序）

保纯繁殖是指从育种家种子开始繁殖 4 代到生产用种子，下一轮的种子生产依然重复相同的繁殖过程。国外循环繁殖程序见图 1-3。由育种者亲自掌握、繁殖和供应的高纯度种子，称育种家种子。由育种家种子直接繁殖，并经严格选择的种子叫基础种子。育种机构将基础种子配专门的农场或将基础种子作为专利转让给各公司繁殖出来的，并经种子检验机构检定认可的种子，称登记种子。由登记种子繁殖，并经种子检验机构检验合格的种子称合格种子，用于生产使用。生产用的种子后代，不许再作种用。这种程序里，育种家种子一般是按年限和使用量一次性繁殖充足，贮藏于低温库中，以后每年从低温库中取出一部分种子繁殖基础种子。使用这种方法虽然在各代种子的生产过程中仍免不了混杂，但种子生产的源头总是纯合的，不存在变异和混杂的积累。这种方法技术简单、流程短、种子质量有保证。

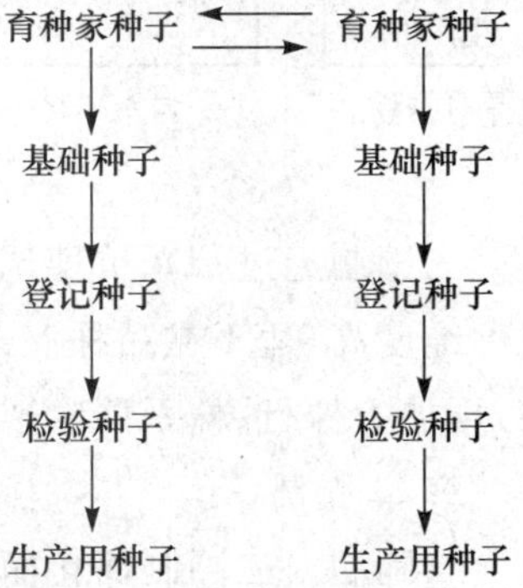

图 1-3　国外循环繁殖程序

（陆作楣，1983）

重复繁殖程序既适用于自花授粉作物和常异花授粉作物常规品种的种子生产，也适用于杂交种亲本自交系和“三系”（雄性不育系、保持系和恢复系）种子的生产。

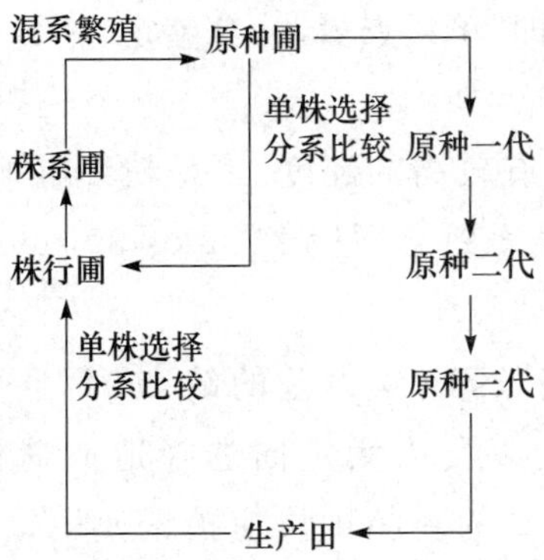

图 1-4　循环选择程序

（陆作楣，1983 改写）

（二）循环选择程序

我国纯系品种繁殖以循环选择繁殖法为主，循环选择程序如图 1-4 所示。目前国内纯系品种循环选择繁殖主要有以下三种方法：

1. 三圃制

三圃制是我国应用时间最长，使用最广泛的种子生产技术，至今仍在广泛应用，三圃制原种生产程序如图 1-5 所示。

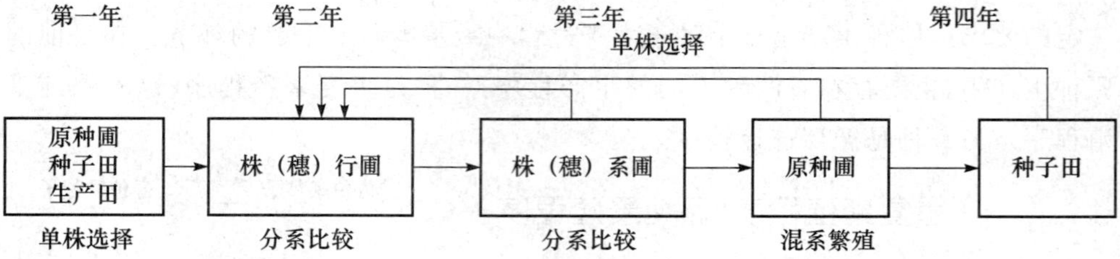

图 1-5　三圃制原种生产程序

三圃制经过一次单穗选择，一次分系比较，实现优中选优，提纯复壮的效果好，原种纯度高，适于在品种混杂退化较严重的情况下采用。但由于三圃制生产周期长，再加上株行、株系两次选择，技术难度大，易发生遗传漂变和性状转移。

2. 二圃制

二圃制由三圃制简化而来，与三圃制相比，它少了一圃，即株系圃。二圃制的穗行圃不单收单脱，只是严格去除杂行，然后对当选穗行混合收获脱粒，种于原种圃生产原种。

其特点：一是简单易行，省去了穗行的单种单收和考种；二是快速高效，将种子繁育时间缩短一年，加速了新品种的推广，很适合纯度较高、性状稳定的品种。

其缺点：仅经过一次选择和比较，不适合种子纯度差或分离严重的品种。

3. 一圃制

一圃制生产原种新技术可概括为十六字方针，即“单粒点播，分株鉴定，整株去杂，混合收获”。

一圃制生产原种的关键技术：一是种源必须具有较高的纯度；二是精细整地，规格播种，足墒下种，一播全苗；三是稀播匀播，如小麦每公顷播 22.5 kg，30 cm 行距，7 cm 株距；四是严格除杂去劣。

一圃制克服了三圃制投资大，成本生产周期长，应变力差的缺点，而且可以避免三圃制精选少量单株或穗，遗传基础贫乏以及人为定向选择造成遗传漂变的弊端，方法简便易行，适合品种稳定，纯度高的新品种快速扩繁使用。

其缺点：只经一次田间去杂，选择力度小，不适用于分离和混杂严重的种子繁殖。

（三）株系循环法

该方法综合借鉴了三圃制和二圃制的技术程序，并加以改进提高。其特点是：经过第一轮的单株和株行选择后，在每个当选株系中留出一部分植株作下一年的株系材料，其余混合繁殖。以后每年从株系中选一部分单株继续种成株系，其余混合用来繁殖原种，如此循环下去。该方法以“高起点、早起动、大群体、小循环”为指导思想，扬弃了“优中选优”的传统观点，当种子生产进入株系后，建立保种圃，长期保留 30～50 个株系，每个株系种一个小区，鉴定淘汰杂系和劣系。保种圃分系留种，下一年继续种植保种圃，其余种子混系繁殖种子基础田，下一年即可生产原种。该方法选择效果优于二圃制，又比三圃制省工省时，在生产上有其推广价值。

（四）四级种子生产程序

中国四级种子生产程序（图 1-6）借鉴国外保纯繁殖体系技术路线，该技术根据世代把品种种子划分为育种家种子、原原种、原种和良种。

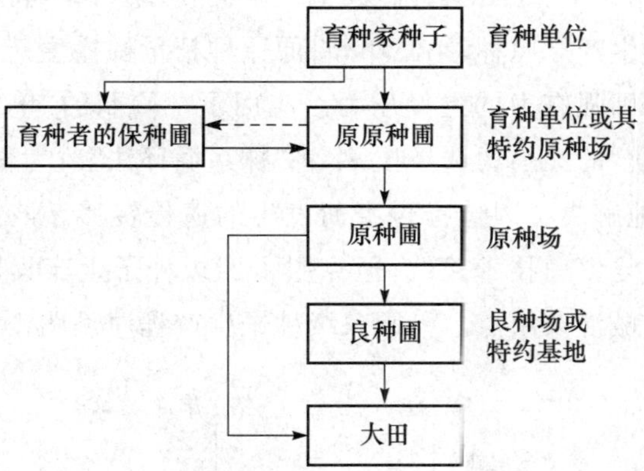

图 1-6　四级种子生产程序（张万松，1997）

育种者种子是由育种者直接生产、保纯和控制，能代表该品种纯系后代的原始种子或亲本的最初一批种子，具有该品种典型性，遗传性稳定，品种纯度 100％，世代最低，产量及其他主要性状符合确定推广时的原有水平。

原原种是由育种者种子繁殖而来，具有该品种的典型性，遗传性稳定，纯度 100％，一般比育种者种子高一个世代，产量及其他性状与育种者种子基本相同。由育种者或其授权的代理人（或组织）负责生产和控制，目的是把育种者种子高倍扩繁,得到更多数量种子,为生产原种提供种源。在生产上用种量不大而繁殖系数又高的作物,亦可以直接用于生产或制种。

原种是由原原种繁殖的第一代种子。

良种是由原种繁殖的第一代种子。

四级种子生产程序具有以下三个优点:

(1)育种者种子应是种子繁殖的唯一种源。

(2)限代繁殖。一般对育种者种子繁殖3~4代即告终止,种子繁殖代数少,周期短。种子种到农田里,就不允许再回到种子生产流程内。

(3)强化种源管理,便于世代监督。

(五)一圃三级种子生产技术

一圃三级种子生产技术从育种者种子开始,选择遗传性状稳定、具有该品种典型性的单穗,设立穗行圃,在全生育期中根据品种的特性,严格去除育种者种子中的分离行、变异行和混杂行。成熟时在具有该品种典型性的众多穗行内选择单穗,扩大其遗传基础,用于下一年穗行圃,其他种子混收;第二年,将混收的种子精量点播,扩大繁殖系数,生产原原种;第三年,将原原种精量稀播生产原种。该技术借鉴了三圃制中的穗行圃强有力的选择压力。应用了一圃制的"单粒点播,分株鉴定,整株去杂,混合收获"的又一次选择技术,将"株系循环法"改为穗行循环,扩大了遗传基础,最大限度地解决了因选择过窄而发生的遗传转移。该技术吸收了四级种子生产程序中的重复繁殖技术路线,但克服了四级种子生产程序中育种者种子存在的剩余变异和机械混杂缺点。一圃三级种子生产程序见图1-7所示。

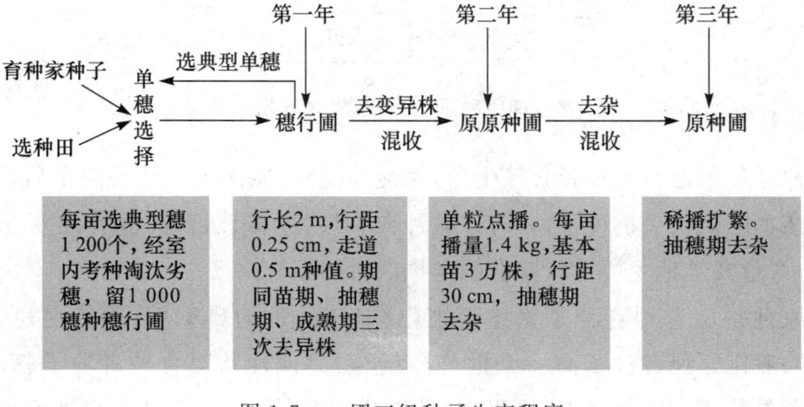

图1-7 一圃三级种子生产程序

（六）自交混繁法

本方法采用自交保种、混系繁殖，一圃二田原种生产技术，设置保种圃、基础种子田、原种田。以棉花为例，建立保种圃 0.24 hm^2，种植 382 个株行，生产核心种 360 kg，供基础种子田种植 5 hm^2，生产基础种子 9 000 kg，种植原种田 120 hm^2，可为生产提供原种 270 t，可供 3.7～4.0 khm^2 原种一代繁殖田用种。三者比例为 1∶15∶375。自交混繁原种生产程序(图 1-8)(以棉花为例)：建立保种圃、基础种子和原种生产田。

自交混繁法要注意以下 3 个问题：

(1)保种圃基础材料必须优良一致，重点掌握选择标准，做好自交工作，确保质量和数量。

(2)要具有超前性，一旦品种审定，可迅速生产大量的优良原种。

(3)保留足够的自交株系数目，保持品种基因库的相对稳定，各自交系自交铃数要保证下年保种圃内种植株数的要求。

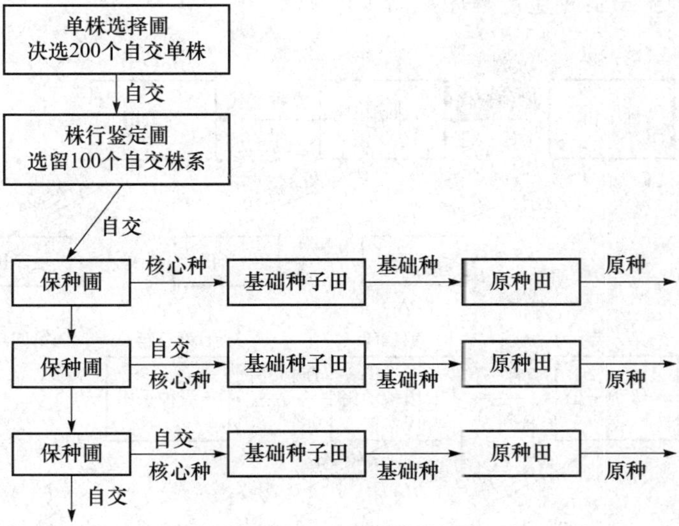

图 1-8　自交混繁法种子生产程序

三、纯系品种良种生产程序

获得原种后，由于原种数量有限，一般需要把原种再繁殖 1～3 代，以供生产使用，这个过程称为原种繁殖或良种生产。良种供大面积生产使用，用量极大，需要专门的种子田生产，才能保证良种生产的数量和质量。

1. 种子田的选择

为了获得高产、优质的种子，种子田应具备以下四个条件：

(1)交通便利、隔离安全、地势平坦、土壤肥沃、排灌方便、旱涝保收；

(2)实行合理轮作倒茬，避免连作危害；

(3)病、虫、杂草危害较轻，无检疫性病、虫、草害；

(4)同一品种的种子田最好集中连片种植。

2. 种子田良种生产程序

原种繁殖的种子叫原种一代，原种一代繁殖的种子叫原种二代，原种二代繁殖的种子叫原种三代。原种只能繁殖1～3代，超过三代后，由其生产的良种的质量难以保证。

将各级原种场、良种场生产出来的原种，第一年放在种子田繁殖，从种子田选择典型单株(穗)混合脱粒，作为下年种子田用种；其余植株(穗)经过严格除杂去劣后混合脱粒，作为下年生产田用种。原种繁殖1～3代后淘汰，重新用原种更新种子田用种。种子田良种生产程序见图1-9所示。

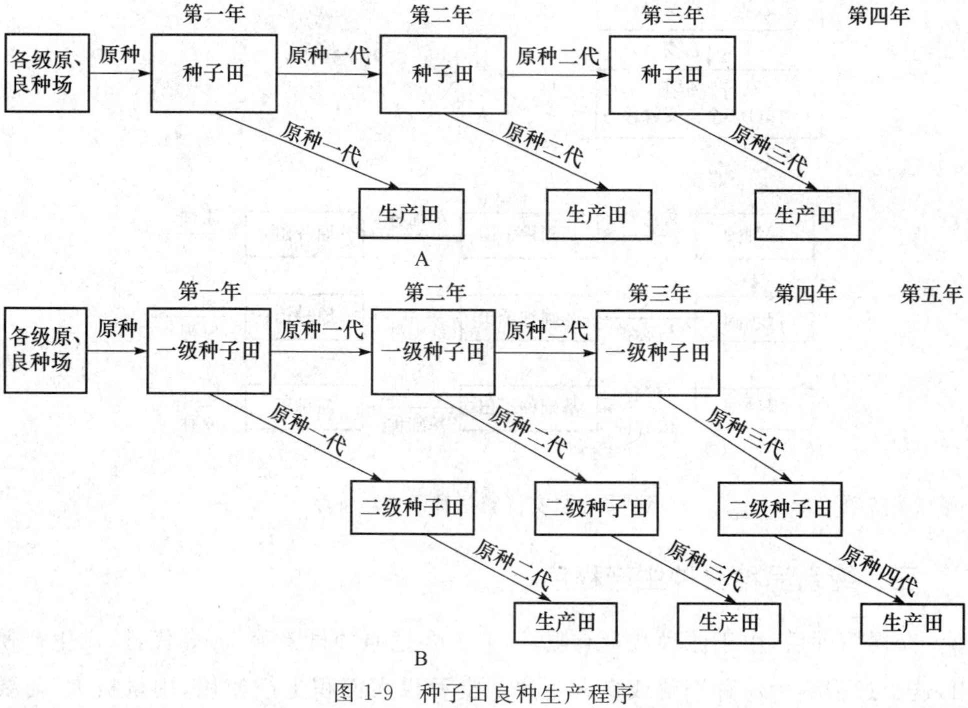

图1-9 种子田良种生产程序

A 一级种子田原种三代更新繁种流程 B 二级种子田原种四代更新繁种流程

任务5　杂种优势利用与杂交种种子生产

任务目标

1. 能熟练叙述杂种优势的概念及利用原则；

2. 熟知杂交种种子生产的基本方法；

3. 熟练掌握三系配套生产杂交种种子流程。

一、杂种优势利用

杂种优势是指用两个性状相对互补的纯系进行杂交，杂种一代（F_1）在生长势、生活力、抗逆性和产量等方面有比其双亲优越的现象。杂种优势是生物界普遍存在的现象，早已在水稻、玉米、油菜等大田作物和一些蔬菜作物广泛应用之外。利用杂种优势可以大幅度提高作物产量和改良作物品质，并带来巨大的社会效益和经济效益。随着对杂种优势理论研究的不断深入，杂种优势的利用将会取得更大的进展。

杂种优势在杂种第一代（F_1）表现最为明显，从第二代（F_2）开始表现显著的衰退现象。农业生产上利用的杂种优势就是指利用杂种第一代。因此，必须年年配制杂交一代种子供生产上应用，这个过程称为杂交制种，简称制种。为了获得强优势杂种，满足农业生产利用杂种优势的需要，在杂种优势利用上应该注意以下三个原则。

（1）选择优良的杂交组合（杂交种）。杂种第一代优势的表现因杂交组合而异。若杂交组合选配不当，杂种优势不强，甚至会出现劣势。因此，生产上利用杂种优势一定要选择优良的杂交组合，被利用的杂交种在生产力和产量性状上要显著优于当地生产上的推广品种。

（2）提高和保持亲本纯度。生产实践证明，一个优良的杂交种要在较长的时间内持续发挥最大的增产潜能，其双亲都必须高度纯合。若亲本不纯，变杂变劣，杂种就没有优势。因此，当优良的杂交种在生产上开始推广时，首要的任务就是加强亲本种子的防杂保纯，为杂交制种田提供纯度高、质量好的亲本种子。

（3）建立严格而规范的亲本繁殖和杂交种子生产体系。要使优良的杂交种在生产上发挥最大的增产效益，必须做好亲本繁殖和杂交制种工作。建立相应的亲本繁殖和杂交制种的种子生产体系，以保证每年有足够的亲本种子用来制种和有足够的第一代商品种子供生产上使用。

二、杂交种种子生产途径

生产杂交种子以利用杂种优势，主要采用以下五种方法：

(1)利用人工去雄法制种。指利用人工去除母本植株的雄花或雄穗，使雌花在自然或人工辅助条件下接受父本的花粉而产生杂交种子的方法。此法适应雌雄同株异花或雌雄异株的作物或繁殖系数较高的雌雄同花作物，以及雌雄同花、花器较大、去雄比较容易的作物。目前，在玉米、烟草、黄瓜、茄果类蔬菜等作物的杂交种制种中应用比较广泛。

(2)利用化学杀雄法制种。指对于自花授粉作物如小麦、水稻、谷子等作物，在花粉分化前或发育过程中，使用化学药剂抑制或杀死母本植株上的雄蕊或花粉粒，雌蕊正常生长，使其在自然条件下或人工辅助条件下接受父本花粉而产生杂交种子的方法。这是克服自花授粉作物人工去雄困难的有效途径之一。常用的化学杀雄剂有稻脚青、二氯丙酸、青鲜素、乙烯利等。

(3)利用作物苗期的标志性状制种。利用作物苗期具有某一显性性状的品种作父本，具有相对的隐性性状的品种作母本，在制种田内进行不去雄的人工授粉或自然杂交，获得杂交种子。在种植该杂交种生产田的苗期，凡具有父本显性性状的为真杂种苗，凡表现隐性性状的为母本自交的假杂种苗。对于假杂种苗可以通过田间间苗予以淘汰。此法适用于间苗或移栽作物，如棉花、水稻、大白菜等。

(4)利用自交不亲和系制种。有些植物的某些品系虽然雌雄器官在形态、功能和发育上完全正常，当开花期强迫自交或姊妹交时均表现不结实或结实很少，但在花蕾期自交可以结实，这种现象称为自交不亲和性。多数十字花科的蔬菜具有这种特性。具有这种自交不亲和性的品系就称为自交不亲和系。在杂交制种时，利用自交不亲和系做母本可以省去人工去雄的麻烦。如果双亲都是自交不亲和系，就可以互为父、母本，在两个亲本上采收同一组合的正反交杂种子，这样可以大大提高制种产量。目前，这种制种方法在十字花科蔬菜的甘蓝、大白菜中得到了广泛的应用。

(5)利用雄性不育系制种。雄性不育是植物中的一种特殊类型。这种类型的植物雄蕊发育不正常，没有正常的花粉或花粉败育，而它的雌蕊发育正常，可接受外来花粉正常结实。具有这种特性的作物品系称为雄性不育系。利用雄性不育系作母本进行杂交制种，可以省去人工去雄的麻烦，同时还可以提高制种的产量，降低种子的生产成本，是利用杂种优势的最有效的途径。如小麦、水稻、高粱等自花授粉作物的杂种优势利用具有十分重要的意义。

雄性不育性可以分为质核互作不育，核不育两种类型。在生产上应用较广泛的是质核互作不育。利用雄性不育配制杂交种的方法有三系法和两系法。

三系法是指利用质核互作雄性不育配制杂交种，必须“三系”配套。“三系”是指雄性不育系（不育系）、雄性不育保持系（保持系）、雄性不育恢复系（恢复系）。“三系”配套生产杂交关系如图1-10所示。

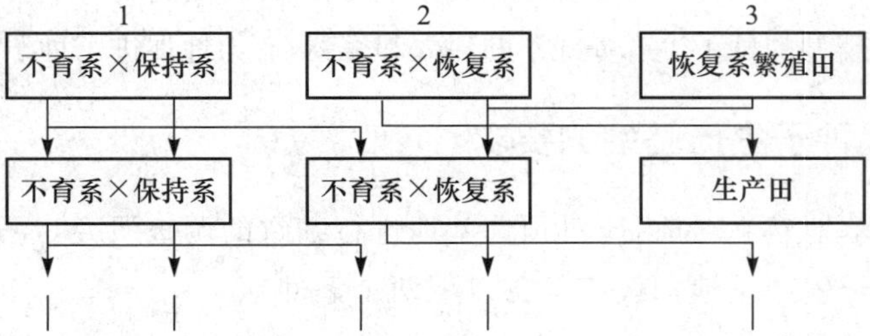

图1-10　“三系”配套生产杂交种示意图

①不育系。指具有雄性不育性的品种或自交系。主要特点是雌蕊发育正常，花粉而受精结实，但雄蕊发育不正常，没有花粉或花粉无生活力，不能自花授粉，故在制种时作母本，可以不用人工去雄。

②保持系。指给不育系授粉后，杂交后代能保持其不育性的品种和自交系。保持系有同型和异型之分，与不育系有共同血缘关系、姊妹关系的保持系，称为同型保持系；与不育系有不同血缘关系、姊妹关系的保持系，称为异型保持系。

③恢复系。指给不育系授粉后，能恢复其雄性繁殖能力的品种和自交系。制种时用恢复系作父本，不育系作母本，在制种区内自然授粉杂交，便可得到杂种种子，而且杂种一代能良好地开花授粉，正常结实。

任务6　建设和管理种子生产基地

任务目标

1. 能够进行种子生产基地的建设与选择；

2. 熟知种子生产基地的主要形式；

3. 熟知种子生产基地应具备的条件。

推广优良品种是促进农业增产的一项最基本的措施。生产作物良种离不开种子繁殖基地。建设好种子繁殖基地，对于完成种子生产计划，保证种子的质量具有重要的意义。因此，种子生产基地建设是种子工作的最基本内容。

种子生产基地是在优良环境和安全的隔离条件下，保质保量地生产农作物种子的场所。建设种子生产基地，可以充分、有效地利用地理优势、技术优势，生产出数量足、品种好的优良种子，满足种子市场需求。随着种子工程的实施，种子生产向集团化、产业化方向发展，新型的种子生产基地不断建立和完善，有力地促进了种子产业的发展。

一、现代种子生产基地的要求

种子生产基地建立之前，应对预选基地进行细致的调查研究，经过详细比较后择优建立。种子生产基地一般应具备以下两个条件：

1. 自然与生产条件

(1)基地隔离条件好，具有空间隔离或天然屏障隔离条件。

(2)基地的无霜期相对较长，能够满足作物生育期对温度的需求。

(3)土地集中选片、肥沃、排灌方便，无灌溉条件的降雨要充足。

(4)不能在重病地或病虫害常发生地区以及有检疫性病虫害的地区建立基地。

(5)交通方便，便于种子运输。

(6)基地农业生产水平高，群众有科学种田的经验，又有较好的生产条件。

2. 社会经济条件

(1)领导重视，群众积极性、主动性高。

(2)技术力量要强，通过培训，主要劳动力都能熟练掌握种子生产的技术，并愿意接受技术指导和监督，按生产技术规程操作。

(3)劳力充足，在种子生产关键期不会发生劳力短缺，贻误时机。劳动者文化素质较高，容易形成当地自己的技术力量。

(4)农户经济条件较好，能及时购买地膜、化肥、农药、种子等生产资料，具备一定的机械作业条件。

二、建立种子生产基地程序

建立种子生产基地，通常要做好以下三个方面的工作。

1. 搞好论证

种子生产基地建立之前要做好调查研究,对基地的自然条件(如无霜期、降雨量、隔离条件、土地面积、土壤肥力等)、社会经济条件(如土地生产水平、劳力情况、经济状况、干部群众的积极性、交通条件等)进行详细调查研究。在此基础上编写建立种子生产基地的任务书,内容主要包括基地建设目的与意义、基地建设的规划。基地建立的实施方案和基地建成后的经济效益分析等,并组织有关专家进行论证。

2. 详细规划

在有关专家充分论证的基础上做好种子生产基地建设的详细规划。为了保证大田种子需要,在计划种子生产基地面积时,要留有余地。也可建部分计划外基地,与基地订好合同,同基地互惠互利,共担风险。

3. 组织实施

制订出基地建设实施方案,并组织相关部门实施,各部门要分工协作,具体负责基地建设的各项工作,使基地保质保量、按期完成并交付使用。

三、种子生产基地的形式

种子生产基地的形式主要有以下两种:

1. 自有种子生产基地

这类基地包括种子企业通过国家划拨、企业购买而拥有土地自主使用权的或通过长期租赁形式获得土地使用权的种子生产用地以及国有农场、国有原(良)种场、高等农业院校及科研单位的试验农场或教学实验农场等。这类基地的经营管理体制较完善,技术力量雄厚而集中,设备设施齐全,适合生产原种、杂交种的亲本及某些较珍贵的新品种。尤其是高等农业院校及科研单位,既是农作物育种单位,其试验农场或教学实验农场又是原种生产的主要基地,在整个种子生产中发挥着重要作用。

2. 特约种子生产基地

这类基地主要是指种子生产企业根据企业自身的种子生产计划,选择符合种子生产要求的地区,通过协商与当地组织或农民采取合同约定的形式把农民承包经营的土地用于种子生产,使之成为种子企业的种子生产基地。特约种子生产基地是我国目前以及今后相当长一个时期内种子生产基地的主要形式。这类基地不受地域限制,可充分利用我国农村的自然条件、地形地势各具特色的优势,而且我国农村劳动力充裕,承担种子生产任务的潜力很大,适合量大的商品种子的生产。

但是这类基地的设施条件差一些，管理难度大一些。种子企业可根据种子生产的要求、生产成本及生产地区的农民技术水平等因素，选择本地或异地建立特约种子生产基地。

特约种子生产基地根据管理形式、生产规模，又可分为三种类型：

①区域(化)特约种子生产基地。也称为县(联县)、乡(联乡)、村(联村)统一管理的大型种子生产基地。这种大型基地通常把一个自然生态区，或一个自然生态区内的若干县、乡、村联合在一起建立专业化的种子生产基地。种子企业一般与当地政府签订合同，这类基地的领导组织力量强，群众的积极性高，技术力量较雄厚，以种子生产为主业。这种基地适合生产杂交玉米、杂交高粱、杂交棉花、杂交水稻等生产量大、技术环节较复杂的作物种子。

②联户特约种子生产基地。这是由自愿承担种子生产任务的若干农户联合起来建立的中、小型基地。联户中推荐一名代表负责协调和管理联户基地的各项工作，代表联户同种子公司签订种子生产合同。联户负责人应精通种子生产技术，组织沟通能力较强，工作积极性高、责任心强。由于基地的规模不大，适合承担种子生产量不大的特殊杂交组合的制种、杂交亲本的繁殖以及需要迅速繁殖的新育成品种的种子生产任务。

③专业户特约种子生产基地。由责任田较多、劳动力充足、生产水平高，又精通种子生产技术的专业户直接与种子公司签订生产某一品种的合同。种子公司选派技术人员进行指导和监督。这种小型基地适合承担一些繁殖系数高或种子量不大的良种或特殊亲本种子的生产任务。

四、种子生产基地管理

当前种子生产基地正朝着集团化、规模化、专业化、社会化方向发展，搞好基地管理，有利于种子产业的发展。为此，要做好以下种子基地管理工作。

1. 种子生产基地计划管理

种子生产能否取得预期的经济效益，取决于市场的需求、种子本身的质量和数量等。因此，必须以市场为导向，以质量求生存，搞好基地的计划管理，不断提高经济效益和社会效益。

(1)市场需求确定生产规模。种子是计划性很强的商品，一方面，农作物种子是有生命的农业生产资料，其质量好坏直接影响来年的作物产量，进而影响农民利益；另一方面，农作物种子是有寿命的商品，而且季节性明显，种子寿命一旦丧失就失去了使用价值。同时,农作物种子过多与过少都会影响农业生产,给农民造成经济损失。

(2)推行合同制,预约生产、收购和供种。为了保护种子生产者和销售者的合法权益,协调产销之间的关系,改善经营管理,提高经济效益,应积极推行预购、预销合同制。

2. 种子生产基地技术管理

种子生产尤其是杂交制种,包括选地隔离、规格播种、除杂去劣、适时去雄等一系列环节,技术性很强。任何一个环节的疏忽都可能造成种子质量下降乃至制种的失败。因此,种子生产基地一定要加强技术管理,保证制种工作保质保量完成。

(1)制定统一的技术规程。我国种子生产经历了“四自一辅”“四化一供”等发展阶段,目前形成了种子专业化、集团化、商品化生产,并初步形成了把品种区域试验、审定、生产、推广、加工、检验和经营等环节连成一体的产业化种子生产体系。

水稻、小麦等自花授粉和棉花等常异花授粉作物的常规品种,经审定后由育种单位提供育种家种子,在生产单位实行原种,大田用种分级繁育。对生产上正在应用的品种,可采用三圃制或二圃制方法提纯后生产原种,再由特约种子生产基地或各专业村(户)用原种繁殖出大田用种,供大田生产应用,

(2)建立健全技术岗位责任制,实行严格的奖惩制度。

(3)建立健全技术培训制度,提高种子生产者的技术水平。

3. 种子生产基地质量管理

种子生产专业化、标准化、商品化的程度不断提高,对种子质量提出了更高的要求。种子质量直接影响着作物产量的高低及其品质的优劣,关系到种子销售者的形象、实力乃至生存与发展。所以,基地的质量管理是项十分重要的工作,必须严格种子生产的质量管理,加强执法管理力度,完善质量管理体系。

(1)实行种子专业化、规模化生产,种子生产田相对集中、隔离安全、容易发挥基地的地理优势,生产技术水平高、工作能力强,容易发挥基地的人才优势,还可以充分调动农户生产积极性和主观能动性,愿意接受技术指导和培训来发挥基地的管理优势。

(2)严把质量关,按规程规范各项作业。

(3)建立健全种子检验制度,做好贮藏与加工工作。

实施方案

学生模拟种子公司的形式组建成学习(工作)小组，利用教师提供的参考书、音像资料、网络资源等资料进行自主学习以及企业参观等，完成项目学习任务，具体内容及实施方案(表 1-1)如下：

(1)种子生产基地的建设和选择；

(2)不同作物种子繁殖类型；

(3)通过企业参观，明确专业认识，有安全生产、文明生产的意识；

(4)纯系品种、杂交种种子生产基本程序(过程)；

(5)种业现状与地位。

表 1-1　作物种子生产基础项目教学实施方案

工作过程	教学步骤	训练要求与标准	训练方法	参考时间
资讯和计划	下达工作任务，设计、讨论	能叙述正确的种子、种子生产含义；作物繁殖方式与种子生产关系；制订种子生产基地的选择和建设方案	以小组为单位查阅文献资料，讨论方案，抽查 3 个小组的方案进行答辩	15 min
参观讨论	种子基地(企业)参观	通过企业参观，让学生明确专业认识，端正对本学科态度，培养学生安全生产、文明生产的意识。加强种子生产基本知识的学习，为以后项目工作打好基础	现场参观与讨论	160 min
总结与评估	完成项目练习并评价	对参观与课堂上学到的知识进行总结归纳，能总结出种子、种子生产含义，作物繁殖方式与种子生产关系，纯系品种及杂交种子生产基本程序以及企业对生产环境、人员知识和技能等方面的要求	教师提供相关性练习单，每位学生独立完成	65 min
场地要求	种子企业、种子生产实训基地、理实一体教室			

检查评价

现场操作检查：学生自检、教师检查任务完成情况（表 1-2）。检查结果可分为 4 个等级：优（≥90 分）、良（80—90 分）、中（70—80 分）、差（0—60 分）。

表 1-2 作物种子生产基础项目学习完成情况评价表

	考核要点	评价标准	分值安排	评定得分
考核标准	态度与表现	学习（实训）态度与课堂表现	20	
	项目计划	自学基础相关知识，知识点掌握牢固全面；能够准确叙述种子含义；作物繁殖方式常规种及杂交种子生产基本程序，种子基地建设与选择方案	40	
	项目实施	遵守企业规章，尊重企业文化，善于沟通提问并做参观笔记；课堂上能遵守课堂纪律，认真听讲，记录知识要点	20	
	项目评估	通过多媒体教学和参观学习，能够较充分总结知识点，把握教学重点内容，项目总结撰写质量好	20	
总分			100	

问题与思考

1. 试述种子生产的作用与任务。
2. 叙述种子、种子生产的含义。
3. 叙述常见主要作物种子繁殖方式与种子生产。
4. 叙述纯系品种及杂交种子生产基本程序。
5. 如何建立和选择种子生产基地？
6. 试述杂种优势的概念及利用原则。
7. 杂交种种子生产的基本方法有哪些？
8. 用图示表示“三系”配套生产杂交种子流程。

项目二

玉米种子生产技术

知识目标

1. 了解玉米的花器构造、开花习性及种子的形成；
2. 知道玉米杂交种类别和种子分类；
3. 掌握玉米杂交制种的方法；
4. 掌握玉米自交系原种及亲本种子的生产程序及方法。

技能目标

1. 学会玉米人工去雄杂交制种技术及田间质量控制技术；
2. 学会玉米自交系原种及自交系亲本种子的生产技术；
3. 学会玉米种子生产实验、实训常见仪器设备的使用，能规范操作及简单维护；
4. 对玉米种子生产中的一些突发事件，能提出针对性的应对措施；
5. 具有文献检索及信息技术应用能力。

知识准备

玉米是异花授粉作物，雌雄同株异花，是世界上总产和单产第一，贸易量第二，面积第三的“四元”（粮食、饲料、经作、蔬果）综合利用的谷类作物。20 世纪 50 年代末育成我国首批的双交种，开创了我国玉米杂交育种的新纪元。60 年代中期生产上杂交种种植面积不足 1 000 khm^2，仅为我国玉米面积的 4%，60 年代中期后，由于育成和引入一批优良自交系，组配一批玉米杂交种，1975 年杂交种种植面积占总面积的 50%左右。此后，随着玉米杂交育种研究工作的加强，全国玉米杂交种的种植面积不断扩大，到了今天已发展到 99%以上，其中绝大部分是单交种。因此,生产玉米杂交种子及其自交系种子是保障玉米产业稳定发展首要任务。本项目主要介绍玉米人工去雄生产杂交种子及其自交系种子的生产与提纯技术。

子项目一　玉米种子生产基本认知

知识目标

1. 了解玉米花器构造及开花结实性;
2. 了解我国玉米制种现状;
3. 理解玉米种子形成;
4. 掌握玉米品种主要性状及识别技术;
5. 掌握玉米品种混杂的原因及防杂保纯措施。

布置任务

学生模拟种子公司的形式组建成学习(工作)小组,在教师指导下,通过线上线下自主学习相关资料,掌握玉米种子形成及其相关生物学特性、玉米品种性状识别等。完成玉米果穗主要性状室内考种任务。

学习条件

场地要求:图书馆、理实一体教室

工具与生产资料准备:杂志期刊、图书、网页等

知识准备

一、中国玉米制种概况

1. 玉米制种生产现状

玉米是世界上总产和单产第一,贸易量第二,面积第三的“四元”(粮食、饲料、经作、蔬果)综合利用的谷类作物。2018 年世界玉米种植面积 1.885 亿 hm^2,占三大粮食作物的 29.68%;总产量 11.01 亿 t,占三大粮食作物 39.8%,单产 5.84 t/hm^2。其中,美国种植面积 0.330 7 亿 hm^2,总产 3.715 亿 t,单产 11.24 t/hm^2;中国种植面积为 0.42 亿 hm^2,总产 2.591 亿 t,单产 6.17 t/hm^2。中国玉米的单产水平略高于

世界平均水平，比美国玉米的单产水平少 45.1%，差距很大，但也意味着增产潜力也很大(中国玉米种植面积居世界第一，单产排名第八)。

2018 年我国杂交玉米计划制种 17.67 万 hm^2，继 2017 年后继续下降，同比下降为 10%，将产种子 90 万 t，加上上期有效库存 70 万～80 万 t，2018 年期末为 50 万～60 万 t。据预测，随着国家进一步调减玉米种植面积，按照未来 5 年玉米种植面积维持在 0.33 亿 hm^2、平均用种量 1.95 kg/亩进行计算，玉米种子需求量将稳定在 97.5 万 t，玉米种子库存将大幅下降，回到合理的水平，经过两年的行业调整，不少小企业亏损严重，行业整合速度加快，随着集中度的提升，2019 年制种面积还会进一步下降，这对玉米制种和销售企业的冲击无疑是巨大的，不但影响企业利润，还直接关系企业生存发展。因此，研究玉米种子市场的发展趋势，合理安排制种面积是企业战略管理的重要内容，也是关系企业生存与发展的大事。

2. 玉米制种技术发展

玉米原产于美洲，原始玉米育种追溯到 5000 多年以前印第安人把野生玉米驯化栽培开始。当欧洲人早期到北美时，他们带着印第安人培育的“北方硬粒种”玉米向内地迁移，在中西部一带与另一个“南部马齿种”相串粉，经过混合选择，在 1850 年前后产生了现在玉米马齿品种。达尔文(1876)曾以自己的实验结果，首先报道了自交和异交对玉米生长的明显差异。W. J. Beal(1880)最早用隔离区和摘除雄穗的方法产生了玉米品种间杂交的种子，观察到一代杂交种的产量有比亲本品种高 51%的结果。

20 世纪 G. H. Shull 进行了玉米粒行数的遗传研究，先后于 1908 年和 1909 年发表了揭示玉米自交导致衰退、杂交产生优势的现象，从而奠定了近代玉米杂交育种方法的基础，并提出超显性学说。根据 D. F. Jones(1918)的建议，在生产上改用了双交种子，把玉米杂交优势利用引向蓬勃发展。美国到 20 世纪 30 年代初，第一批商用杂交种问世，很快被农民们接受。到了 1960 年玉米杂交种几乎遍及全美。

1926 年王绶等开始进行自交系选育和组配杂交种用于教学。在我国杂交玉米制种技术研究历史上具有里程碑意义的人物是著名玉米育种专家李登海、许启凤，品种是河南省农科院的“郑单 958”。

李登海，山东登海种业股份有限公司董事长。1966 年初中毕业。1970 年参加大队农科队，继而出任农科队队长。从此他便迷上了玉米育种和高产栽培研究这一行。1978 年，李登海成功研制“掖单 1 号”，大田示范比当时推广的“丹玉 6 号”抗病强，品质好，产量高出 41.4%。1979 年，经凑型玉米“掖单 2 号”宣告成功，亩产高达 776.6 kg，首创我国夏玉米单产最高记录，并确立了紧凑型玉米这一中国玉米高产研究的方向。通过运用杂交、合理密植等技术。1989 年，李登海培育栽培的夏玉米产量突破 1 000 kg，达到 1 096.29 kg，不仅创下了我国夏玉米高产记录，而且刷新了世界夏玉米高产记录。

30 多年间，先后选育玉米高产新品种 30 多个，6 次开创和刷新了我国夏玉米的高产记录，这些新品种获得了大面积的推广，最多时推广种植面积占到全国玉米总种植面积的 1/3。据不完全统计，其增加的产量累计为国家增加直接经济效益 880 多亿元。

许启凤，中国农业大学教授，选育“农大 108”整整用了 20 年。“农大 108”在耐密植育种上有所突破。一诞生就以其优质、高产、稳产、耐高温高湿和抗病性强等优势成为玉米家族的新宠，其种植面积每年平均以 800 km^2 的速度蹿升，2000 年起连年成为我国粮食作物中年种植面积最大的品种，目前已在 24 个省（自治区、直辖市）广泛种植。1998—2001 年间，“农大 108”共种植了 5 400 km^2，增产粮食 40 亿 kg，为国家创造经济效益 30 多亿元。

“郑单 958”是河南省农业科学院于 2000 年培育成功的，被有关专家誉为“划时代跨时代”的优质高产粮饲兼用型玉米杂交新品种，综合性能极为优良，抗倒、抗病性以及稳产适应性俱佳，尤其是高产、超高产性能突出，在国内外处于领先地位。“郑单 958”选育成功标志着我国杂交玉米育种新的突破。“郑单 958”突出的特点是适应性广，全国各地、大江南北几乎均可种植；适应性强，不同的密度和肥力均可获得相当的产量，深受农民欢迎，有农民戏称为“懒汉种”；制种产量高，制种成本相当低，深受玉米制种和销售公司的欢迎。

“桂单 0810”是广西农业科学院玉米研究所于 2012 年培育成功的，是广西首个国家玉米主导品种且获植物新品种权，该品种在抗逆性、品质、产量等方面超越我国热区主栽的外国名牌品种正大 619 和迪卡 008，并通过了云南、贵州、广东认定；“桂单 0810”种子产量（平均 409.41 kg/亩）及其大面积生产示范产量（平均 578.49 kg/亩）创广西玉米自育品种最高记录。近 3 年来，“桂单 0810”成为广西玉米生产年种植面积最大的品种，年均市场占有率 22.68%，扭转了广西玉米生产及其种业长期依赖国外品种的被动局面。“桂单 0810”适宜在全广西、广东及贵州地热河谷区域、云南低海拔区域乃至越南、老挝、马来西亚等东盟国家，有巨大的应用前景。

二、玉米种子的形成

1. 玉米的花器构造

玉米(corn 或 maize)属于禾本科禾谷类作物,玉米为雌雄同株异花授粉作物,雄性先熟。雄花序着生于植株顶端,而雌花序着生于茎秆中部的叶腋内。玉米雄花序为圆锥花序,由主轴与分枝组成,一般有 15~20 个分枝。主轴和分枝上着生许多成对的雄性小穗(图 2-1),一个有柄,一个无柄,每个小穗内有两朵花,每朵花内有三个花药;开花时花药开裂散出大量花粉,一个雄穗能产生 2 000 万~3 000 万粒花粉。花粉粒小而轻,可随风飘扬在百米以外。

玉米的雌花序为肉穗花序,又称果穗,是由穗柄、苞叶、穗轴和雌小穗组成,穗轴上着生许多成对为纵行排列的雌小穗。每个小穗起初都有两朵小花,其中一朵后来退化(图 2-2)。正常的花由内颖、外颖、雌蕊组成。雌蕊由子房和花柱组成。花柱亦称花丝,它的每个部位均有接受花粉的能力。因此,玉米果穗行数为偶数。

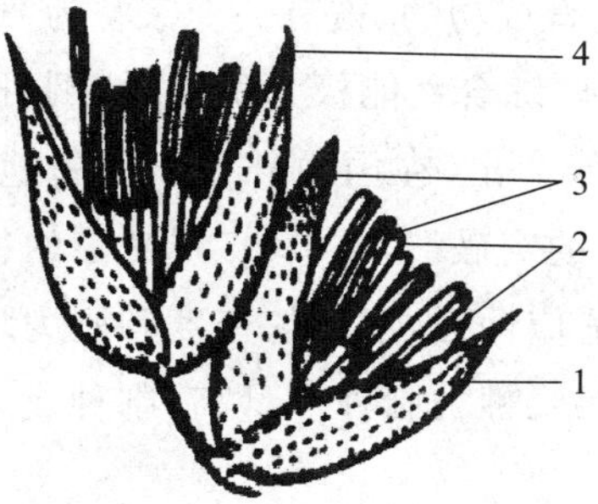

图 2-1 玉米雄花小穗构造

1. 第一颖 2. 第一花 3. 第二花
4. 第二颖

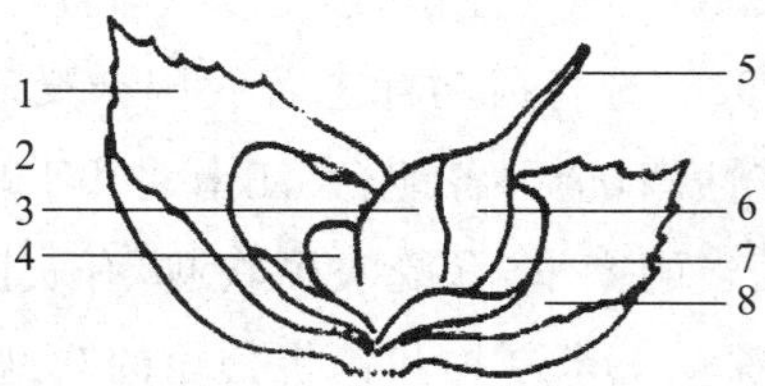

图 2-2 玉米雌花构造

1. 第一颖 2. 退化花的外颖 3. 结实花的内颖
4. 退化花的内颖 5. 花柱 6. 子房
7. 结实花的外颖 8. 第二颖

2. 开花结实习性及种子形成

同一玉米植株的雄花比雌花一般早开 2~4 天。玉米雄穗抽出顶叶 2~3 天,主轴中部先开花散粉,随后分别向上、下依次开放。上部的分枝先开,下部分枝后开,同一分枝内顶部先开,依次向下。一个雄穗开花时间持续 6~7 天,开花后 2～5 天是盛花期。一天内 8：00～11：00 开花，阴雨天延迟到午后放晴时开花。

玉米雄穗开花适宜的温度 25～27 ℃，相对湿度 70％～90％。在一般田间条件下，花粉活力能保持 5～6 h，6 h 后活力显著下降，12 h 后已基本丧失活力。

发育小花的雌蕊由子房和花柱（花丝）组成。花柱的顶端分杈叫柱头。在雄穗开花 2～3 天后雌穗开始吐丝，其顺序是雌穗中下部的花柱先从苞叶中伸出，然后向上向下同时进行，雌穗顶部的花柱最后伸出苞叶。全穗花柱从抽出到完毕 4～6 天，花柱伸出苞叶任何部位都有接受花粉的能力。这种能力在北方的夏季可保持 10 天，在南方的夏季可保持 5～7 天，在海南岛南繁时可保持 15 天。但以花柱抽出后的 3～5 天内授粉结实能力最强，以后开始下降。约到 10 天花柱基本丧失活力。一般花柱长约 20 cm，如不能及时授粉，可伸长到 50 cm 左右，一经授粉就停止生长而枯萎。花粉粒落到花柱上 1～2 h 即可发芽，花粉发芽后进入子房约经 24 h，便可完成受精过程。

3. 玉米种子形态结构

玉米的种子主要由种皮、胚乳和胚三部分组成（图 2-3）。玉米果皮与种皮紧密相连不易区分，习惯上均称之为种皮。种皮主要有纤维素构成，表面光滑，一般无色，包围整个种子，占种子总重量的 6％～8％。具有保护种子不受外力机械损伤和防止病虫害入侵的作用。玉米的胚乳位于种皮内部，最外层由单层细胞组成，这些细胞充满含有大量蛋白质的糊粉粒，组成糊粉层。糊粉层下的胚乳分为粉质胚乳、角质胚乳（二者是由蛋白质所占比例不同来区分的）。胚乳占种子总重量的 80％～85％，起到贮藏养料，供给种子萌发的作用。胚是新生植物体的雏体，构成种子的最重要部位。玉米胚有胚根、胚芽、胚轴、子叶（盾片）组成。胚根与胚芽的顶端具有生长点，由胚性细胞组成，种子萌发时，这些胚性细胞能很快分裂、长大，使胚根和胚芽分别伸长，突破种皮，长成新植株的根、茎、叶。同时，胚轴也一起生长，成为幼根或幼茎的一部分。子叶是植物体最早的叶，它是种子植物胚的组成部分之一，在大多数植物中为贮藏养料或幼苗时期进行同化作用的器官（在无胚乳的种子内，子叶特别肥厚，贮藏着大量的营养物质。在有胚乳的种子内，子叶不发达，但它可从胚乳中吸收养料，供胚发育需要，所以子叶在种子萌发成幼苗的初期，其作用是十分重要的）。禾本科植物种子内的子叶，又称为“内子叶”或“盾片”，其功能较为特殊，具有吸收和消化作用。玉米的胚占种子总重量的 10％～15％。

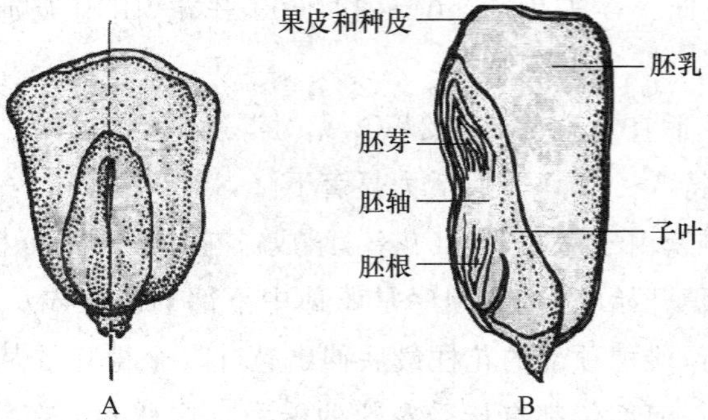

图 2-3　玉米种子的外形和结构

A 横面图　B 纵面图

三、玉米杂交种类型

（一）玉米自交系概念

1. 玉米自交系的概念和特点

玉米自交系是指从优良的品种或杂交种中选株，经过连续多代的自交与选择，最后产生的基因型纯合、性状整齐一致的单株自交后代。这个单株自交后代内自交或姊妹交产生的群体，都是同一个自交系。

2. 自交系的基本特点

玉米自交系有两个明显的特点：一是基因型纯合，性状稳定；二是自交导致生活力衰退，使植株变矮、果穗变小、产量降低。可见，玉米自交系一般不能直接用于生产，只能用于选配玉米杂交种。

3. 优良玉米自交系应具备的条件

(1)综合农艺性状好。包括植株性状、穗部性状、抗病虫和其他抗逆能力等。

(2)一般配合力较高。一般配合力是指一个自交系与其他多个自交系(或品种)产生的杂交后代的产量表现以及相关性状指标。只有将一般配合力较高的自交系合理组配，才有可能产生强优势组合。

(3)与繁殖制种有关的性状优良。比如自交系的花粉量大、散粉畅；自身产量高，雌雄花期协调，结实性好。这样有利于减少繁殖和制种面积，降低种子生产成本。

(4)基因型纯合，表现整齐一致。

（二）玉米杂交种的种类和种子类别

1. 玉米杂交种的种类

根据组成杂交种的亲本数目及排列，玉米杂交种分为单交种、三交种、双交种、顶交种、综合种。目前生产上种植的多为单交种，其他种类只做搭配品种，很少大量使用。

(1)单交种。由两个自交系一次杂交而成。整齐度高、优势强、制种程序简单，是当前生产上利用的主要杂交种类型(图 2-4)。

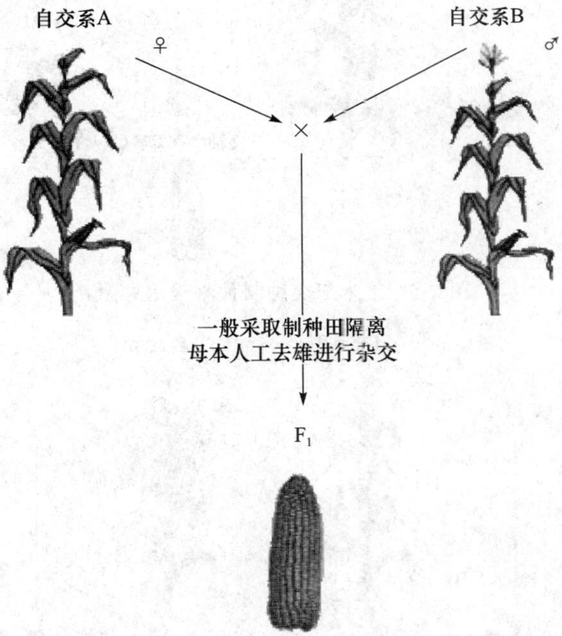

图 2-4　玉米单交种制种示意图

(2)三交种。用两个自交系先配成单交种，再与第三个自交系杂交而成(图 2-5)。

(3)双交种。用四个自交系先配成两个单交种，再用两个单交种杂交而成(图 2-6)。

(4)顶交种。用一个自交系与一个品种杂交而成。

(5)综合种。用若干个自交系(一般 8 个以上)或自交系间杂交种经自由授粉选育而成。其遗传基础广泛、抗逆性强、适应性广、优势比较稳定。一经制成，可在生产上连续使用多年。但整齐度和杂种优势低于单交种、三交种、双交种。

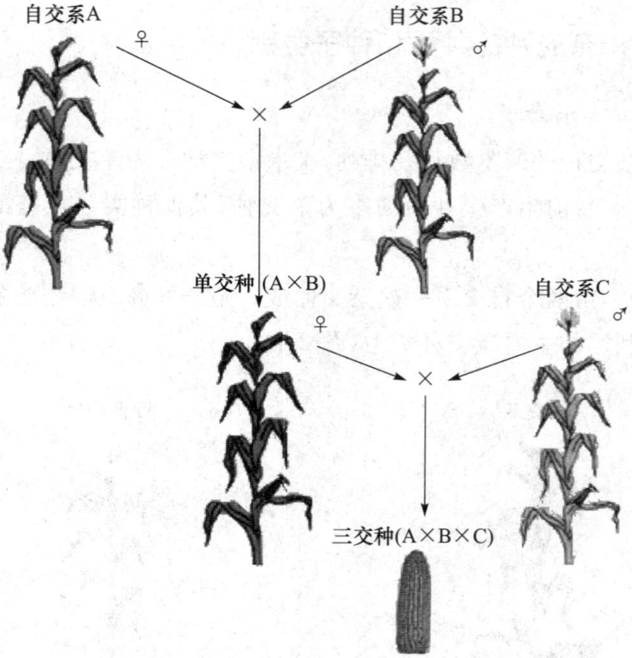

图 2-5　玉米三交种制种流程示意图

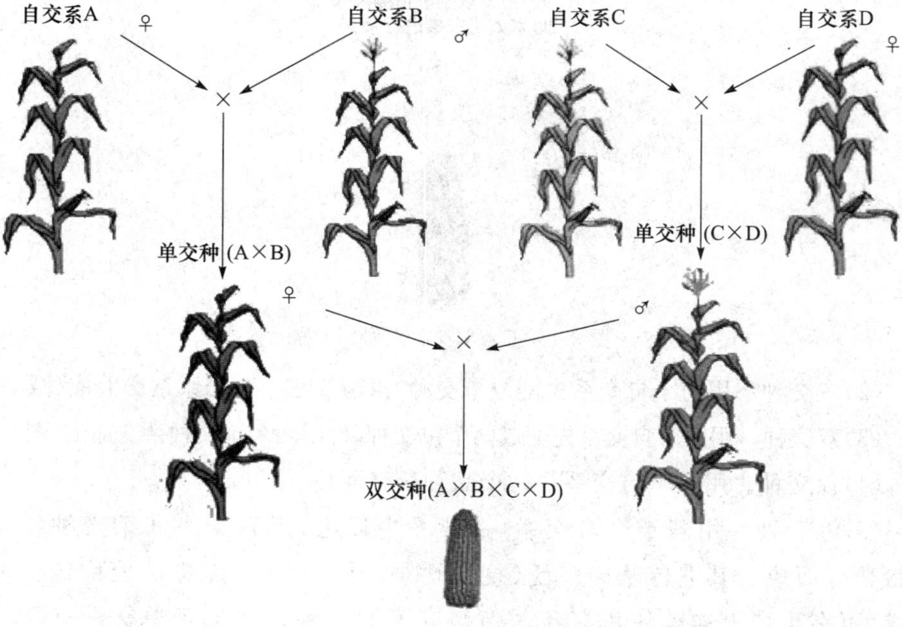

图 2-6　玉米双交种制种流程示意图

2. 玉米种子的类别

根据《玉米种子生产技术操作规程》(GB/T 17315—2011)将玉米种子分为 4 个类别。

(1)育种家种子。由育种者育成的具有特异性、一致性和遗传稳定性的最初一批自交系种子。

(2)原种种子。由育种家种子直接繁殖出来的或按照原种生产程序生产并达到规定标准的自交系种子。

(3)亲本种子。由原种扩繁并达到规定标准,用于供配制杂交种用的种子。

(4)杂交种种子。又称商品种子,直接用于大田生产的杂交种子。

本项目论述的内容是指亲本自交系及其杂交种的种子生产。

四、玉米种子生产的特点

玉米属天然异花授粉作物,花粉量大,并能随风扩散,极易发生串粉混杂。因此,种子生产有以下三个特点:

(1)亲本自交系繁殖和杂交种配制,都必须分别设置隔离区,与其他玉米品种严格分离,防止天然杂交而引起生物学混杂。

(2)杂交玉米的杂种优势仅潜存于杂种一代,生产上仅用杂种一代种子,杂种二代不能做种。因此,玉米杂交种种子生产,不仅要年年制种,而且还要配套繁殖相应的亲本自交系种子。

(3)玉米是雌雄同株异花作物,由于雌花和雄花着生部位不同,且雄花硕大,所以杂交去雄操作较简便。常规玉米杂交制种区的母本行必须去雄。利用雄性不育系配制杂交种,则可全部或部分免去人工去雄。

五、玉米品种主要性状及识别

为了掌握玉米种子生产技术,提高种子田除杂去劣及典型株选择的准确性,必须学会玉米品种识别技能。为此,对学院教学实习基地或种业公司的玉米种子田,在玉米生长至蜡熟期及收获后分别在田间和室内进行以下性状的识别,参考玉米品种性状识别(表 2-1)、填写玉米品种识别田间记载和玉米品种识别室内考种记载表(表 2-2,表 2-3)。

表 2-1 玉米品种性状识别及性状描述

性状识别		性状描述
株型	紧凑型	表现为果穗以上叶片直立、上冲，叶片与茎秆之间的夹角 30°
	平展型	表现为果穗叶以上叶片平展，叶尖下垂，叶片与茎秆之间的夹角大于 45°
	半紧凑型	株型介于紧凑型和平展型之间
株高	高秆型	株高在 2.7 m 以上
	中秆型	株高在 2.0～2.7 m
	矮秆型	株高低于 2 m
叶相	上挺	叶片直立、上冲
	平伸	叶片平展，叶尖下垂
	披叶	叶片披垂
叶色		在苗期和抽穗后记载，分为深绿、绿、淡绿色
叶鞘色		在苗期记载幼苗基部叶鞘分绿、紫等色
茎色		在拔节后记载，分红色、青色两种
雄穗	分枝	分别记载分枝的多少和长短
	护颖色	分红、绿等色
	花药色	有红、黄色两种
雌穗	苞叶	分尖形、卵圆形、圆形、圆锥形
	花丝色	分为红色、青色
	穗型	分为长筒、短筒、长锥、短锥等型
	轴色	分紫、红、白等色
粒型	硬粒型	果穗多为圆锥形，籽粒坚硬饱满，平滑，有光泽，外表透明
	马齿型	果穗多为圆柱形，籽粒扁平呈方形或长方形，不透明
	半马齿型	籽粒顶端凹陷不明显或呈乳白色的圆顶，角质胚乳较多，种皮较厚，边缘较圆。其特性介于硬粒型和马齿型之间
粒色		有黄粒、白粒、红粒、紫粒
千粒重		从样本中取 500 粒种子两份，分别称重，求其平均数，折成千粒重，单位以 g 表示

表 2-2　玉米品种识别田间记载

品种名称	苗期叶鞘色	株型	株高	叶片		雄穗				雌穗		备注
				叶相	叶色	分枝的多少	分枝长短	护颖颜色	花药颜色	苞叶长短	花丝颜色	

表 2-3　玉米品种识别室内考种记载

品种名称	调查项目									
	果穗长/cm	秃顶长/cm	穗粗/cm	每行粒数	每穗行数	单穗重/g	单穗粒重/g	出籽数/%	百粒重/g	其他

六、玉米品种防杂保纯

一个优良的玉米品种，在生产上可以连续几年发挥其增产作用，但任何一个品种的种性都不是固定不变的。随着品种繁殖世代的增加，就会出现纯度降低，性状变劣，抗逆性、适应性减退，产量、品质下降等现象，造成这些现象的主要原因就是品种发生了混杂退化。玉米品种混杂退化表现最突出为植株生长不齐，成熟不一致，果穗大小差别很大，粒型、粒色等均有很大变化，丧失了原来的典型性。

玉米属天然异花授粉作物，且雄花硕大，花粉量多，并能随风扩散，极易发生串粉混杂，因此在繁殖制种区首先必须做好安全隔离，严防生物学混杂。其次是严格种子管理制度，防止人为机械混杂。最后是坚持严格分期去杂，以保证种源纯度，减少品种混杂退化发生。

实施方案

学生模拟种子公司的形式组建成学习（工作）小组，收集玉米种子生产、生物学特性、玉米杂交种类型及种子类别等相关信息，并进行资料归纳总结，完成玉米主要特征特性观察记载任务，具体包括以下内容：

(1)玉米种形成过程;

(2)玉米花器构造与开花习性;

(3)玉米杂交种类型及种子类别;

(4)玉米果穗主要性状室内考种。

检查评价

现场操作检查:学生自检、教师检查任务完成情况(表2-4)。检查结果可分为4个等级:优(≥90分)、良(80—90分)、中(70—80分)、差(0—60分)。

表2-4 玉米种子生产基本认知任务完成情况检查表

<table>
<tr><td rowspan="8">考核标准</td><td colspan="2">考核要点</td><td>技术操作要点</td><td>分值安排</td><td>评定得分</td></tr>
<tr><td colspan="2">态度与表现</td><td>学习(实训)态度与课堂表现</td><td>20</td><td></td></tr>
<tr><td rowspan="5">任务完成部分</td><td rowspan="5">玉米种子生产基本认知</td><td>正确说出玉米种形成过程</td><td>10</td><td></td></tr>
<tr><td>正确叙述玉米花器构造与开花习性</td><td>10</td><td></td></tr>
<tr><td>正确叙述玉米杂交种类型及种子类别</td><td>10</td><td></td></tr>
<tr><td>玉米果穗主要性状室内考种操作规范</td><td>40</td><td></td></tr>
<tr><td>资料归纳总结</td><td>10</td><td></td></tr>
<tr><td colspan="3">总 分</td><td>100</td><td></td></tr>
</table>

问题与思考

1. 玉米品种的主要性状有哪些?其识别标准是什么?

2. 根据玉米花器构造与开花习性,分析玉米品种混杂退化的主要原因及其防杂保纯措施。

3. 玉米杂交种的种类有哪些?各类型的主要特点是什么?

4. 分别试述玉米种子四种类别的含义及其相互关系。

子项目二 玉米杂交种种子生产技术

知识目标

1. 学会玉米杂交制种田的播种技术及花期预测与调节技术;

2. 掌握玉米杂交制种田母本去雄和辅助授粉技术;

3. 掌握玉米杂交制种除杂去劣技术;

4. 能根据所给资料,制订一份玉米单交种杂交制种生产计划。

玉米属异花授粉作物，雌雄同株异花，花粉量大，异交率高，易于人工去雄杂交。因此，玉米是农作物中最早利用杂种优势的作物。在玉米杂交制种中曾经大规模利用T型细胞质雄性不育系，后因为T型细胞质感染玉米小斑病T小种，导致该类杂种大面积致病，使得胞质雄性不育系的利用日渐减少。目前我国主要采用自交系人工或机械去雄配制杂交种。

玉米杂交制种的任务是为大田生产提供量足优质的杂交一代商品种子。杂交制种质量好坏受一系列防杂保纯技术措施及其他因素的制约。实践证明，同样纯度的亲本自交系，由于制种技术操作规范化程度不同，杂交种种子质量和增产效果有明显的差别。因此，在杂交制种过程中，要做好以下工作任务。

任务1　建立相对稳定的制种基地

任务目标

1. 能根据当地实际情况，选择合适的安全隔离区；
2. 能根据参观的玉米制种基地，准确试述其所采用的隔离方法及其优缺点。

布置任务

学生模拟种子公司的形式组建成学习（工作）小组，在教师指导下，在一体化教室完成相关知识的学习准备，研讨和制订建立玉米杂交制种基地方案。在玉米制种基地能根据现场实际，正确叙述所用的隔离方法及其优缺点。具体要求：

1. 能根据当地实际情况，会选择合适的安全隔离区；
2. 学会根据制种的杂交品种类型来确定隔离区；
3. 能够根据所需杂交种数量来确定繁殖、制种地面积。

学习条件

场地要求：作物生产性实训基地

工具与生产资料准备：种子市场品种需求相关调研分析资料，玉米杂交制种教学田

知识准备

1. 制种基地的条件

杂交制种田要选择地势平坦，土质肥沃，地力较均匀，排灌方便的地块，既有利于制种田植株生长整齐，花期较集中，便于田间去杂和母本去雄，又有利于提高杂

交制种产量，保证制种质量。同时要求制种地群众科学文化素质较高，制种田能集中连片。

2. 安全隔离

常用的隔离方法有以下 4 种。

(1)空间隔离。要求与其他玉米的隔离距离不少于 300 m。

(2)时间隔离。无霜期长、热量资源充足的地区，可以采取错期播种实现时间隔离。为了有效地错开花期，春播制种的播期与邻近其他玉米的播期要相隔 40 天以上；夏、秋播的要求相隔 30 天以上。

(3)屏障隔离。因地制宜利用山岭、林带、房屋等屏障，实施有效隔离。

(4)高秆作物隔离。在杂交制种田四周，利用种植高粱、红麻、甘蔗、向日葵等高秆作物实施有效隔离。高秆作物安全隔离的宽度应在 80 m 以上，并要比制种田早播 10～15 天。

3. 确定隔离区数目

配制一个玉米杂交种所需隔离区的数目，因杂交种的类别而不同。配套繁育一个单交种(A 系×B 系)，需要每年同时分别设置两个亲本自交系繁殖隔离区和一个单交种制种隔离区，共三个隔离区。配套繁殖一个三交种(A 系×B 系)×C 系，则同时分别设置三个亲本自交系繁殖区，一个单交种制种隔离区及一个三交种制种隔离区，共五个隔离区。配套繁殖一个双交种(A 系×B 系)×(C 系×D 系)，需要同时设置四个亲本自交系繁殖隔离区，两个单交种制种隔离区及一个双交种制种隔离区，共七个隔离区。配制各类玉米杂交种的隔离区个数如图 2-7 所示。

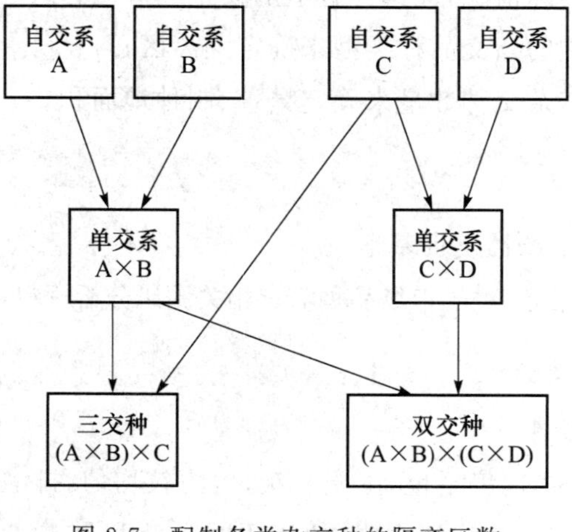

图 2-7　配制各类杂交种的隔离区数

4. 隔离区面积计算

确定隔离区面积大小，要根据生产上需要杂交种种子数量，杂交制种的平均单产水平，以及亲本自交系平均单产水平，按比例安排亲本自交系繁殖和杂交制种面积，做到按计划配制杂交一代种子和繁殖相应的亲本自交系种子，具体计算方法如下：

$$\text{亲本自交系繁殖面积}(\text{hm}^2)=\frac{\text{下年需要种子数量(下年播种面积}\times\text{每公顷播种量)}}{\text{亲本系平均单产}\times\text{种子合格率}(\%)}$$

实施方案

以学习(工作)小组为单位，在教师指导下获取与玉米杂交制种基地选择的相关信息后，研讨并制订玉米杂交制种基地选择方案。具体内容要求与实施建议(表 2-5)如下：

表 2-5　建立相对稳定的制种基地教学实施建议

工作过程	教学步骤	训练要求与标准	训练方法	参考时间
资讯和计划	下达生产任务，设计、讨论	能提出正确的、明确的制种基地条件并能依据实际情况采用合适的隔离方法，达到安全隔离目的	以小组为单位查阅文献资料(主要在课外完成)，讨论方案，抽查 5 个小组的方案进行答辩	5 min
决策	确定玉米杂交制种基地选择及隔离方案，画出示意图	按计划画出隔离区示意图	主要在课外完成，上课时提交生产工具和资料清单	5 min
实施	叙述玉米杂交制种基地选择及隔离方法	列出玉米制种基地条件及隔离方法，能独立正确完成、用时短	按小组为单位进行汇报	10 min
检查	方案展示与评价	方案符合技术规程要求、用时短	各小组展示方案并解说，进行评分(填写评分表)	10 min
总结	撰写技术报告	技术操作规程、生产体会(包括生产中存在的问题以及解决的办法)	教师提出设计、技术报告撰写要求，每位学生独立完成	课外
评估	归纳总结	生产中存在的问题以及解决的办法	各小组进行体会交流、归纳分析总结	40 min

(1)制种基地的条件；

(2)确定安全隔离方法；

(3)隔离区数目；

(4)隔离区面积计算；

(5)根据所提供相关资料，每个学习小组共同完成1份制种基地选择方案。

检查评价

现场操作检查：学生自检、教师检查任务完成情况(表2-6)。检查结果可分为4个等级：优(≥90分)、良(80—90分)、中(70—80分)、差(0—60分)。

表2-6　建立相对稳定的制种基地任务完成情况检查表

<table>
<tr><td rowspan="6">考核标准</td><td colspan="2">考核要点</td><td>技术操作要点</td><td>分值安排</td><td>评定得分</td></tr>
<tr><td colspan="2">态度与表现</td><td>学习(实训)态度与课堂表现</td><td>20</td><td></td></tr>
<tr><td rowspan="3">技能操作部分</td><td rowspan="3">选择制种基地</td><td>能正确说出制种基地基本条件</td><td>25</td><td></td></tr>
<tr><td>根据教学田实际情况，正确采用合适的隔离方法</td><td>25</td><td></td></tr>
<tr><td>正确计算制种田面积</td><td>30</td><td></td></tr>
<tr><td colspan="4">总　　分</td><td>100</td><td></td></tr>
</table>

问题与思考

1. 理想的玉米制种基地应具备哪些条件？
2. 如何建立玉米制种基地？
3. 怎样计算制种田面积？
4. 试述玉米杂交制种安全隔离主要措施。

任务2　规格播种

任务目标

1. 能根据父母本特性，会确定适宜播种期(播种时间)；
2. 学会整地起畦和提高整地质量，培养吃苦耐劳的精神；
3. 学会玉米杂交制种地播种技术。

布置任务

学生模拟种子公司的形式组建成学习(工作)小组，在教师指导下，在一体化教室，完成相关知识的学习准备，研讨和制订玉米杂交制种播种方案。在玉米制种训练基地，按照技术方案进行播种前的准备工作，完成玉米杂交制种的播种任务。具体要求：

1. 能根据父母本特性，会确定适宜播种期（播种时间）；
2. 学会整地起畦和提高整地质量；
3. 学会玉米杂交制种人工播种关键技术；
4. 能够现场指导播种生产操作；
5. 能够进行播种质量的检查。

学习条件

场地要求：作物生产技术生产性实训基地

工具与生产资料准备：玉米亲本种子、肥料、农膜、锄头、铲、石灰、卷尺、水桶、喷雾器

知识准备

规格播种是保证杂交制种成功和提高制种产量的一个重要环节，必须抓好以下技术措施：

1. 确定合理的亲本行比

在保证父本行有足够的花粉，能满足对母本行授粉需要的前提下，尽可能增加母本的行数，是提高玉米杂交制种产量的重要措施之一。一般情况下，父、母本行数比以（1∶4）～（1∶5）为宜。若是采用人工辅助授粉时，父、母本行数比可扩大为1∶6或1∶8。

此外，可在制种区四周或地头种植父本采粉区，以备一旦父、母本花期相遇不好，作为人工辅助授粉的采粉用株。但采粉区的父本要晚播5～7天，同时还可起到保护和隔离作用。

2. 调节亲本播期

制种区父、母本花期相遇良好，是制种成败的关键。玉米制种最理想的花期相遇是母本吐丝盛期比父本散粉盛期早2～3天。玉米雌穗花丝的生活力一般可维持7～10天，抽丝后3～5天接受花粉能力最强。雄穗的开花散粉期一般可维持5～7天，其中第2～5天为散粉盛期，散粉量占总散粉量的82%～93%，花粉的生活力一般可保持5～6 h。

调节花期的基本原则是：宁可母等父，不要父等母；迟熟早播，早熟晚播。调节

花期的具体方法如下。

(1)用双亲的生育期确定播期。若母本的吐丝期比父本散粉期早2～3天,则父、母本同期播种;若双亲的抽穗期相同,则将母本浸种8～12 h后,与父本同期播种,或父本晚播3～4天。必须注意,双亲花期相差的天数并不等于播种期相差的天数。

(2)用双亲的总叶片数确定播期。调节的原则是在生育期间母本比父本领先1～2片叶。因此,若母本比父本的总叶片数少1～2片,则父母本同期播种;若父母本的总叶片数相同,则先播母本,待其长到1～1.5片叶时再播父本,或将母本浸种8～12 h后与父本同期播种。

(3)采用"父本分期播种法"。若两亲本抽穗期相差较大或对两亲本的抽穗期差异不太了解,可采用父本分期播种,以保证花期相遇。一般父本可分为2～3期播种,春播时每期相隔5～7天;秋播时相隔3天左右,对保证花期相遇和充分授粉有良好的作用。

3. 严格分清父母本行

若父、母本同期播种,要有专人负责播种,严防播错种子;若父母本错期播种,要将晚播亲本的行距、行数在田间标记,以防重播、漏播;行向要正、直、不可交叉。

4. 制种区的种植行向

种植行向最好与当地在玉米散粉时的风向相垂直,以利于借助风力传粉,提高制种产量。

5. 合理密植

制种区的种植密度因亲本种类、栽培水平、土壤肥力等而异。单交制种,由于自交系植株较矮小,单株产量潜力小,一般密度为52 500～90 000株/hm^2,早熟或紧凑型自交系为75 000～90 000株/hm^2,在水肥条件较好的田块,可适当加大密度,增株增穗,提高制种产量。

在同样的密度下,可以采取不同的种植方式,而适宜的种植方式更有利于获得高产。在成片的地块上一般可采用单行单株或双行单株的种植方式。单行单株的行距可选用60～80 cm,株距25～30 cm;双行单株种植法,大行距70～80 cm,小行距40 cm,株距26～30 cm。

另外,在平原地区制种面积大而集中连片的,可采取播种机播种。播种前必须把种子箱清扫干净,以免发生种子混杂,然后按预定的父、母本行比,在种子箱里分别装入亲本种子。如用B. T-6行播种机,按2∶4的行比播种,在两边的种子箱各装父本种子,中间4个种子箱装母本种子,即可播成2∶4的行比。若行比为2∶6,两边播种箱不用，以一侧的最靠边的一个种子箱装父本种子，其余 3 个种子箱装母本种子，即可种成 2∶6 行比。如在 6 个种子箱用第三个种子箱装父本种子，其余装母本种子，即可播成 4∶1 和 6∶1 的混合行比。机引播种机播种杂交玉米制种父母本行数比例如图 2-8 所示。

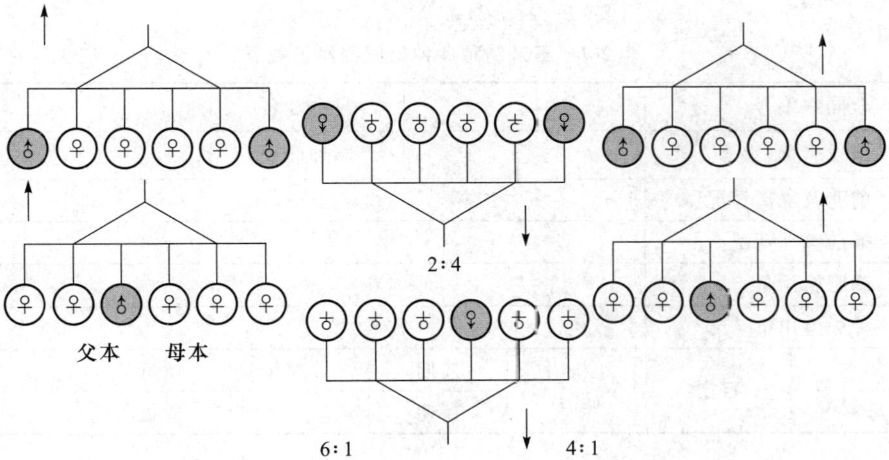

图 2-8　机引播种机播种杂交玉米制种父母本行数比例

6. 提高播种质量，保证一次全苗

玉米自交系种子萌发力弱、出苗慢，苗期生长势差，必须提高播种质量，保证一次全苗。具体措施有以下四个方面。

(1)精细整地、足墒播种。制种地要做到精细整地，达到土层深厚 25～30 cm，地面平整，土壤充分细碎，并做好水渠，做到旱时能浇水、涝时不积水。

(2)施足基肥、配方施肥。玉米需肥量大，施肥应以底肥为主，每亩施优质农家肥 3 000～5 000 kg、复合肥 50～70 kg 做基肥，地膜覆盖时无机肥用量可适当增加。施入肥料氮、磷、钾比例为 3∶1∶3。

(3)种子处理。播种前晒种 2～3 天，去除秕、坏、霉、杂粒。没有进行包衣的种子可用种衣剂拌种。黑穗病严重组合可用速保利拌种，要随拌随播。

(4)适时播种。春播区裸地制种在耕层土壤温度稳定在 10～12 ℃播种。在覆膜条件下，籽粒较小或角质层较多的亲本，可在耕层土壤温度稳定在 8 ℃以上播种。而籽粒较大或粉质多的亲本，应在耕层土壤温度稳定在 10 ℃以上方可播种。

7. 做好制种田田间档案及播种质量检查

播种后及时做好制种田播种田间档案记载及播种质量的检查工作，以确保种子质量问题的可追溯性。田间档案、播种质量检查记录最好是企业存档一份，制种户留存一份。玉米制种播种田间档案及玉米制种田播种质量检查记录可参考表 2-7、表 2-8。

表 2-7　玉米制种播种田间档案记载表

<table>
<tr><td colspan="2">合同户编号</td><td colspan="2"></td><td colspan="3">户主姓名</td><td colspan="2"></td></tr>
<tr><td colspan="2">地块名称（编号）</td><td colspan="2"></td><td colspan="3">制种面积</td><td colspan="2"></td></tr>
<tr><td colspan="2">前茬及隔离情况</td><td colspan="7"></td></tr>
<tr><td colspan="2">播前整地情况</td><td colspan="7"></td></tr>
<tr><td colspan="2">基肥施用量</td><td colspan="7"></td></tr>
<tr><td colspan="2">种肥施用量</td><td colspan="7"></td></tr>
<tr><td>父本</td><td rowspan="2">行比</td><td rowspan="2"></td><td colspan="2">播期</td><td></td><td colspan="2">播量</td><td></td></tr>
<tr><td>母本</td><td colspan="2">播期</td><td></td><td colspan="2">播量</td><td></td></tr>
</table>

表 2-8　玉米制种田播种质量检查记录

检查项目	检查记录	备注
播前整地质量		
播量/(kg/hm^2)		
播深/cm		
覆土、镇压、墒情		
覆膜质量		
父母本行播种是否准确及纠错记录		

实施方案

以学习（工作）小组为单位，在教师指导下获取与玉米杂交制种播种的相关信息后，研讨并制订玉米杂交制种播种方案。具体内容要求及实施建议（表 2-9）如下：

（1）确定播种期及其错期；

（2）确定父母本比例（行比）；

（3）确定播种密度；

（4）确定播种量；

(5)确定基肥用量；

(6)确定播种质量；

(7)完成一定面积的人工播种工作。

表 2-9　玉米杂交制种规格播种教学实施建议

工作过程	教学步骤	训练要求与标准	训练方法	参考时间
资讯和计划	下达生产任务，设计、讨论	能提出正确的、明确的土地准备及播种的关键技术操作要求	以小组为单位查阅文献资料（主要在课外完成），讨论方案，抽查 5 个小组的方案进行答辩	30 min
决策	确定玉米杂交制种土地准备和播种方案，准备各种生产资料	按计划列出生产所需的生产工具和资料并做好准备	主要在课外完成，上课时提交生产工具和资料清单	10 min
实施	玉米杂交制种整地起畦和播种操作演练	按操作规程要求进行，能独立正确操作、用时短	按小组为单位进行生产操作	140 min
检查	操作结果展示与评价	操作结果符合技术规程要求、用时短	各小组展示操作结果，进行评分（填写评分表）	20 min
总结	撰写技术报告	技术操作规程、生产体会（包括生产中存在的问题以及解决的办法）	教师提出设计、技术报告撰写要求，每位学生独立完成	课外
评估	归纳总结	生产中存在的问题以及解决的办法	各小组进行体会交流、归纳分析总结	40 min

检查评价

现场操作检查：学生自检、教师检查任务完成情况（表 2-10）。检查结果可分为 4 个等级：优（≥90 分）、良（80—90 分）、中（70—80 分）、差（0—60 分）。

表 2-10　玉米制种人工播种任务完成情况检查表

	考核要点		技术操作要点	分值安排	评定得分
考核标准	态度与表现		学习(实训)态度与课堂表现	20	
	技能操作部分	整地起畦与播种技术	整地达到“齐、平、松、碎、净、墒”，畦面龟背状	20	
			种子分布均匀，密度合适	15	
			种肥用量合理，施用方法恰当	15	
			覆土厚度适中，均匀一致	15	
			覆膜平整，紧贴地面	15	
总　分				100	

问题与思考

1. 画出制种田隔离、父母本行比、分期播种示意图。
2. 填写播种质量检查表。
3. 试述如何提高玉米杂交制种田播种质量。

任务 3　玉米制种田田间管理

任务目标

1. 学会玉米制种田间苗、定苗；
2. 能根据杂交亲本特征特性进行苗期除杂去劣；
3. 能根据制种田苗期长势，调整肥水管理措施。

布置任务

学生模拟种子公司的形式组建成学习(工作)小组，在教师指导下，在一体化教室完成相关知识的学习准备，研讨和制订玉米杂交制种田间管理方案。在玉米制种训练基地，按照技术方案进行各时期田间管理前的准备工作，完成玉米杂交制种的田间管理任务。具体要求：

1. 能根据亲本长势长相，确定间苗、定苗时间及其方法；
2. 学会田间病虫害识别与防治；

3. 学会玉米制种田间水肥管理技术；

4. 能够现场指导各项田间管理生产操作。

学习条件

场地要求:作物生产性实训基地玉米制种地

工具与生产资料准备:玉米制种地、肥料、农膜、锄头、铲、水桶、喷雾器等

知识准备

一、玉米制种田间管理

俗话说“三分种,七分管”“有收无收在于水,收多收少在于肥”等等,说明了田间管理的重要性。玉米制种田间管理主要有以下三方面。

1. 苗期管理

(1)补苗、间苗、定苗。苗期管理主要是查苗、补苗及间苗、定苗。地膜覆盖的要及时放苗,放苗时间要避开晴天中午和大风天气,严防烫苗。补苗工作一般在2叶1心前移苗补栽或个别缺苗的可通过留双株。当缺苗较多时可及时催芽补种,也可事先育苗移栽补苗。于3叶1心时间苗,5叶1心时定苗,定苗时去掉病苗、弱苗、小苗、徒长苗、畸形苗,留生长健壮均匀一致的苗,保证单位面积有足够的父母苗数。

(2)除草、蹲苗。在苗期要拔除杂草,进行中耕,为了保证苗整齐一致,于苗高15～25 cm时控制浇水,进行蹲苗,促使根系下长,提高幼苗吸水,增强抗旱能力。

(3)防治虫害。苗期的主要虫害有小地老虎、黏虫、毛虫等。小地老虎主要是以幼虫躲在被咬倒的玉米幼苗附近的泥土里,可在早上人工捕杀,也可在傍晚用50%巴丹可湿性粉剂拌炒香的米糠或麦麸(1∶50)撒于玉米地中诱杀幼虫。黏虫可用40%乐果50 g,加适当水稀释后,再加细泥10 kg制成毒土,撒施玉米心叶。防治毛虫可用敌百虫150 g兑水75 kg喷雾叶片,也可用1%敌百虫液喷雾在青菜叶、红薯叶、玉米叶上制成毒饵,撒放在幼虫潜藏的周围或地边诱杀。

(4)水肥管理。苗期玉米对水肥要求不是太严格,若底肥肥源充足,一般不追肥,但要对生长势较弱的苗加强水肥管理,偏肥、偏水以保证拔节前达到生长整齐一致。

2. 穗期管理

(1)水肥管理。玉米穗期是营养生长与生殖生长期并进时期,应增施肥

料，追肥一般分两次。①攻秆肥：攻秆肥在拔节前后（即 7～9 叶）施用，通常以有机肥为主，适当配合速效性氮肥，每亩施水粪 1 500～2 000 kg、尿素 4～5 kg，钾肥 5～7 kg。施攻秆肥结合中耕除草和小培土。②攻苞肥：攻苞肥以速效性氮肥为主。在玉米生长到 11～12 片叶时（大喇叭口期）或抽雄前 10～15 天，每亩施尿素 10～15 kg，以促进穗大粒多。施用方法：在两株（或四株）之间打洞深施（洞深 6～10 cm），将肥料施入洞内，然后大培土。适当给父本偏施肥料，以促进植株健壮，增加花粉量。穗期供水要充足及时，尤其在大喇叭口期，要求田间持水量为 70%～80%，严防“卡脖子”旱，遇涝要及时排水。

(2)病虫害防治。玉米穗期的主要虫害是玉米螟，应在玉米抽雄前用毒土或颗粒剂撒入心叶内。在大喇叭口期，用辛硫磷乳油等制成颗粒投入大喇叭口内，可防治玉米螟。玉米穗期的主要病害是纹枯病，玉米大、小斑病。对于纹枯病，每亩可用 50%井冈霉素 100～150 g 或 75%退菌灵 75～100 g，兑水 50 kg 喷雾根部，并结合人工摘除病叶。玉米大、小斑病的防治方法是每亩用 50%敌菌灵 500 g 兑水 50～60 kg 或 75%甲基托布津 500 g 兑水 50 kg 喷雾，每隔 7 天喷施 1 次，连喷 2～3 次。

3. 花粒期管理

(1)水肥管理。灌浆期要求土壤水分保持在田间持水量的 75%左右，攻粒肥宜少施、早施，施肥量为总追肥的 10%～15%，时间不晚于吐丝期，轻追少量氮肥和磷肥，可每亩喷 0.30%～0.40%磷酸二氢钾和 0.10 mg/kg 三十烷醇 75～100 kg，增加粒重。

(2)病虫防治。当雌穗灌浆中、后期，玉米钻心虫易钻入果穗中，咬食籽粒，可用每亩 5%敌敌畏乳油 800 g 兑水 40～50 kg 喷雾。此时期还易受蚜虫危害，应用 40%乐果 1 000 倍稀释液喷雾防治，也可配成毒土撒于玉米心叶内。若遇高温高湿天气，要注意防治玉米锈病，把病虫害损失降低到最低程度。同时，玉米从乳熟期到收获前往往鼠害严重，必须及时防治。

二、做好制种田田间管理质量检查及档案记录

田间管理后，及时做好制种田田间管理档案记载及管理质量的检查工作，以确保种子质量问题的可追溯性。玉米制种田间档案检查记录最好是企业存档一份，制种户留存一份。玉米制种田间档案记录可参考表 2-11、表 2-12。

表 2-11　玉米制种田间档案记载表(一)

<table>
<tr><td colspan="2">合同户编号</td><td colspan="4"></td><td colspan="2">户主姓名</td><td colspan="2"></td></tr>
<tr><td colspan="2">地块名称(编号)</td><td colspan="4"></td><td colspan="2">制种面积</td><td colspan="2"></td></tr>
<tr><td colspan="2">父本出苗期</td><td colspan="8"></td></tr>
<tr><td colspan="2">母本出苗期</td><td colspan="8"></td></tr>
<tr><td colspan="2" rowspan="2">叶龄记载</td><td>叶</td><td>/</td><td>叶</td><td>/</td><td>叶</td><td>/</td><td>叶</td><td>/</td></tr>
<tr><td>叶</td><td>/</td><td>叶</td><td>/</td><td>叶</td><td>/</td><td>叶</td><td>/</td></tr>
<tr><td colspan="2">出苗情况</td><td colspan="8"></td></tr>
<tr><td colspan="2">间苗、定苗情况</td><td colspan="8"></td></tr>
<tr><td rowspan="4">中耕除草</td><td>1</td><td colspan="8"></td></tr>
<tr><td>2</td><td colspan="8"></td></tr>
<tr><td>3</td><td colspan="8"></td></tr>
<tr><td>4</td><td colspan="8"></td></tr>
</table>

表 2-12　玉米制种田间档案记载表(二)

<table>
<tr><td colspan="2">合同户编号</td><td colspan="5"></td><td colspan="3">户主姓名</td><td colspan="2"></td></tr>
<tr><td colspan="2">地块名称(编号)</td><td colspan="5"></td><td colspan="3">制种面积</td><td colspan="2"></td></tr>
<tr><td colspan="2">留苗密度</td><td colspan="5">母本：　　　株/hm²</td><td colspan="5">父本：　　　株/hm²</td></tr>
<tr><td colspan="2" rowspan="2">叶龄记载</td><td>叶</td><td>/</td><td>叶</td><td>/</td><td>叶</td><td>/</td><td>叶</td><td>/</td><td>叶</td><td>/</td></tr>
<tr><td>叶</td><td>/</td><td>叶</td><td>/</td><td>叶</td><td>/</td><td>叶</td><td>/</td><td>叶</td><td>/</td></tr>
<tr><td colspan="2" rowspan="2">追肥</td><td colspan="10">时间：　　　肥料用量：</td></tr>
<tr><td colspan="10">时间：　　　肥料用量：</td></tr>
<tr><td rowspan="3">去杂</td><td>小喇叭口期</td><td colspan="10"></td></tr>
<tr><td>大喇叭口期</td><td colspan="10"></td></tr>
<tr><td>去雄前</td><td colspan="10"></td></tr>
<tr><td rowspan="3">灌溉</td><td>头水</td><td colspan="10">时间：　　　灌量：</td></tr>
<tr><td>二水</td><td colspan="10">时间：　　　灌量：</td></tr>
<tr><td>三水</td><td colspan="10">时间：　　　灌量：</td></tr>
<tr><td rowspan="2">病害防治</td><td>玉米螟</td><td colspan="10"></td></tr>
<tr><td>其他</td><td colspan="10"></td></tr>
</table>

实施方案

学习(工作)小组为单位,在教师指导下获取与玉米杂交制种田田间管理的相关信息后,研讨并制订玉米杂交制种田间管理方案。具体内容要求及实施建议(表 2-13)如下:

(1)确定制种田查苗放苗,间苗、定苗时期;

(2)确定制种田苗期、穗期及花粒期肥料用量及种类;

(3)确定制种田田苗期、穗期及花粒期水分调控方法;

(4)拟定制种田田苗期、穗期及花粒期主要病虫草害防治措施;

(5)完成玉米制种田各时期水肥管理及病虫防治工作。

表 2-13 玉米杂交制种田间管理教学实施方案

工作过程	教学步骤	训练要求与标准	训练方法	参考时间
资讯和计划	下达生产任务,设计、讨论	能根据田间作物的生长情况,提出正确的、明确的田间水肥管理措施	以小组为单位查阅文献资料(主要在课外完成),讨论方案,抽查 5 个小组的方案进行答辩	30 min
决策	确定玉米杂交制种田间管理方案,准备各种生产资料	按计划列出生产所需的生产工具和资料并做好准备	主要在课外完成,上课时提交生产工具和资料清单	10 min
实施	玉米杂交制种田间水肥管理操作演练	按操作规程要求进行,能独立正确操作、用时短	按小组为单位进行生产操作	140 min
检查	操作结果展示与评价	操作结果符合技术规程要求、用时短	各小组展示操作结果,进行评分(填写评分表)	20 min
总结	撰写技术报告	技术操作规程、生产体会(包括生产中存在的问题以及解决的办法)	教师提出设计、技术报告撰写要求,每位学生独立完成	课外
评估	归纳总结	生产中存在的问题以及解决的办法	各小组进行体会交流、归纳分析总结	40 min

检查评价

现场操作检查:学生自检、教师检查任务完成情况(表 2-14)。检查结果可分为 4 个等级:优(≥90 分)、良(80—90 分)、中(70—80 分)、差(0—60 分)。

表 2-14 玉米制种田间管理任务完成情况检查表

	考核要点		技术操作要点	分值安排	评定得分
考核标准	态度与表现		学习(实训)态度与课堂表现	20	
	技能操作部分	田间水肥管理技术	根据父母本长势,正确间苗、定苗	20	
			能结合苗肥、穗肥进行中耕除草	20	
			追肥用量合理,施用方法恰当	20	
			苗期注意蹲苗,大喇叭口期保证适宜土壤持水量	20	
总分				100	

问题与思考

1. 玉米杂交制种间苗的作用是什么?
2. 玉米杂交制种苗期蹲苗的作用是什么?
3. 填写玉米杂交制种田间管理记录表。
4. 试述如何提高玉米杂交制种田田间管理质量。

任务 4 制种田除杂去劣

任务目标

1. 据父母本特征特性,正确识别各生育时期田间杂株及劣株;
2. 学会玉米杂交制种除杂去劣工作,培养吃苦耐劳的精神。

布置任务

学生模拟种子公司的形式组建成学习(工作)小组,在教师指导下,在一体化教室完成相关知识的学习准备,研讨和制订玉米杂交制种除杂去劣方案。在玉米制种训练基地,按照技术方案进行除杂去劣前的准备工作,完成玉米杂交制种田的除杂去劣任务。具体要求:

1. 能根据父母本特征特性，正确识别各生育时期田间杂株及劣株；

2. 能够完成一定面积制种田的除杂去劣工作；

3. 能够现场指导除杂去劣生产操作；

4. 能够进行除杂去劣质量的检查及要求。

学习条件

场地要求：作物生产技术生产性实训基地

工具与生产资料准备：玉米杂交制种田、望远镜（大的田块需要）、亲本植株图片、镰刀、质量调查表

知识准备

除杂去劣工作原则：自始至终，见杂就除，见劣就去。在制种期间，一般比较集中在苗期、抽雄期及收获后脱粒前三次进行。

(1)苗期除杂。一般在幼苗3～4叶展开时，结合间苗、定苗开始进行除杂。根据幼苗的叶片形态、叶色、叶鞘颜色及其光泽、叶绿色、幼苗长相及生长势强弱等综合性状，将苗色不一、生长过旺或过弱、长相不同的杂苗拔除。实践证明，5叶1心是玉米苗期田间鉴定的最佳时期。

(2)抽雄期除杂。抽雄期除杂是防杂保纯的关键，尽量达到彻底干净。此时杂劣株形态特征较明显，易于鉴别。可根据植株生长势、株高、穗位高、株型、叶片色和着生状态、茎秆颜色、雄穗形态、雄穗分枝、花药颜色、雌穗苞叶长短及花丝颜色等特征拔除杂劣株。拔除的杂株要带到制种田外或就地深埋。

(3)收获后除杂。制种区留种果穗收回脱粒前，应根据原亲本的穗形大小、籽粒类型及色泽、穗轴颜色等，对不符合原亲本典型性状的杂穗再进行一次去杂，然后脱粒。

在各个生育阶段分别对玉米制种田进行除杂去劣工作，并做好除杂质量检查，填写玉米除杂质量检查记录表（表2-15）。

表2-15 玉米除杂质量检查记录

合同户编号		户主姓名	
地块名称（编号）		制种面积	
留苗密度	母本：　株/hm²	父本：　株/hm²	

续表 2-15

田间去杂	小喇叭口期	母本杂株率：	父本杂株率：	年　月　日
	大喇叭口期	母本杂株率：	父本杂株率：	年　月　日
	去雄前	母本杂株率：	父本杂株率：	年　月　日
收获后穗检			杂穗率：	年　月　日

实施方案

学习(工作)小组为单位，在教师指导下获取与玉米杂交制种除杂去劣的相关信息后，研讨并制订玉米杂交制种除杂去劣工作方案。具体内容要求及实施建议(表 2-16)如下：

(1)熟悉父母本特征特性，自交株和杂株的识别方法；

(2)确定制种田除杂去劣时期；

(3)确定制种田各时期除杂去劣性状判定依据；

(4)完成一定面积的田间除杂去劣工作。

表 2-16　玉米制种田间除杂去劣实施建议

工作过程	教学步骤	训练要求与标准	训练方法	参考时间
资讯和计划	下达生产任务，设计、讨论	能提出正确的、明确的除杂去劣关键技术操作要求	以小组为单位查阅文献资料(主要在课外完成)，讨论方案，抽查 5 个小组的方案进行答辩	30 min
决策	确定玉米杂交制种除杂去劣操作方案，准备各种生产资料	按方案列出生产所需的生产工具和资料并做好准备	主要在课外完成，上课时提交生产工具和资料清单	10 min
实施	玉米杂交制种除杂去劣操作演练	按操作规程要求进行，能独立正确操作、用时短	按小组为单位进行生产操作	60 min

续表 2-16

工作过程	教学步骤	训练要求与标准	训练方法	参考时间
检查	操作结果展示与评价	操作结果符合技术规程要求、用时短	各小组展示操作结果，进行评分（填写评分表）	20 min
总结	撰写技术报告	技术操作规程、生产体会（包括生产中存在的问题以及解决的办法）	教师提出设计、技术报告撰写要求，每位学生独立完成	课外
评估	归纳总结	生产中存在的问题以及解决的办法	各小组进行体会交流、归纳分析总结	40 min
分组要求	30～40 人一个班级，配备一位老师、一位实验员，按 4～5 人一个小组将一个班级划分为 6～8 个小组			

检查评价

现场操作检查：学生自检、教师检查任务完成情况（表 2-17）。检查结果可分为 4 个等级：优（≥90 分）、良（80—90 分）、中（70—80 分）、差（0—60 分）。

表 2-17　玉米制种田间除杂去劣完成情况评分表

<table>
<tr><td rowspan="7">考核标准</td><td colspan="2">考核要点</td><td>技术操作要点</td><td>分值安排</td><td>评定得分</td></tr>
<tr><td colspan="2">态度与表现</td><td>学习（实训）态度与课堂表现</td><td>20</td><td></td></tr>
<tr><td rowspan="5">技能操作部分</td><td rowspan="5">除杂去劣技术</td><td>除杂去劣时期正确</td><td>20</td><td></td></tr>
<tr><td>正确识别杂劣株</td><td>20</td><td></td></tr>
<tr><td>除杂去劣干净、彻底</td><td>20</td><td></td></tr>
<tr><td>去除的杂劣株处理方法正确</td><td>20</td><td></td></tr>
<tr><td colspan="4">总　　分</td><td>100</td><td></td></tr>
</table>

问题思考

试述玉米杂交制种田除杂去劣时期及其各时期性状判定依据。

任务5　预测和调节制种田花期

任务目标

1. 了解影响花期不遇的因素，理解进行花期预测的重要性；

2. 学会对制种田花期进行预测和调节；

3. 完成制种田花期预测和调节工作操作，培养吃苦耐劳等职业素养。

技能目标

学生模拟种子公司的形式组建成学习（工作）小组，在教师指导下，在一体化教室或线上完成相关知识的学习准备，研讨和制订玉米杂交制种花期预测和调节任务方案。在玉米制种训练基地，按照技术方案进行花期预测和调节前的准备工作，完成玉米杂交制种田的花期预测和调节任务。具体要求：

1. 能根据当地气候条件及田间生长情况，列出影响花期不育的主要因素；

2. 能够根据制种田实际情况拟定花期预测与调节主要方法；

3. 完成制种田花期预测与调节工作；

4. 能够现场指导花期预测和调节生产操作。

学习条件

场地要求：作物生产技术生产性实训基地

工具与生产资料准备：玉米杂交制种田、放大镜、花期预测记录表

知识准备

制种区父母本花期是否相遇良好，是制种成败的关键。制种过程，虽然在播种时调整了父母本播期，但由于播种后气候、土壤或栽培条件的差异会使自交系花期发生变化，为此应做好制种田花期预测与调节工作，使制种区父母本花期相遇良好。

1. 花期预测方法

花期预测方法很多，常用的方法有以下四种：

(1)据父、母本已展叶片数预测。同一品种的叶片总数是相对稳定的，因此可根据双亲已长出叶片数多少预测花期。方法是：在制种田里，选有代表性的点4～5个，每点选择父母本典型植株各5～10株，用红漆标记已展叶片数。拔节后，每

隔 3 天定期观察 1 次，计算展出的叶片数，预测双亲是否花期相遇。

判断标准：①若父、母本总叶片数相同，母本展出的叶片数比父本多 1～2 片，可望花期相遇；②若父、母本总叶片数不相同，则保持母本叶数展出完毕，父本还有 1～2 片叶未展出为花期相遇。

(2)叶脉预测法。适用于已知双亲各自的总叶片数，但事先没有定点标记叶片的情况。玉米植株各叶片上的侧脉数(R)与叶龄数(n)呈一定的关系：

$$叶龄(n)=\frac{R_1+R_2}{2}-2$$

通过这种方法，计算出当时的最高叶龄，然后再按上述第一种预测方法来判断父、母本花期是否相遇。

(3)据父、母本未展出的叶片数来预测(也称剥叶检查法)。在不知双亲各自的总叶片数时，可用比较双亲未展出叶数来预测。方法是玉米拔节后，在制种田里，选有代表性的 4～5 个点，每点选择具有代表性的典型父、母本植株各 3～5 株，小心剥出未展出的叶片，并记下未展出的叶片数，根据双亲的未展出叶片数来测定双亲花期能否相遇。标准是生育期间母本的未展出叶比父本少 1～2 片，说明花期可相遇良好。

(4)镜检雄幼穗法。该法的应用及原理同剥叶检查法，花期相遇的标准是生育期间母本雄穗的发育早于父本一个时期。方法是在双亲拔节后，选有代表性的父母本植株，小心剥去全部叶片，观察雄穗的幼穗。若母本的雄穗发育早于父本一个时期，则花期可相遇良好。

利用上述花期预测方法对玉米制种田进行预测并做好记录，填写花期预测记录表(表 2-18)。

表 2-18　玉米制种花期预测记录

田号：		组合：		面积：		日期：
项目	取样点数	每点株数	平均已出叶片数	平均未出叶片数	雌、雄穗生育期	预测说明：
父本						
母本						

父、母本花期预测结果：

预测人：

2. 花期调节方法

经过花期预测，发现花期可能不遇时，应及时采取促晚控早措施调节花期。具体方法有以下两种：

(1)母本比父本早，应促父控母。①加强对父本偏肥、偏水管理，促进父本生长。在苗期，父本早间苗、定苗、留中大苗，用5%的碳酸氢铵兑水灌根；拔节期发现父本晚，可加大父本肥水，如施尿素180～225 kg/hm²，并喷施2～3次200～300倍的磷酸二氢钾和尿素混合液；大喇叭口期发现父本晚，对父本用20 mg/kg赤霉素和1%尿素混合液喷叶，用量为225～300 kg/hm²，根据发育情况喷1～2次，促使父本提前2～3天抽雄。②将母本去雄时间推迟到即将要散粉时才进行，以延缓雌穗生长，吐丝推迟。③母本晚间苗、定苗、深中耕断根抑制其生长。在可见11～14叶时用铁锨靠近主茎6～7 cm周围上下直切15 cm深，断掉部分永久根控制其生长发育。④母本吐丝过早时，可将母本未授粉的花丝剪短，留2～3 cm，避免花丝过长而相互遮盖，影响结实率。⑤若花期相差较大，可剥去母本第一苞，并及时追施速效氮肥，促进第二苞生长，以弥补制种损失。

(2)母本比父本晚，应促母控父。①加强对母本的肥水管理，如对母本偏施肥水，施尿素180～225 kg/hm²。②对母本喷施生长素，如用生长素“204”3 kg/hm²兑水750 kg喷施或在母本雌穗露尖时，用赤霉素原粉(粉剂)15 g兑水900 kg，分3次在雌穗上下喷洒，促进吐丝。③母本提早去雄，在将要抽雄时发现母本花期比父本晚，可采取母本扒苞去雄。甚至带叶去雄，这样可促使母本早吐丝2～3天。④剪短母本的苞叶，对母本雌穗苞叶太长的，可在雌穗伸出叶鞘12 cm左右时，剪去顶端1/3～1/2，可使花丝早吐2～3天，利于授粉。⑤对父本进行深中耕或适当断根，以控制其生长。

实施方案

以学习(工作)小组为单位，在教师指导下获取与玉米杂交制种花期预测和调节的相关信息后，研讨并制订玉米杂交制种花期预测与调节工作方案。具体内容与实施方案(表2-19)如下：

(1)查找影响花期不遇的因素，理解进行花期预测的重要性；

(2)确定制种田花期预测方法；

(3)确定制种田花期调节方法；

(4)根据本组制种田父、母本生长态势，完成田间花期预测与调节工作。

表 2-19　玉米制种花期预测与调节教学实施方案建议

工作过程	教学步骤	训练要求与标准	训练方法	参考时间
资讯和计划	下达生产任务，设计、讨论花期预测与调节方案	明确花期预测的目的和要求；能根据田间实际，提出正确的花期预测与调节方案	以小组为单位查阅文献资料（主要在课外完成），讨论方案，抽查5个小组的方案进行答辩	30 min
决策	确定玉米杂交制种花期预测与调节方案，准备各种仪器设备	按方案列出实施所需的工具和资料并做好准备	主要在课外完成，上课时提交工具及仪器设备清单	10 min
实施	玉米杂交制种花期预测与调节操作演练	按操作方案要求进行，能独立正确操作、用时短	按小组为单位进行生产操作	60 min
检查	操作结果展示与评价	操作结果符合技术规程要求、用时短	各小组展示操作结果，进行评分（填写评分表）	20 min
总结	撰写技术报告	技术操作规程、生产体会（包括生产中存在的问题以及解决的办法）	教师提出设计、技术报告撰写要求，每位学生独立完成	课外
评估	归纳总结	生产中存在的问题以及解决的办法	各小组进行体会交流、归纳分析总结	40 min

检查评价

现场操作检查：学生自检、教师检查任务完成情况（表 2-20）。检查结果可分为4个等级：优（≥90 分）、良（80—90 分）、中（70—80 分）、差（0—60 分）。

表 2-20　玉米制种花期预测与调节任务完成情况评分表

考核要点			技术操作要点	分值安排	评定得分
考核标准	态度与表现		学习(实训)态度与课堂表现	20	
	技能操作部分	花期预测与调节技术	能采用正确的预测方法	20	
			能根据地形,正确选择取样方式	12	
			能根据制种田面积大小来确定取样点数	13	
			正确判断父、母本生长发育情况	15	
			调节方法采用正确	20	
总　　分				100	

问题与思考

1. 为什么要进行花期预测?
2. 花期预测的方法有哪些?
3. 如何进行花期调节?
4. 总结玉米制种花期调节注意的事项。
5. 填写玉米制种花期预测作业单。

任务 6　母本去雄与人工辅助授粉

任务目标

1. 学会母本去雄技术和技巧;
2. 学会人工辅助授粉技术;
3. 完成制种田母本去雄与人工辅助授粉工作,培养吃苦耐劳等职业素养。

布置任务

学生模拟种子公司的形式组建成学习(工作)小组,在教师指导下,在一体化教室或线上完成相关知识的学习准备,研讨和制订王米杂交制种母本去雄与人工辅助授粉任务方案。在玉米制种训练基地,按照技术方案进行母本去雄与人工辅助授粉的准备工作,完成玉米杂交制种田的母本去雄与人工辅助授粉任务。具体要求:

1. 学会母本去雄操作和去雄质量检查,确保制种质量;
2. 能够正确进行人工辅助授粉;
3. 完成制种田母本去雄与人工辅助授粉任务;
4. 能够现场指导母本去雄与人工辅助授粉生产操作。

学习条件

场地要求:作物生产技术生产性实训基地

工具与生产资料准备:玉米杂交制种田、望远镜(大的田块需要)、去雄质量登记表

知识准备

一、母本彻底去雄

玉米杂交制种区母本行去雄,使其接受父本行的花粉,从而获得杂交种子。国家规定在授粉期,如果母本散粉株率累计超过1%时,制种田报废。因此,母本去雄是获得高纯度杂交种子的关键措施。

1. 母本去雄

要求及时、彻底、干净。及时是指在母本雄穗刚抽出散粉前,及时拔掉雄穗;彻底是将母本行的雄穗一株不漏地拔除;干净是指每株母本雄穗全部拔净,不遗留分枝、残枝断穗。母本去雄拔下的雄穗要带出制种区外及时处理,以免拔下的雄穗的粉源引起串粉混杂。

2. 超前去雄

超前去雄即在雄穗抽出前带1～2片叶去雄的技术。当母本雄穗刚要抽出前用手摸到雄穗,带1～2叶去雄对保证杂交种纯度极为有利。一次带叶去雄一般可拔去50%～70%的母本雄穗,可有效减少去雄次数,省时省工。

对玉米制种田的母本进行去雄工作,并做好去雄质量检查,填写去雄质量检查记录表(表2-21)。

表2-21 玉米去雄质量检查记录

田号:		组合:			面积:
检查项目		检查记录			检查日期
	次数	母本散粉株率	父本杂株散粉率	母本杂穗	
田间去雄	第一次				
	第二次				
	第三次				
	第四次				
	累计				

二、加强人工辅助授粉

玉米进行人工辅助授粉是提高制种产量的有力措施。尤其是开花期遇到高温雨季，阴雨天较多，伏旱等气候条件，或由于自交系雄穗花粉量不足，生活力较弱，或雌穗包叶过长，抽丝困难等，进行工人辅助授粉，对提高结实率有良好的作用，增产效果十分显著。人工辅助授粉方法有晃株授粉和采粉授粉两种：

1. 晃株授粉

在父、母本花期相遇良好、父本花粉量较大的开花盛期，每天上午露水干后的8～11时(阴天下午也可进行)，用一细棍拨动父本茎秆的中上部或用手摇动父本植株，促进散粉。

2. 采粉授粉

在父本花粉量不足、母本吐丝持续时间过长、母本行比例太大时，采用人工采集花粉给母本授粉的方法。做法是在玉米开花期间，用采粉器采集正在开花的雄穗上的花粉。将花粉过细筛，筛下的花粉倒入授粉器，用授粉器把花粉均匀地摇落在雌穗花丝上；或将采集的花粉倒入塑料瓶内，瓶盖扎几圈小细孔，拧紧瓶盖，将盖向下对准雌穗花丝，用手挤压瓶身，花粉即从盖上小孔喷出，利用这种喷粉器授粉均匀、速度快。

实施方案

以学习(工作)小组为单位，在教师指导下获取玉米杂交制种去雄与人工辅助授粉的相关信息后，研讨并制订玉米杂交制种去雄与人工辅助授粉工作方案。具体内容实施建议(表 2-22)如下：

(1)确定母本去雄时期和技术技巧；

(2)确定人工辅助授粉技术操作；

(3)完成制种田母本去雄与人工辅助授粉工作。

表 2-22　母本去雄与人工辅助授粉实施方案

工作过程	教学步骤	训练要求与标准	训练方法	参考时间
资讯和计划	下达生产任务，设计、讨论	能提出正确的、明确的去雄、授粉关键技术操作要求	以小组为单位查阅文献资料(主要在课外完成)，讨论方案，抽查 4 个小组的方案进行答辩	30 min

续表 2-22

工作过程	教学步骤	训练要求与标准	训练方法	参考时间
决策	确定玉米杂交制种去雄、授粉操作方案，准备各种生产资料	按方案列出生产所需的生产工具和资料并做好准备	主要在课外完成，上课时提交生产工具和资料清单	10 min
实施	玉米杂交制种去雄、授粉操作演练	按操作规程要求进行，能独立正确操作、用时短	按小组为单位进行生产操作	60 min
检查	操作结果展示与评价	操作结果符合技术规程要求、用时短	各小组展示操作结果，进行评分（填写评分表）	20 min
总结	撰写技术报告	技术操作规程、生产体会（包括生产中存在的问题以及解决的办法）	教师提出设计、技术报告撰写要求，每位学生独立完成	课外
评估	归纳总结	生产中存在的问题以及解决的办法	各小组进行体会交流、归纳分析总结	40 min

检查评价

现场操作检查：学生自检、教师检查任务完成情况（表 2-23）。检查结果可分为 4 个等级：优（≥90 分）、良（80—90 分）、中（70—80 分）、差（0—60 分）。

表 2-23　母本去雄与人工辅助授粉任务完成情况评分表

<table>
<tr><td rowspan="7">考核标准</td><td colspan="2">考核要点</td><td>技术操作要点</td><td>分值安排</td><td>评定得分</td></tr>
<tr><td colspan="2">态度与表现</td><td>学习（实训）态度与课堂表现</td><td>20</td><td></td></tr>
<tr><td rowspan="5">技能操作部分</td><td rowspan="5">除杂去劣技术</td><td>去雄、授粉时期正确</td><td>20</td><td></td></tr>
<tr><td>正确识别杂劣株</td><td>20</td><td></td></tr>
<tr><td>去雄及时、干净、彻底</td><td>25</td><td></td></tr>
<tr><td>去除的雄穗处理方法正确</td><td>15</td><td></td></tr>
<tr><td colspan="3">总　　分</td><td>100</td><td></td></tr>
</table>

问题与思考

1. 总结玉米去雄技术和注意事项。
2. 填写玉米去雄质量检查作业单。
3. 试述玉米制种为何进行人工辅助授粉。
4. 试述玉米杂交制种田砍除父本作用。

任务 7　砍除父本与鉴定田间种子纯度

任务目标

1. 明确砍除父本,确保制种产量;
2. 学会对制种田进行田间纯度鉴定及处理方法。

布置任务

学生模拟种子公司的形式组建成学习(工作)小组,在教师指导下,在一体化教室或线上完成相关知识的学习准备,研讨和制订玉米杂交制种田间纯度鉴定方案。在玉米制种训练基地,按照技术方案进行田间纯度鉴定前的准备工作,完成玉米杂交制种田的田间纯度鉴定任务。具体要求:

1. 学会制种田田间纯度检验取样方法;
2. 正确识别杂株和散粉株;
3. 学会田间纯度检验田间档案记载;
4. 学会制种田田间纯度检验方法;
5. 能对检验结果提出处理意见;
6. 能够完成本组制种田田间纯度检验工作。

学习条件

场地要求:作物生产技术生产性实训基地

工具与生产资料准备:玉米杂交制种田、望远镜(大的田块需要)、亲本植株图片、镰刀、质量调查表

知识准备

一、割除父本

杂交制种中父、母本的用途不同。母本接受花粉受精、形成杂交种子是收获的

目的产品;而父本只提供花粉,散粉后即完成其历史使命,其种子不是目的产品,没有收获的必要性,且易造成混杂,应予割除。同时,割除父本可以改善母本行通风透光条件,减少父、母本对养分和水分的竞争,从而提高光合强度,增加干物质积累和粒重,提高制种产量。割除父本时间,应在授粉结束后进行。

二、玉米杂交制种种子质量田间检验

玉米杂交制种种子质量田间检验主要检查隔离条件,父、母本纯度(三系制种田还应检查母本的雄性不育程度),串粉或散粉程度,花粉授粉情况,收获方法(适时收获母本或先收父本)。为做好田间检验工作,田间检验员必须熟悉被检品种的特征特性,掌握田间检验的方法和程序,独立报告检验的种子田情况。

(一)田间检验时期

田间检验可以在作物不同生育时期(如幼苗期、成株期和成熟期)根据品种的特征特性分多次进行。条件不允许时,至少应在品种特征特性表现最充分、最明显的时期检查一次。玉米杂交种花期必须检验 2～3 次。

(二)田间检验程序

1. 调查基本情况

田间检验前应全面了解生产企业、作物种类、品种名称、种子类别(等级)、农户姓名和联系方式、种子田位置、田块编号、面积、前作情况、种源情况(种子标签和种子批号)、种子纯度、种子世代、田间管理等情况。

2. 检查隔离情况

依据种子田(包括周边田块)的分布图,围绕种子田绕行一圈,核查隔离情况。抽雄散粉前发现达不到规定要求,则要迅速果断对周围地块的玉米及时进行处理。若经采取措施后能符合要求,收获的种子仍可作种子。如隔离区内母本行已抽丝,而在隔离区范围内的其他玉米已散粉,则该隔离区应废弃,收获的玉米种子只能作粮食处理。玉米不同种类种子生产隔离区要求隔离距离如下:自交系原原种、原种一代、原种二代要求不少于 500 m。单交种、三交种及双交种制种田隔离区的距离应在 300 m 左右。

3. 鉴定品种真实性

绕田行走核查树立在田间地头的标签或标牌,了解种子来源的详细情况。实地检查不少于100个植株或穗子，比较品种田间的特征特性与品种描述的特征特性，确认其真实性与品种描述中是否一致。

4. 检查种子生产田的生长状况

对种子田的状况进行总体评价，确定是否有必要进行品种纯度的详细检查。对于严重倒伏、杂草为害或另外一些原因引起生长不良的种子田，不能进行品种纯度评价，而应被淘汰。当种子田处于中间状态时，检验员可以使用田间小区鉴定结果作为田间检验的补充信息。

5. 鉴定品种纯度

(1)划区设点取样。同一品种、同一来源、同一繁殖世代、耕作制度和栽培管理相同而又连在一起的地块可划分为一个检验区。为了评定品种纯度，必须遵循取样程序，即集中在种子田小范围(样区)进行详细检查。取样程序和方法应能覆盖种子田，有代表性并符合标准要求，还应充分考虑样区(取样区域)大小、样区数目和样区位置及分布，并符合 $4n$ 要求。如果规定的杂株标准为 $1/n$，总样本大小至少为 $4n$，比如对杂株率最低标准为0.1%(即1/1 000)，其总样本至少为4 000株(穗)。种子田样区计数最低频率见表2-24。

表2-24　种子田样区计数最低频率

面积/hm^2	母本	父本	每点最低株(穗)数
＞2	4	2	
3～4	8	4	
5～7	12	6	母本200，父本100
8～10	16	8	
＞10	在16基础上，每增1 hm^2 递增2个样区	在8基础上，每增1 hm^2 递增1个样区	

注：种子田中一个检验区的最大面积为33.3 hm^2。大于33.3 hm^2 以上的地块，要分设多个检验区。

对于生产杂交种的种子田，应将父母本行视为不同的“田块”，分别检查计数；玉米杂交制种田每样区为行内100株或相邻两行各50株。

(2)样区分布和取样方法。取样样区的位置应覆盖整个种子田，做到随机和广泛性。常用的取样方法有对角线取样、梅花形取样、棋盘式取样、大垄(畦)取样。

①对角线取样。取样点分布在一条或两条对角线上等距离设点，适用于面积

较大的正方形或长方形地块。

②梅花形取样。在田块的中心和四角共设5点，适用于较小的正方形或长方形地块。

③棋盘式取样。在田间的纵横方向，每隔一定距离设一取样点，适用于不规则地块。

④大垄(畦)取样。垄(畦)作地块，先数总垄数，再按比例每隔一定的垄(畦)设一点，各点要错开不在一条直线上。国际上常用的取样方法见图2-9所示。

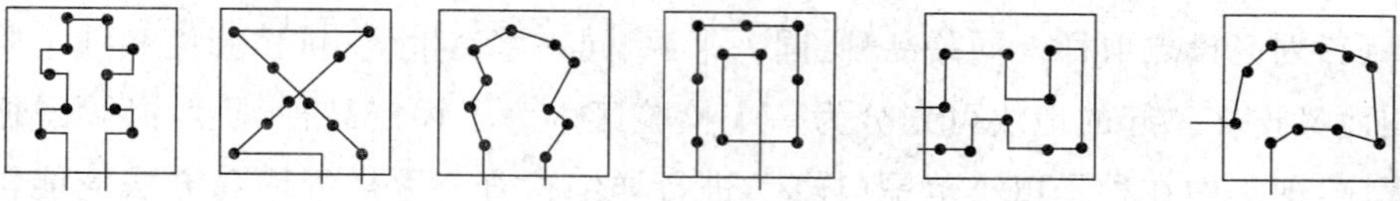

图2-9 样区分布

(3)分析检验。通常是边设点边检验，直接在田间进行分析鉴定。在熟悉供检品种特征特性的基础上逐株(穗)观察(最好有标准样品做对照)。尽量避免在阳光强烈、刮风、大雨的天气下进行检查。每点分析结果按本品种、异品种、异作物、杂草、感染病虫株(穗)数、母本散粉株、父母本散粉杂株分别记载，同时注意观察植株田间生长等是否正常。

6. 结果计算和表示

检验完毕，将各点检验结果汇总，计算各项成分的百分率。

$$品种纯度=1-异品种(\%)$$

$$异作物=\frac{异品种株(穗)数}{供检本作物总株(穗)数}\times100\%$$

$$异作物=\frac{异作物株(穗)数}{供检本作物总株(穗)数+异作物株(穗)数}\times100\%$$

$$杂草=\frac{杂草株(穗)数}{供检本作物总株(穗)数+杂草株(穗)数}\times100\%$$

$$病虫感染=\frac{感染病虫株(穗)数}{供检本作物总株(穗)数}\times100\%$$

$$母本散粉株=\frac{母本散粉株数}{供检母本总株数}\times100\%$$

$$父(母)本散粉杂株=\frac{父(母)本散粉杂株数}{供检父(母)本总株数}\times100\%$$

7. 检验报告

田间检验完成后，田间检验员应及时填写田间检验报告。田间检验报告应包括基本情况、检验结果和检验意见(表 2-25)。

表 2-25　玉米杂交制种田间检验结果单

<table>
<tr><td colspan="2">制种单位(公司)</td><td colspan="3"></td></tr>
<tr><td colspan="2">作物名称</td><td>玉米</td><td>品种组合名称</td><td></td></tr>
<tr><td colspan="2">繁育面积</td><td></td><td>隔离情况</td><td></td></tr>
<tr><td colspan="2">取样点数</td><td></td><td>取样总株数</td><td></td></tr>
<tr><td rowspan="3">田间检验结果</td><td>父本杂株率/%</td><td></td><td>母本杂株率/%</td><td></td></tr>
<tr><td>母本散粉株率/%</td><td></td><td>异作物/%</td><td></td></tr>
<tr><td>杂草/%</td><td></td><td>病虫感染/%</td><td></td></tr>
<tr><td colspan="2">田间检验结果建议或意见</td><td colspan="3"></td></tr>
</table>

实施方案

学习(工作)小组为单位，在教师指导下获取与玉米杂交制种田间纯度鉴定的相关信息后，研讨并制订玉米杂交制种田间纯度鉴定工作方案。具体内容和教学实施建议(表 2-26)如下：

(1)及时砍除父本，确保制种产量；

(2)学会制种田田间纯度检验取样方法；

(3)学会田间纯度检验田间档案记载；

(4)学会制种田田间纯度检验方法；

(5)能够完成本组制种田田间纯度检验工作并填写报告单。

表 2-26　制种田砍除父本及种子质量田间检验实施建议

工作过程	教学步骤	训练要求与标准	训练方法	参考时间
资讯和计划	下达生产任务，设计、讨论	能提出正确的、明确的砍除父本、田间纯度检验关键技术操作要求	以小组为单位查阅文献资料(主要在课外完成)，讨论方案，抽查 5 个小组的方案进行答辩	30 min

续表 2-25

工作过程	教学步骤	训练要求与标准	训练方法	参考时间
决策	确定玉米制种田间纯度检验操作方案，准备各种生产资料	按方案列出生产所需的生产工具和资料并做好准备	主要在课外完成，上课时提交生产工具和资料清单	10 min
实施	玉米杂交制种田间纯度检验操作演练	按操作规程要求进行，能独立正确操作	按小组为单位进行生产操作	60 min
检查	操作结果展示与评价	操作结果符合技术规程要求、用时短	各小组展示操作结果，进行评分（填写评分表）	20 min
总结	撰写技术报告	技术操作规程、生产体会（包括生产中存在的问题以及解决的办法）	教师提出设计、技术报告撰写要求，每位学生独立完成	课外
评估	归纳总结	生产中存在的问题以及解决的办法	各小组进行体会交流、归纳分析总结	40 min

检查评价

现场操作检查：学生自检、教师检查任务完成情况（表 2-27）。检查结果可分为 4 个等级：优（≥90 分）、良（80—90 分）、中（70—80 分）、差（0—60 分）。

表 2-27　制种田砍除父本及种子质量田间检验任务完成情况评分表

	考核要点		技术操作要点	分值安排	评定得分
考核标准	态度与表现		学习（实训）态度与课堂表现	20	
	技能操作部分	砍除父本	砍除时期合适	5	
			砍除方法正确	10	
		田间纯度检验	取样点设置合理	10	
			取样株数符合要求	5	
			能正确识别杂株、散粉株	20	
			结果计算和表示正确	20	
			田间检验结果单填写正确	10	
总　分				100	

问题与思考

1. 玉米杂交制种田砍除父本的作用是什么？
2. 试述玉米杂交制种种子质量田间检验的操作过程。

任务8　收获与晾晒

任务目标

1. 能正确判断玉米成熟标准；
2. 学会对玉米制种田测产；
3. 学会玉米杂交制种收获与晾晒关键技术；
4. 完成制种田收获工作，培养吃苦耐劳等职业素养。

技能目标

学生模拟种子企业的形式组建成学习(工作)小组，在教师指导下，在一体化教室完成相关知识的学习准备，研讨和制订玉米杂交制种收获方案。在玉米制种训练基地，按照技术方案进行收获前的准备工作，完成玉米杂交制和的收获任务。具体要求：

1. 能正确判断玉米成熟标准；
2. 学会对玉米制种田测产；
3. 学会玉米杂交制种收获与晾晒关键技术；
4. 完成制种田收获工作；
5. 学会正确填写田间估产及质量评估表和田间档案记载表。

学习条件

场地要求：作物生产技术生产性实训基地

工具与生产资料准备：玉米制种田(成熟期)、编织袋

知识准备

一、玉米测产方法

作物产量测定的方法有目测法、取样实收法和取样调查法。目测法是根据以

往的生产经结合当年的气候条件、栽培水平和作物长相，综合分析出产量水平。此种方法易行，但结果不够准确。取样实收法是选取有代表性的样点，将样点内的植株全部收获，称重后计算单位面积产量。取样调查法是通过选取有代表性的样点，调查出该作物的各产量构成因素，再计算出单位面积产量，这是应用最广的测产方法。田间取样一般采用对角线五点取样法。

1. 选点取样

选点和取样的代表性与测产结果的准确程度有密切关系。为了取得具有最大代表性的样本，点应分布在全田。如果地势、地力比较一致的地块，可依对角线选出5点。即4个角及中间各点，在点上选出有代表性的植株；如果地势、地力不均匀，则应将地势或地力不同的地段，事先估计出占全田的比例，再据此比例确定出这样地段应选的点数，也即是利用加权平均法来确定点数，然后在点上选出具有代表性的植株，取样时除样本要具有代表性以外，并注意四周植株稀密和生长情况，应该没有缺株，没有生长特别矮小的植株。

2. 测产方法

(1)测株行距。选择的每一个点都要测定株行距。株距：在一行上任意51株的距离，然后平均(除以50)即为株距。行距：任意测21行的距离，然后平均(除以20)即为行距。

(2)测定每公顷实际株数。在每点计数所有株数，再经计算便得。其计算公式为：

$$每公顷实际株数=每点实有株数\times 300$$

(3)测定结率及每穗粒数。在计算每点株数的同时，分别记下空杆、双穗数，然后就可计算出单株结穗率，在选定样本的植株上剥开苞叶数每穗粒数，然后根据播种的百粒重或该品种往年百粒重计算粒重。

(4)测定样本粒重。各点所选的植株，在收获时摘下全部果穗，脱粒晒干后称籽粒重量。

3. 计算产量

实测法计算产量(时间在收获时进行)。其计算公式为

$$产量(kg/hm^2)=[取样粒重(kg)/取样株数]\times 每公顷实际株数$$

4. 注意事项

(1)选点必须具有代表性。在对田块确定的基础上充分掌握田间情况，根据地

形、主壤等的差异进行选点。对情况比较复杂的田块应酌情增加点数。点的代表性将直接影响调查的准确性和可靠性,应十分注意。

(2)样点的分布尽量均衡。地块比较复杂的情况下应根据地势与作物生长情况,作物生长差异大的地块则应按差异程度相似的划成几个地段或小块,然后在各小片中分段,采点取样,以确保样点的可靠性,样点的大小通常为4～5 m^2。

(3)取样时要规范。取样时在选点之后,必须对点内作物进行初步调查,选点后一般先调查株数,然后将点内植株全部拔下捆好,记上标签(注明地块、第几点、取样日期、取样人等),带回准备考种,或把样点株数调查完之后,从中取一定株数带回后分析。取样株数通常为20株。

收获前玉米的产量测定是制订收获计划,合理安排劳、畜力,制定预备方案的依据,也是总结玉米生产经验、育种及栽培研究、分析各项措施效果的最佳鉴定。因此,在玉米收获前应根据实际情况进行田间测产。

二、适时收获

当制种田的种子成熟后要及时收获,以免种子发芽或霉烂,影响种子质量和产量。

收获时,在没有割除父本的制种田,严格进行父母本分别收获、运输、脱粒、贮藏,严防混杂。一般先收父本,然后清除落地的果穗后,再收母本。在北方地区,由于秋季热量较差时,或母本生育期偏长,为加快种子后期脱水,促进后熟,可在蜡熟期将植株上的果穗苞叶剥开晾晒,7～10天后再收获。

母本果穗在脱粒前要进行穗选,淘汰杂、劣果穗。当果穗晒干至含水量降到17%以下,方可脱粒、晾晒,并进行筛选、分级,除去秕粒、破粒和病虫粒。经晾晒或人工干燥达到安全含水量后,才能入库贮藏。

包装入库时,袋内外都要有标签,并写明种子名称,注明质量等级、生产年份、数量及制种单位等。要专库或专堆存放,固定专人负责,定期检查翻晒,以保证种子质量。

根据玉米制种的生产要求,收获前对其产量和质量进行评估并做好记录,玉米杂交质量标准参见表2-28填写玉米制种田田间估产及质量评估表(表2-29)和玉米制种收获田间档案记载表(表2-30),建立制种田档案。

表 2-28　玉米杂交种质量标准(GB/T 4404.1—2008)　　%

种子类别	纯度不低于	净度不低于	发芽率不低于	水分不高于
单交种	96	99	85	13
三交种	95			
双交种	95			

表 2-29　玉米制种田田间估产及质量评估

品种		负责人	
生产基地位置			
种子田面积		单位面积收获株数	
检疫性病虫害发生率		田间杂株率	
质量评估结果		单位面积产量	
调查人		调查时间	

表 2-30　玉米制种收获田间档案记载表

合同户编号		户主姓名	
地块名称(编号)		制种面积	
收获株数	母本：　　株/hm²	预计总产	kg/hm²
预计单产	kg/hm²		

实施方案

以学习(工作)小组为单位，在教师指导下获取与玉米杂交制种收获的相关信息后，研讨并制订玉米杂交制种收获方案。具体内容要求与实施建议(表 2-31)如下：

(1)能正确判断玉米成熟标准；

(2)学会对玉米制种田测产；

(3)学会玉米杂交制种收获与晾晒关键技术；

(4)完成制种田收获工作。

表 2-31　玉米制种收获与晾晒教学实施单

工作过程	教学步骤	训练要求与标准	训练方法	参考时间
资讯和计划	下达生产任务，设计、讨论	能提出正确的、明确的本田后期管理及收获的关键技术操作要求	以小组为单位查阅文献资料(主要在课外完成)，讨论方案，抽查 5 个小组的方案进行答辩	10 min

续表 2-31

工作过程	教学步骤	训练要求与标准	训练方法	参考时间
决策	确定玉米制种本田收获方案，准备各种生产资料	按计划列出生产所需的生产工具和资料并做好准备	主要在课外完成，上课时提交生产工具和资料清单	10 min
实施	收获操作演练	按操作规程要求进行，能独立正确操作、用时短	按小组为单位进行生产操作	60 min
检查	操作结果展示与评价	操作结果符合技术规程要求、用时短	各小组展示操作结果，进行评分（填写评分表）	10 min
总结	撰写技术报告	技术操作规程、生产体会（包括生产中存在的问题以及解决的办法）	教师提出设计、技术报告撰写要求，每位学生独立完成.	课外
评估	归纳总结	生产中存在的问题以及解决的办法	各小组进行体会交流、归纳分析总结	10 min

检查评价

现场操作检查：学生自检、教师检查任务完成情况（表 2-32）。检查结果可分为 4 个等级：优（≥90 分）、良（80—90 分）、中（70—80 分）、差（0—60 分）。

表 2-32　玉米制种收获与晾晒任务完成情况评分表

	考核要点		技术操作要点	分值安排	评定得分
考核标准	态度与表现		学习（实训）态度与课堂表现	20	
	技能操作部分	制种田收获技术	玉米制种田间测产及考种方案的制订合理	15	
			田间测产选点和取样方法正确	15	
			田间测产方法正确	15	
			仪器使用以及记录正确	15	
			考种方法正确	15	
			实测结果与预测结果误差不超过 5%	5	
总　分				100	

问题与思考

1. 玉米杂交制种的产量构成因素有哪些?
2. 玉米杂交制种田间测产的步骤有哪些?
3. 如何确定玉米杂交制种田合适收获期?
4. 填写玉米制种田田间估产及质量评估表和收获田间档案记载表。

子项目三　玉米自交系种子生产

知识目标

1. 掌握玉米自交系原种生产程序;
2. 学会玉米自交系良种生产;
3. 学会提纯复壮玉米自交系。

玉米杂交种是利用两个优良的亲本自交系相互杂交配制而成的。自交系的纯度,对杂交种的产量和性状表现有着决定性的影响。如果制种用的自交系的纯度不高,即使采取一些补救措施,也很难保证所制杂交种的质量。因此,在自交系繁育过程中,必须采取严密的防杂保纯措施,坚持"防杂重于去杂、保纯重于提纯"的原则。

任务1　生产玉米自交系种子

任务目标

1. 了解玉米自交系混杂退化的原因;
2. 掌握玉米自交系原种生产程序;
3. 学会玉米自交系良种生产。

布置任务

学生模拟种子企业的形式组建成学习(工作)小组,在教师指导下,在一体化教室或线上线下完成相关知识的学习准备,研讨和制订玉米自交系种子(含原种和亲本种子)生产方案。在玉米自交系种子生产训练基地,按照技术方案进行自交系种子生产前的准备工作,完成玉米自交系原种和亲本种子生产任务。具体要求:

1. 掌握玉米自交系原种标准及生产方法；

2. 掌握自交系亲本种子标准及生产方法；

3. 了解玉米自交系提纯复壮基本操作；

4. 能够现场指导亲本种子生产操作；

5. 完成亲本种子生产田工作。

学习条件

场地要求：作物生产技术生产性实训基地

工具与生产资料准备：玉米自交系种子生产田、玉米自交系原种、肥料、农药、铁铲、锄头、编织袋等

知识准备

一、自交系混杂退化的原因

1. 天然杂交

玉米是异花授粉作物，花粉量大，在繁殖过程中隔离区不合标准，除杂不彻底，母本去雄不及时、不彻底都会引起天然杂交，造成生物学混杂。连年使用制种田的父本所造成的混杂就是这种原因之一。

2. 机械混杂

播种、收获、脱粒、运输、干燥、贮藏等过程，不遵守技术操作规定，就会造成机械混杂。

3. 自交系本身遗传变异

自交系是一个遗传上的纯系，但“纯”和“杂”是相对的，自交系株间在遗传性上总会有微小的差异，不会有绝对的纯。在繁育过程中，经过长期混合繁殖，逐渐互相传粉，就会由微小的变异积累成较大的变异，形成混杂退化。同时，由于物理、化学因素的影响，也会引起自交系的遗传性变异。

4. 长期自交导致退化

自交系在繁殖过程中，长期自交可使遗传基因型纯合，但同时也引起纯合隐性不利基因的暴露，导致退化。

二、自交系种子生产技术

玉米自交系是配制玉米杂交种的物质基础，自交系纯度的高低将直接影响杂

交种的质量和产量。因此，掌握好玉米自交系的繁殖技术，对于保持自交系的种性、提高种子质量具有重要意义。玉米自交系种子生产程序中最关键的环节是原种生产。自交系原种和良种生产的选地隔离、除杂去劣方法同制种技术，只是隔离条件、除杂去劣要求更严格，空间隔离时，与其他玉米花粉来源地至少相距500 m，时间隔离至少40天。

（一）自交系原种生产

1. 自交系原种的标准

自交系原种是指由育种单位提供的原种中繁殖出来的与该原有优良特征特性一致的种子，或者采用一定的原种生产技术生产出来的质量达至规定标准的种子。原种在隔离区经过一次扩大繁殖的种子，称为原种一代；再继续繁殖一次，称为原种二代种子。原种的标准是：

(1)性状典型一致。主要特征特性符合原自交系的典型性状，株间整齐一致。

(2)保持原有生产势和生产力。与原自交系相比，植株生长势、单株生产力不降低或有所提高。

(3)保持原有配合力水平。要求配制的商品杂交种子的增产效果不低于原杂交组合标准种子的产量水平。

(4)种子质量好。要求种子籽粒饱满，大小整齐一致，发芽率高，无霉烂籽粒，不带检疫病虫害。玉米原种种子质量标准见表2-33。

表2-33　玉米原种种子质量标准 GB/T 4404.1—2008　　%

<table>
<tr><th colspan="2">种子类别</th><th>纯度不低于</th><th>净度不低于</th><th>发芽率不低于</th><th>水分不高于</th></tr>
<tr><td rowspan="2">常规种</td><td>原种</td><td>99.9</td><td rowspan="2">98.0</td><td rowspan="2">85</td><td rowspan="2">13.0</td></tr>
<tr><td>大田用种</td><td>97.0</td></tr>
<tr><td rowspan="2">自交系</td><td>原种</td><td>99.9</td><td rowspan="2">98.0</td><td rowspan="2">85</td><td rowspan="2">13.0</td></tr>
<tr><td>亲本种子</td><td>99.0</td></tr>
</table>

2. 自交系原种生产方法

自交系原种生产方法与纯系品种原种生产相似，根据GB/T 17315—2011标准，原种生产分两种方法：一种是采用育种家种子直接繁殖法；另一种是采用二圃制的穗行筛选法。原种生产的两个关键环节是严格隔离和彻底去杂。

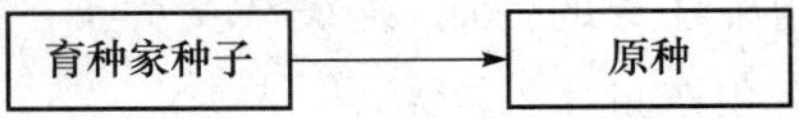

图 2-10　利用育种家种子直接生产原种

(1)育种家种子直接繁殖法。在选择好玉米原种生产基地后，由育种单位或育种者在保存育种家种子的同时直接生产原种(图 2-10)。

(2)二圃制的穗行筛选法。二圃制是以“选株自交、穗行比较、淘汰劣株、混收优株”穗行筛选法，具体操作技术如下：

①选株自交。在自交系原种圃内选择符合典型性状的单株套袋自交，制作袋纸以半透明的硫酸纸为宜。花丝未露前先套雌穗，待花丝外露 3.3 cm 左右，当天下午套好雄穗，次日上午露水干后开始套袋授粉，一般应一次授粉，个别自交系雄雌不协调的可两次授粉，授粉工作在 3～5 天内结束。收获期按穗单收，彻底干燥，整穗单存，作为穗行圃用种。

②穗行圃。将上年决选单穗在隔离区内种成穗行圃，每系不少于 50 个穗行，每行种 40 株。生育期间进行系统观察记载，建立田间档案，出苗至散粉前将性状不良或混杂穗行全部淘汰。每行有一株杂株或非典型株即全行淘汰，全行在散粉前彻底拔除。决选优行经室内考种筛选，合格者混合脱粒，作为原种圃用种。

③原种圃。将上年穗行圃种子在隔离区内种成原种圃，在生长期间分别于出苗期、开花期、收获期进行严格除杂去劣，全部杂株最迟在撒粉前拔除。雌穗抽出花丝占 5%以后，杂株率累计不能超过 0.01%；收获后对果穗进行纯度检查，严格分选，分选后杂穗率不超过 0.01%，方可脱粒，所产种子即为原种。

(二)自交系亲本种子生产

将上年原种圃收获保存的原种种子，在扩大的隔离区中进行一次混粉繁殖。自交系良种生产隔离区面积大小，要根据下年杂交制种面积所需母本、父本自交系种子数量而定。除该隔离区采用的种子是混合种子播种外，其他一切生产技术与原种生产相同。其纯度要求略低于原种，要求全部杂株最迟在散粉前拔除，散粉杂株率累计不超过 0.1%；收获后要对果穗进行纯度检查，杂穗率不超过 0.1%，同时淘汰病、虫、劣穗，剔除霉、烂粒后混合脱粒，所产种子即为良种。

(三)玉米自交系原种生产的栽培技术

玉米自交系种子生长势一般较弱，单株生产力偏低。在繁殖过程中又常受气候、生产条件及栽培水平等多方面因素的制约，单产波动幅度较大。往往由于基础种子数量不足或父母本种子不配套，影响杂交制种任务的完成，延缓杂交种推广的进程。因此，必须高度重视提高基础种子单位面积产量。

提高玉米自交系原种种子产量水平，要根据不同自交系的生长特点，采用先进实用的耕作栽培技术措施，实行良种与良法相结合，确保原种（基础种子）生产任务的完成。

1. 选用良田、精细整地

自交系生活力较弱，从种子萌动出苗及幼苗生长，对环境条件反应很敏感。基础种子繁殖基地在达到完全隔离的前提下，首先应选择地势平坦、土质肥沃、保肥保水，便于排灌的田块。其次精细整地是保证播种质量，达到苗全、苗齐、苗壮的先决条件。争时早耕，掌握宜耕宜耙的时间，以利于提高土壤熟化的程度，达到耕层深 25～30 cm，土质容易碎散、坐块疏松。在南方为了排水防涝，多采用畦作，开沟起畦，要求沟深畦平，排水流畅，畦面宽窄因地区和土质而异，一般采用双行单株或单行单株种植方式。

2. 增施粪肥，适时早播

优质农家肥各种养分齐全，有利于改善土壤结构和提高肥力，同时还能在玉米各个生长阶段不断地供给养分。基础种子繁殖田应增施底肥，一般每公顷施量 15 000～37 500 kg。种肥可以满足幼苗对养分的需要，有助于壮苗，促进苗期生长。一般以复合肥作种肥为宜，较安全，每公顷施用量为 750 kg，采取穴施，施用时应与种子隔离开，以防烧种而影响出苗。

适时早播是提高玉米种子产量的主要措施之一。玉米开花授粉阶段气温在 25～28 ℃，相对湿度不低于 70%较适宜。温度超过 38 ℃，相对湿度低于 60%，则阻碍开花，并导致花粉、花丝干燥，不利于授粉，且易造成花期不协调；湿度过高，花粉易吸水膨胀，很快丧失生活力。因此，春季适时早播，可避开气温偏高，炎热干燥的伏旱，影响开花授粉，造成减产的不利气候影响。同时，适时早播可延长自交系生育天数，有利于干物质积累，促成粒多粒饱。生产实践证明，春播玉米适时早播，温度指标以播前 5 天 5 cm 土层平均地温不低于 7 ℃，播后地温稳定在 10 ℃以上为宜。如采取地膜覆盖，还可提早 10～15 天播种。

3. 合理密植，节约用种

玉米自交系植株较矮小，单株产量低。但群体消光系数小，植株下部透光率大，具有密植增产的潜力。在良好的水肥和栽培条件下，适当增加种植密度，充分利用地力及光能是提高单产的有效措施。基础种子繁殖种植密度，一般应根据不同的亲本自交系的植株高度、株型及地力、栽培管理水平等灵活掌握。各地经验证明：亲本自交系株高 1.5 m 左右，每公顷种植密度以 75 000～90 000 株为宜。植株高度在 2.0 m 以内，每公顷种植密度以 67 500～75 000 株为宜，2.0 m 以上的，则以 60 000～67 500 株为宜。

在自交种子发芽率高、整地质量好、墒情适宜的条件下，可推行种衣处理精量播种，或种子肥育沙培芽种，或育苗移栽等项技术，适当节约用种量，提高种子繁殖系数，降低基础种子生产成本。

4. 加强田间管理

玉米自交系植株生活力较弱，发苗慢，对低温、旱涝等不良环境十分敏感，因此，田间管理必须精细及时，以能获得较好收成。

(1)间苗定苗　玉米长至 3 叶时必须及时间苗，每穴只留 2 苗；待 4～5 叶时定苗，每穴只留 1 苗，同时拔除病苗、虫苗、白苗和弱苗。定苗时应在缺苗穴的四周适当留些双株苗，以保证有足够的苗数。

(2)科学施肥　①施足基肥，每公顷施优质农家肥 75 000 kg，复合肥 750 kg；或配方施肥，每公顷施氮素 225～270 kg，磷素 75～90 kg，钾素 225～270 kg，氮磷钾配合施用，不能偏施氮肥。②巧施苗肥，在 4～5 叶定苗后，每公顷施尿素 10 kg，钾肥 75 kg，并结合中耕松土、除草(地膜覆盖除外)。③重施攻苞肥，攻苞肥以速效性氮肥为主。在玉米生长到 11～12 片叶时(大喇叭口期)或抽雄前 10～15 天，每公顷施尿素 150～225 kg，以促进穗大粒多。施用方法：在两株(或四株)之间打洞深施(洞深 6～10 cm)，将肥料施入洞内，然后大培土。④攻粒肥，后期视苗情轻施攻粒肥，玉米全田抽雄 10%左右，每公顷施尿素 75 kg，以增加粒重，防止茎叶早衰。

5. 合理排灌

在玉米生育期间根据天气情况及其需水规律，及时排涝或灌水。苗期适当控水控肥，蹲苗，抑制地上部分生长，适当降低株高，促进茎秆粗壮，提高抗倒能力。拔节期后至成熟，保持地面湿润，保证其对水分的需要，以防“卡脖子旱”现象出现。

6. 病虫防治

玉米主要虫害有小地老虎、玉米螟、铁甲虫、蚜虫、黑毛虫等；主要病害有纹枯病，大、小斑病，根腐病，青枯病等。

玉米苗期可用敌百虫拌嫩草做毒饵诱杀小地老虎或人工捕杀。5～7 叶时每公顷用 25%杀虫双水剂 200～250 g 兑水 50 kg 喷雾，防治大螟危害。大喇叭口期，用辛硫磷乳油等制成颗粒投入大喇叭口内，防治玉米螟。对纹枯病及大、小斑病，每公顷用50%井冈霉素1 500～2 250 g或75%退菌灵1 125～1 500 g，兑水750 kg喷雾，并结合人工摘除病叶。

7. 人工辅助授粉，增粒高产

玉米自交系开花期，正是高温雨季，阴雨天较多，伏旱发生频率也高，或由于自交系雄穗花粉量不足，生活力较弱，或雌穗包叶过长，抽丝困难等，造成缺粒、秃尖，甚至空苞。因上述情况而影响自然授粉时，应及时进行工人辅助授粉，对提高结实率有良好的作用。

实施方案

以学习（工作）小组为单位，在教师指导下获取与玉米自交系种子生产的相关信息后，研讨并制订玉米自交系原种、亲本种子生产方案。具体内容要求与实施建议（表2-34）如下：

（1）根据所提供资料，能正确采用适当的方法生产原种和亲本种子；

（2）原种和亲本种子生产方案的拟订；

（3）实施原种、亲本种子生产各项措施；

（4）原种、亲本种子生产质量的小组间检查鉴定。

表2-34 玉米原种、亲本种子生产教学实施方案

工作过程	教学步骤	训练要求与标准	训练方法	参考时间
资讯和计划	下达生产任务，设计、讨论	能提出正确的、明确的原种生产关键技术操作要求	以小组为单位查阅文献资料（主要在课外完成），讨论方案，抽查5个小组的方案进行答辩	30 min
决策	确定玉米杂交制种土地准备和播种方案，准备各种生产资料	按计划列出生产所需的生产工具和资料并做好准备	主要在课外完成，上课时提交生产工具和资料清单	10 min
实施	自交系原种生产技术操作演练。（穗行播种、纯度田间检验安排在课内）	按操作规程要求进行，能独立正确操作。其他田间管理工作利用课余时间或与别的项目交叉进行	按小组为单位进行生产操作	200 min（按生长时期分阶段实施）

续表 2-34

工作过程	教学步骤	训练要求与标准	训练方法	参考时间
检查	穗行田块结果展示与评价	穗行除杂去劣到位，田间、果穗纯度达到要求，整个生长过程长势长相好	各小组展示结果（实训地块），进行评分（填写评分表）	结合项目二子项目二同时进行（现场）
总结	撰写技术报告	技术操作规程、生产体会（包括生产中存在的问题以及解决的办法）	教师提出设计、技术报告撰写要求，每位学生独立完成	课外
评估	归纳总结	生产中存在的问题以及解决的办法	各小组进行体会交流、归纳分析总结	40 min

检查评价

现场操作检查：学生自检、教师检查任务完成情况（表 2-35）。检查结果可分为 4 个等级：优（≥90 分）、良（80—90 分）、中（70—80 分）、差（0—60 分）。

表 2-35　玉米原种、亲本种子生产任务完成情况评价表

序号	考核要点		技术操作要点	分值安排
1	态度与表现		学习（实训）态度与课堂表现	15
2	技能操作部分	播前土地平整	施足底肥、墒情合适、土地细碎平整	10
		穗行播种	种要求达到适时播种、播种质量好、出苗率高	10
		穗行标记	穗行标记清楚正确	5
		田间纯度检验取样	取样方法正确	5
		检验与结果填写	检验鉴定项目全面、认真，结果正确	10
		产品评价	实训田块自交系生长各时期长势长相良好，综合管理到位，产量较高	45
总　分				100

问题与思考

1. 试述玉米自交系原种概念。如何生产高质量的自交系原种种子？

2. 调查当地玉米自交系原种、良种生产中存在哪些问题？

任务2　亲本自交系的提纯复壮

任务目标

1. 能够初步拟订亲本自交系提纯复壮工作计划；

2. 会用穗行鉴定提纯亲本自交系；

3. 会用穗行测交复壮自交系。

布置任务

学生模拟种子企业的形式组建成学习(工作)小组，在教师指导下，在一体化教室或线上线下完成相关知识的学习准备，研讨和制订玉米自交系提纯复壮方案。在玉米自交系种子生产训练基地，按照技术方案进行准备工作，完成玉米自交系提纯复壮生产任务。具体要求：

1. 能够通过给定资料和自主获取的资料完成相关知识的准备，并拟订工作方案；

2. 能够对玉米自交系进行提纯复壮基本操作；

3. 完成自交系提纯复壮生产田工作。

学习条件

场地要求：作物生产技术生产性实训基地

工具与生产资料准备：玉米自交系种子生产田、肥料、农药、铁铲、锄头、编织袋等

知识准备

一、亲本自交系的提纯

一个亲本自交系在生产上经过长期利用后，其纯度、配合力会出现不同程度的退化，即发生遗传变异，当这种变异基因型的个体累积到一定程度时，就会严重影

响其相应的制种产量和该杂交种的生产优势。此时，就需要组织人力对其进行提纯，以恢复其纯正性。

1. 穗行测交提纯法

穗行测交提纯法的特点：把套袋自交所中选的果穗，分单穗各种一小区，既注意各小区内植株外部形态的鉴定，又进行配合力的测验，为选优去劣提供依据，以提高选择效果。一般在自交系比较混杂时采用此法，可使提纯后的自交系既能保持性状的典型性，又不降低配合力。具体做法有以下几种：

(1)单株选择。在纯度高、符合原亲本典型性状的群体中选单株。选株时要严格掌握标准，按该自交系的典型性状进行选择。选择要在苗期、抽雄前、乳熟期、成熟期多次进行。对中选单株，可在吐丝前开始套雌袋，散粉期自交。收获时决选，然后分穗收获、编号。选择数量一般以 100～200 株为宜。在选株自交的同时，分别用每株的花粉在原组合的另一个亲本自交系进行测交，配成测交种。如提纯中单 2 号的母本 Mo17，就以中单 2 号的父本 330 作测验种。一般每个当选株要测交 5～6 穗，各自交果穗应与相应的测交果穗成对编号。同一测交组合混合脱粒，供下年进行配合力鉴定。中选果穗收获后再复选一次，入决选果穗分穗脱粒、装袋、编号，供下年做穗行鉴定。在淘汰自交果穗的同时，也要淘汰相应的测交果穗。

(2)穗行鉴定。在隔离条件下，将上年决选的自交果穗种成穗行，每穗种一行或一区，每穗行 30～50 株，种植密度竖叶型的可按 60 000～75 000 株/hm^2，平展叶型的 45 000～60 000 株/hm^2。在苗期、花期和乳熟期对叶鞘色、叶片色、植株整齐度、抗病性及早衰情况等性状进行系统记载，为穗行选留提供依据。根据田间记载结果，确定穗选的去留。对淘汰的非典型行要全行去雄或割除，以免散粉影响入选穗行种子典型性；对性状典型、整个穗行整齐一致、表现优良的中选穗行，要继续选优株套袋自交或姊妹交，其数量视下年原种繁殖所需数量而定。成熟后分穗行收获，室内决选后分穗行混脱、贮存，其余中选穗行的单株自由授粉后混收果穗，可供下年制种用。

(3)穗行测交鉴定。在进行穗行鉴定的同时，将相对应的各测交种进行穗行的配合力鉴定，为穗决选提供依据。其方法是将各穗行的测交种按顺序排列法在田间种植，重复 2～3 次，以同一杂交组合的纯种种子作为对照。做好田间记载；收获后计产分析。结合对应的穗行鉴定结果，选出性状典型一致、生长势好、配合力高的穗行。将其所有的穗行鉴定圃中套袋的种子充分混合，供下年原种繁殖用。

(4)繁殖原种。将经过穗行测交、鉴定的中选穗行混合繁殖，生产原种。要加强田间管理，尽可能扩大繁殖系数，并注意在散粉前及时除去个别杂苗、劣苗，在盛花期进行人工辅助授粉，增加原种产量。所收种子即可用作再次繁殖之用。

此法比较费时费工，但纯度好、质量高、典型性和配合力能保持原有水平。

2. 穗行鉴定提纯法

该方法与穗行测定鉴定法基本相似，只是省略了各穗行的配合力测定。其一般方法是第一年选择典型的植株自交，第二年进行穗行鉴定，这种方法称二级提纯法。若经过一年穗行鉴定后对其纯度还不满意时可再进行一次穗行鉴定，称三级提纯法。穗行鉴定提纯法比较简单，其缺点是只考虑植物外部的典型一致性，而没有考虑配合力的表现，提纯的效果就不如前穗行测交提纯法。

二、自交系的复壮

亲本自交系的退化不仅表现在纯度，而且还体现在配合力、抗逆性等方面。把恢复及提高亲本自交系的配合力和抗逆性等纯度以外的指标叫作自交系的复壮。

1. 穗行测交复壮法

这种方法一般是和提纯相伴进行，所以也叫穗行测交提纯复壮法。它与穗行测交提纯法不同的是在选择典型株时更注意长势的强弱，花粉量的大小及抗逆性等。

2. 穗行鉴定复壮法

这种方法与穗行测交复壮法相比只是不进行配合力的测定，仅仅根据植株的外部形态表现来选择，其复壮的效果不甚准确。

3. 改变生活条件达到复壮的目的

品种或自交系长期在同一地区的相对一致的条件下生长，某些不利因素对种性经常发生影响时，则品种也可能发生劣变。如果用改换生活条件的办法就可能使种性获得复壮，保持良好的生活力，那么就人为地加以调整。例如，通过改变播种期来避开高温对花药多少或成熟度的影响，通过异地换种来解决抗逆性问题等。

4. 加强选择

加强人工选择不仅可以起到除杂去劣的作用，并且有巩固和积累优良性状的效果，对亲本自交系的复壮有显著作用。在亲本自交系的繁育上，经常采用的有片选法、穗选法等方法。

(1)片选法。片选法是在繁殖田中选择生长良好、纯度较好的地块，严格进行除杂去劣，然后单打单收单贮，作为生产用种。进行片选时尤应注意株型状况、植株高矮、穗型、成熟早晚、抗性强弱等。

(2)穗选法。选择具有原品种典型特征特性的果穗，进行混合脱粒，作为繁殖用种。这种方法简单易行，但必须连续进行，方能收到好的效果。

实施方案

以学习(工作)小组为单位，在教师指导下获取与玉米自交系提纯复壮的相关信息后，研讨并制订玉米自交系提纯复壮生产方案。具体内容要求与实施建议(表 2-36)如下：

(1)确定玉米自交系提纯复壮的方法；

(2)自交系提纯复壮生产方案的拟订；

(3)实施提纯复壮各项措施；

(4)提纯复壮各项工作质量的小组间检查鉴定。

表 2-36　玉米自交系提纯复仁教学实施方案

工作过程	教学步骤	训练要求与标准	训练方法	参考时间
资讯和计划	下达生产任务，设计、讨论	能提出正确的、明确的原种生产关键技术操作要求	以小组为单位查阅文献资料(主要在课外完成)，讨论方案，抽查 3 个小组的方案进行答辩	15 min
决策	确定提纯复壮的方法方案，准备各种生产资料	按计划列出生产所需的生产工具和资料并做好准备	主要在课外完成，上课时提交生产工具和资料清单	10 min
实施	提纯复壮方法的操作演练(单株选择及测交工作安排在课内)	按操作规程要求进行，能独立正确操作。其他田间管理工作利用课余时间或与别的项目交叉进行	按小组为单位进行生产操作	40 min

续表 2-36

工作过程	教学步骤	训练要求与标准	训练方法	参考时间
检查	提纯复壮结果展示与评价	除杂去劣到位，选株正确的田间、果穗纯度达到要求，整个生长过程长势长相好	各小组展示结果（实训地块），进行评分（填写评分表）	结合项目二子项目二同时进行（现场）
总结	撰写技术报告	技术操作规程、生产体会（包括生产中存在的问题以及解决的办法）	教师提出设计、技术报告撰写要求，每位学生独立完成	课外
评估	归纳总结	生产中存在的问题以及解决的办法	各小组进行体会交流、归纳分析总结	30 min

检查评价

现场操作检查：学生自检、教师检查任务完成情况（表 2-37）。检查结果可分为 4 个等级：优（≥90 分）、良（80—90 分）、中（70—80 分）、差（0—60 分）。

表 2-37　玉米自交系提纯复壮任务完成情况评价表

考核要点		技术操作要点	分值安排	评定得分
态度与表现		学习（实训）态度与课堂表现	15	
技能操作部分	除杂去劣	除杂去劣及时	5	
		除杂去劣干净、彻底、杂株处理得当	10	
	单株选择	正确选择典型单株	10	
	田间纯度检验	取样方法正确	5	
	穗行测交	正确进行穗行测交	15	
	产品评价	实训田块自交系生长各时期长势、长相良好，综合管理到位，产量较高	40	
总　分			100	

问题与思考

如何对混杂的玉米自交系进行提纯复壮？

项目三

水稻种子生产技术

能力目标

1. 具备水稻种子生产基本知识；
2. 具备常规水稻种子生产知识；
3. 具备三系杂交种制种相关知识；
4. 具备两系杂交种制种相关知识；
5. 具备三系不育系繁殖相关知识；
6. 具备光温敏核不育系繁殖相关知识。

技能目标

1. 能进行常规水稻原种生产；
2. 能进行常规水稻良种生产；
3. 能完成三系杂交水稻制种各项技术环节；
4. 能完成两系杂交水稻制种的关键环节；
5. 能掌握水稻雄性不育系繁殖要点；
6. 能掌握光温敏核不育系繁殖措施。

子项目一　水稻种子生产基本认知

知识目标

1. 具备水稻种子生产概况知识；
2. 具备水稻种子形成发育知识；
3. 具备水稻种子分级分类及鉴别知识；

4. 具备三系杂交水稻认知知识；

5. 具备两系杂交水稻认知知识。

技能目标

1. 能了解我国水稻种子生产概况；

2. 能掌握水稻种子形成发育过程；

3. 能进行水稻种子的分级分类和识别；

4. 能认识三系法杂交稻和识别水稻三系；

5. 能识别两系法杂交稻和两用核不育系。

任务1　认知水稻种子生产概况

任务目标

1. 了解水稻生产情况；

2. 了解常规水稻种子生产概况；

3. 了解杂交水稻种子生产概况。

布置任务

学生模拟种子公司的形式组建成工作小组，收集我国水稻生产以及水稻种子生产相关信息，并进行资料归纳总结。掌握常规水稻和杂交水稻种子生产概况。

学习条件

场地要求：图书馆

工具与生产资料准备：期刊、图书、网页等

知识准备

一、水稻生产概况

水稻是世界上栽培面积和总产量仅次于小麦的粮食作物，全世界大约有30亿人口依靠稻米生存，目前有122个国家和地区种植水稻，其中发展中国家所产的稻谷占全世界稻谷总产量的95%。根据国际水稻所(IRRI)估计，到2020年全世界对稻谷的需求将增至7.8亿t。可以说“稻米就是生命”，因此稳定了水稻的生产，在很大程度上就稳定了世界的粮食供给，发展了水稻产业，就极大地发展了世界粮食产业。

世界上有约 1.5 亿 hm^2 的水稻栽培面积，总产达 7 亿 t 以上。我国是世界上最大的水稻生产国和消费国，也是世界杂交水稻技术的主要研发国和输出国。我国水稻常年播种面积在 3 000 万 hm^2 左右，占世界水稻总面积的 20%，居世界第二(仅次于印度)，占国内粮食种植面积的 27%左右，我国水稻总产在 2 亿 t 左右，平均单产 6 862.5 kg/hm^2(2016 年国家统计数据)，比世界平均单产高 40%左右，稻谷产量居世界第一，约占世界稻谷总产量的 28%，占国内粮食总产量的 1/3 左右。我国的水稻生产为世界和我国粮食生产做出了极大贡献。

在我国，根据种子生产方式不同将水稻分为常规稻和杂交稻。常规稻就是通过自交结实，可以留种且后代不分离的水稻品种。常规稻不像杂交稻通过杂交或变异而来，而是通过选育、提纯、保持本品种的特征特性不变。而杂交稻就是指选用两个在遗传上有一定差异，同时它们的优良性状又能互补的水稻品种，进行杂交，生产具有杂种优势的第一代杂交种用于大田生产，这类水稻就是杂交水稻。

二、常规水稻种子生产概况

1. 常规水稻品种推广概况

①优质常规水稻开始大面积推广种植。从 2004 年开始，随着国家对粮食生产重视力度的加大，水稻种植面积开始缓慢回升，但杂交水稻面积却继续维持下降趋势，一批优质常规水稻开始大面积推广种植。

②常规水稻主推品种优势较大。2013 年常规水稻推广面积在 0.67 万 hm^2 以上的品种有 284 个，推广总面积 1 096.7 万 hm^2，前 10 位品种推广面积为 392.1 万 hm^2，占 35.78%。2013 年杂交水稻推广面积在 0.67 万 hm^2 以上的品种有 534 个，推广总面积 1 254.7 万 hm^2，前 10 位品种推广面积为 221.5 万 hm^2，占 17.65%。

2. 常规水稻品种审定概况

①国审常规水稻品种数量远不及杂交水稻。1984—2018 年，农业部(现为农业农村部)共审定 1 383 个品种，其中常规水稻品种 335 个，占 24.22%。2018 年通过国审的常规水稻品种 35 个，仅占 13.1%。

②常规水稻国审品种中粳型占主导。1984—2018 年，通过国审的 335 个常规水稻品种中籼型品种仅 83 个，占比为 24.8%。特别是 2017 年、2018 年通过国审的常规水稻品种分别为 13 个和 35 个，而籼型品种均仅 1 个，占比分别为

7.7%和2.9%。

3. 常规水稻种子生产概况

①常规水稻种子需求量逐年增加。通常所说的常规稻包括常规粳稻、常规籼稻和常规糯稻，其中常规粳稻占常规稻的98%以上。近年来，我国粳稻种植面积不断扩大，2014年我国粳稻面积为893.3万hm^2，占水稻种植面积的29.47%，2015年达到953.4万hm^2。

②常规水稻种子库存少。若水稻生长期风调雨顺，种子收获时天气良好，制种企业的产量比较高，种植户的自留种也会增加，种子市场往往供过于求。若遇恶劣天气，保种难度加大，一方面种植户自留种会减少，另一方面育种单位依靠烘干、加工等设备，可以保证基本种源，但较丰年要减产10%左右，市场会表现供不应求。

③常规水稻种子生产栽培技术不复杂但难到位。一个品种的优良特性只有在适宜的栽培条件下，才能得到充分表达并遗传给下一代。近年来，种粮效益下降，农民种粮积极性下降，导致繁殖措施难到位。繁殖技术不到位，一方面影响当季产量和质量，当年种子收购量难以保证；另一方面抑制了优良种性的表达，缩短了种子使用寿命。

④常规水稻种子生产除杂环节很重要但难落实。除杂去劣是种子繁殖工作中最关键的一环，但实践工作中最难落实，大部分农户是走过场。究其原因：一是没技术，对于除稗除草农民都知道，但对变异株、分离株、异品种知道的就少了，有的即使知道，也舍不得除掉；二是没劳力，秧苗移栽到大田后，一般壮劳力就外出打工，田间管理就留给了在家的老人，然后只回家收获，没劳力进行除杂去劣；三是没机械，种子收获应该单打单收，但很多乡村已实现了联合收割机收获，人力打稻机基本找不到。

三、杂交水稻种子生产概况

1. 杂交水稻品种审定概况

①国审品种中杂交水稻占主导。1984—2018年，农业部共审定水稻品种1 383个，其中杂交水稻品种1 048个，占75.8%。而2018年国审的268个水稻品种中杂交稻品种为233个占86.9%。

②杂交水稻国审品种中籼型占主导。1984—2018年国审的1 048个杂交水稻品种中粳型杂交水稻品种仅88个，占比为8.4%，而籼型杂交水稻品种占比达到91.6%。

③籼型杂交水稻国审品种中两系杂交水稻增加迅猛。从2001年第一个两系籼型杂交水稻品种通过国审后，两系籼型杂交水稻国审品种数量呈上升态势，2017年、2018年通过国审的两系籼型杂交水稻品种分别为106个和126个，在当年国审籼型杂交水稻品种中分别占66.3%和55.3%。

2. 杂交水稻制种概况

①近年来制种面积稳定在10万 hm^2 左右，2012年全国杂交水稻制种面积到最高峰达12.8万 hm^2，之后稳定在10万 hm^2 左右，2016年为10.87万 hm^2。

②常年制种产量维持在2.5亿kg左右，2012年全国杂交水稻制种产量到最高峰达3.45亿kg，之后维持在2.5亿kg左右，2016年为2.8亿kg。

③目前制种库存依然较大。2016年全国杂交水稻需种量2.4亿kg，而库存达1.2亿kg。

实施方案

学生模拟种子公司的形式组建成工作小组，收集我国水稻生产以及水稻种子生产相关信息，并进行资料归纳总结。具体内容包括：

1. 水稻生产资料查阅；
2. 常规水稻种子生产资料查阅；
3. 杂交水稻种子生产资料查阅；
4. 资料归纳总结。

检查评价

现场操作检查：学生自检、教师检查任务完成情况（表3-1）。检查结果可分为4个等级：优（≥90分）、良（80—90分）、中（70—80分）、差（0—60分）。

表3-1　认识水稻种子生产概况任务完成情况检查表

	考核要点		技术操作要点	分值安排	评定得分
考核标准	态度与表现		学习（实训）态度与课堂表现	20	
	技能操作部分	认识水稻种子生产概况和发育	水稻生产资料查阅	20	
			常规水稻种子生产资料查阅	20	
			杂交水稻种子生产资料查阅	20	
			资料归纳总结	20	
总　分				100	

问题与思考

1. 简述我国水稻生产概况。

2. 简述我国常规水稻种子生产概况。

3. 简述我国杂交水稻种子生产概况。

任务 2　了解水稻种子的形成与发育

任务目标

1. 能认识水稻花期构造；

2. 能掌握水稻开花习性；

3. 了解水稻种子的形成和发育。

布置任务

学生模拟种子公司的形式组建成工作小组，在种子生产实训基地，按照常规水稻原种生产技术方案进行常规稻原种的生产，完成原种生产各项任务。

学习条件

场地要求：水稻种子生产实训基地

工具与生产资料准备：水稻植株、花器

知识准备

1. 水稻的花器构造

稻穗为复总状花序，也叫圆锥花序，由穗轴、一次枝梗、二次枝梗(间或有三次枝梗)、小穗梗和小穗组成。穗轴上一般有 8～15 个穗节，穗颈节为最下 1 个穗节。每个穗节上着生 1 个枝梗。每个枝梗上着生若干个小穗梗，小穗梗末端着生 1 个小穗即颖花(图 3-1，图 3-2)。水稻的小穗由 2 朵退化颖花和 1 朵正常颖花构成。水稻小穗包括：护颖(退化颖花外稃)2 片；正常颖花外稃、内稃(内外颖片)各 1 个，浆片 2 枚，雄蕊 6 枚和雌蕊 1 枚(柱头二裂并呈羽毛状)，子房一室。

2. 水稻的开花习性

水稻幼穗自剑叶叶鞘中伸出，叫水稻抽穗。水稻内外颖张开，露出花药称为水稻开花。水稻颖花开放前，浆片呈扁平状；临开花时，浆片迅速由穗部吸水膨胀，向外方挤压颖片，促成开花。以后，浆片又失水收缩，颖片随即闭合。浆片就这样在稻花的开闭上起着“开关”的作用。水稻开花时间：早稻上午8：00至下午14：00，其中以上午10：00左右开花最盛；晚稻为上午9：00至下午15：00，其中以上午11：00左右开花最盛。

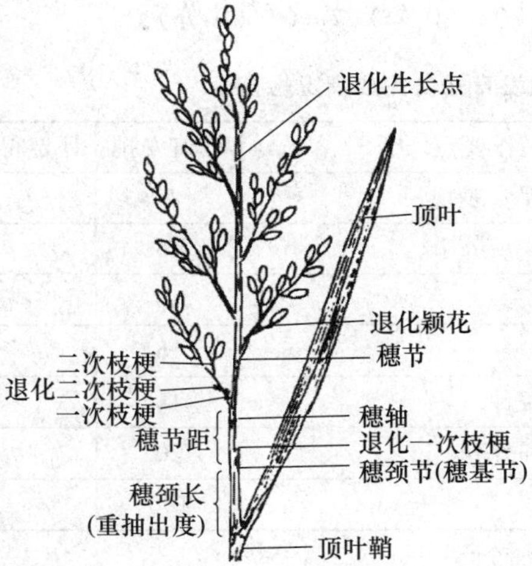

图 3-1　稻穗的形态

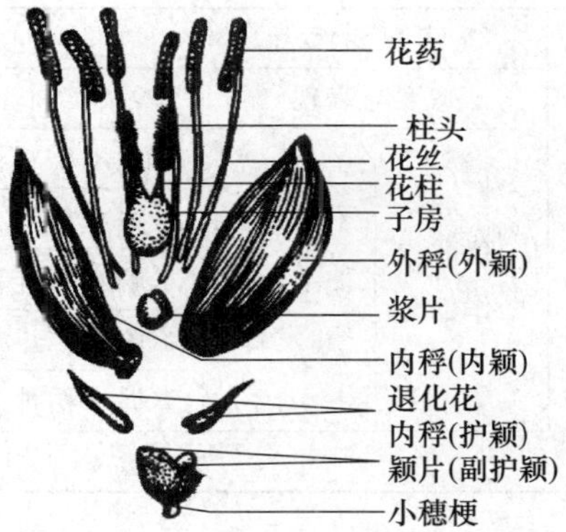

图 3-2　颖花结构

3. 水稻种子的形成与发育

水稻开花、受精以后，子房逐步发育成米粒（俗称糙米，与颖壳合称谷粒）。受精后的卵细胞的发育是非常迅速的，一般在开花后8～10 h便开始细胞分裂。开花后8～10天，胚部便分化出胚芽、胚根、盾片及其他器官，这时便已具备了发芽能力。此后，胚进步发育，完成生理上的成熟。在胚发育的同时，胚乳也迅速发育。开花后，胚乳细胞便开始分裂，开花后5天胚乳细胞可填满整个胚囊，9～10天胚乳细胞分裂完毕。由于胚乳细胞发育较快，米粒在开花后3天就达颖壳全长的1/2，开花后5～7天即可伸到颖壳的顶部达到最大长度。以后米粒向两则加宽加厚，开花后12天左右接近最大宽度，13～14天接近最大厚度。米粒的充实除主要依靠淀粉外，脂肪、蛋白质的积累也起一定的作用。

实施方案

学生模拟种子公司的形式组建成工作小组，在种子生产实训基地，观察和了解水稻种子的形成和发育特性。具体内容包括：

(1)观察水稻花器构造；

(2)观察水稻开花习性;

(3)观察水稻授粉受精及种子发育特性。

检查评价

现场操作检查:学生自检、教师检查任务完成情况(表 3-2)。检查结果可分为 4 个等级:优(≥90 分)、良(80—90 分)、中(70—80 分)、差(0—60 分)。

表 3-2 了解水稻种子形成和发育任务完成情况检查表

<table>
<tr><td rowspan="7">考核标准</td><td colspan="2">考核要点</td><td>技术操作要点</td><td>分值安排</td><td>评定得分</td></tr>
<tr><td colspan="2">态度与表现</td><td>学习(实训)态度与课堂表现</td><td>20</td><td></td></tr>
<tr><td rowspan="5">技能操作部分</td><td rowspan="5">了解水稻种子形成和发育</td><td>掌握水稻花器构造</td><td>15</td><td></td></tr>
<tr><td>了解水稻抽穗</td><td>15</td><td></td></tr>
<tr><td>了解水稻开花</td><td>15</td><td></td></tr>
<tr><td>了解水稻正常开花条件</td><td>15</td><td></td></tr>
<tr><td>掌握水稻种子形成和发育</td><td>20</td><td></td></tr>
<tr><td colspan="4">总 分</td><td>100</td><td></td></tr>
</table>

问题与思考

1. 简述水稻花器的主要构造。
2. 简述水稻的开花习性。
3. 试述如何提高种子发育质量。

任务 3 水稻种子的分级分类及鉴别

任务目标

1. 能对水稻种子进行识别;
2. 能鉴别常规稻及杂交稻种子。

布置任务

学生模拟种子公司的形式组建成工作小组,在种子生产实训基地,进行水稻种子的分类,并鉴别不同类型的种子。

学习条件

场地要求:水稻种子生产实训基地

工具与生产资料准备：育种者种子、原种、良种、常规稻种子、杂交稻种子

知识准备

1. 水稻种子分级

水稻种子按世代高低和质量标准划分为育种者种子、原种和良种(大田用种)三级。育种者种子就由育种者直接生产、保纯和控制，能代表该品种纯系后代的原始种子或亲本的最初一批水稻种子。原种是指用育种家种子繁殖的第一代至第三代或按原种生产技术规程生产的达到原种质量标准的水稻种子。良种是指用原种繁殖的第一代至第三代或杂交种，经确认达到规定质量要求的水稻种子。良种是大面积生产使用的种子。

2. 水稻种子分类

水稻种子按生产方式分为常规水稻种子和杂交水稻种子两大类。常规水稻种子就是利用水稻自交授粉而繁殖的种子。杂交水稻种子就是通过利用不育系作母本、恢复系作父本，在隔离区内母本接受父本的花粉异交结实生产的种子。

3. 水稻种子的鉴别

常规水稻种子和杂交水稻种子主要区别包括以下七个方面：

(1)种子饱满度。三系杂交水稻种子是由生活力弱的不育系和恢复系杂交而成，加之其他多种因素的影响，杂交水稻种子的饱满度不如常规稻种。两系杂交稻种子也是由生活力弱的光温敏不育系育成的，其种子的饱满度亦不如常规稻种。

(2)柱头痕迹。常规水稻多属自花授粉，其雌蕊柱头不外露，柱头痕迹留在颖壳内部，剥开颖壳，在米粒顶部可见柱头痕迹；杂交水稻属异花授粉，柱头外露，仔细观察种子内外颖夹缝中间，可发现一点不很明显的小黑点，即柱头痕迹。这是识别杂交稻种与其他稻种的重要依据。

(3)颖壳颜色。杂交水稻制种过程中会施用赤霉素和叶面肥等，部分附着在颖壳上，所以杂交水稻的内外颖会略带不均匀的黄褐色等生理性杂色；而常规水稻种子内外颖颜色较单一，透明度高。

(4)种子形状。一般籼型杂交水稻种子较细长，粳型杂交水稻种子较圆。杂交水稻种子的腹部呈凹形，略呈“V”形。而常规水稻种子腹部呈直线形。

(5)种子内外颖吻合度。不育系由于异花授粉的需要，柱头外露，其颖壳张开

角度较大，成熟时吻合度差，部分杂交水稻种子的内外颖吻合不严。常规水稻为自花授粉，故其内外颖一般无开裂现象，这也是区别杂交水稻种子与常规水稻种子的重要依据。

(6)颖壳厚薄。剥开颖壳观察，杂交水稻种子的颖壳较薄，常规水稻种子的颖壳较厚。

(7)花药残迹。将种子用手剥开外颖，颖壳内有1～4枚瘦小干秕的黄色花药残迹的是杂交水稻种子，没有的是常规水稻种子。

实施方案

学生模拟种子公司的形式组建成工作小组，在种子生产实训基地，进行种子的分类和鉴别。具体内容包括：

1. 根据繁殖的世代进行种子分级；
2. 按照生产的方式对种子进行分类；
3. 鉴别常规稻种子和杂交稻种子。

检查评价

现场操作检查：学生自检、教师检查任务完成情况(表3-3)。检查结果可分为4个等级：优(≥90分)、良(80—90分)、中(70—80分)、差(0—60分)。

表3-3　水稻种子的分级分类及鉴别任务完成情况检查表

<table>
<tr><td rowspan="7">考核标准</td><td colspan="2">考核要点</td><td>技术操作要点</td><td>分值安排</td><td>评定得分</td></tr>
<tr><td colspan="2">态度与表现</td><td>学习(实训)态度与课堂表现</td><td>20</td><td></td></tr>
<tr><td rowspan="5">技能操作部分</td><td rowspan="5">水稻种子分级分类及鉴别</td><td>正确进行水稻种子分级</td><td>15</td><td></td></tr>
<tr><td>正确进行水稻种子分类</td><td>15</td><td></td></tr>
<tr><td>根据饱满度鉴别水稻种子</td><td>15</td><td></td></tr>
<tr><td>根据柱头痕迹鉴别水稻种子</td><td>20</td><td></td></tr>
<tr><td>根据内外颖吻合度鉴别水稻种子</td><td>15</td><td></td></tr>
<tr><td colspan="4">总　　分</td><td>100</td><td></td></tr>
</table>

问题与思考

1. 简述按照世代高低划分水稻种子级别。
2. 简述水稻种子的类型。
3. 试述如何提高种子鉴别的准确性。

任务4　认识三系杂交水稻

任务目标

1. 能正确识别水稻雄性不育系和保持系植株形态特征；
2. 能正确识别水稻雄性保持系和恢复系植株形态特征；
3. 能正确进行水稻雄性不育系和保持系花粉育性鉴定。

布置任务

学生模拟种子公司的形式组建成工作小组，在种子生产实训基地，进行水稻三系的观察和识别，具体任务：

1. 对照观察雄性不育系、雄性不育保持系，鉴别异同点；
2. 对照观察雄性不育保持系、恢复系；
3. 对照观察雄性不育系、恢复系。

学习条件

场地要求：水稻种子生产实训基地

工具与生产资料准备：水稻不育系、保持系、恢复系植株

知识准备

1. 水稻雄性不育的发现与利用

1964年，袁隆平先生率先在我国开展水稻雄性不育研究，并提出通过选育雄性不育系、雄性不育保持系和雄性不育恢复系的三系法途径来利用水稻的杂种优势，并从籼稻群体中，获得了雄性不育系，但一直未找到恢复系。1970年，袁隆平的助手李必湖与冯克珊在海南岛崖县的野生稻自然群落中找到野生稻雄性败育株（简称野败），为培育杂交水稻打开了突破口。随后开展了以袁隆平为攻关主将的全国协作研究，于1973年实现三系配套，1974年选配出强优势籼型杂交水稻组合并试种成功，1975年攻克制种技术关，1976年开始大面积推广。至此，水稻杂种优势利用的梦想终于在以袁隆平为代表的我国农业科学家的孜孜追求中变成现实。杂交水稻的育成，是水稻育种史上的一次重大突破。它打破了水稻等"自花授粉作物没有杂种优势"的传统观念，大大丰富了作物遗传育种的理论和实践，具有很高的学术价值。特别是这一重大科技成果的应用，给我国的水稻生产带来了一次飞

跃，使水稻单产在矮秆良种的基础上提高20%左右，取得了巨大的社会效益和经济效益。1984—2018年，全国累计审定了1 383个水稻品种，其中三系杂交水稻有643个，占46.5%，远高于常规水稻及两系杂交水稻品种。

2. 水稻三系的特点和识别

所谓"三系"就是指雄性不育系、雄性不育保持系和雄性不育恢复系。

(1)雄性不育系(表3-4)。水稻雄性不育系就是雄性器官(花粉)发育不全，无授精能力，自交不结实，但其雌性器官发育正常，授予外来花粉能结实的水稻品系(A)。

水稻雄性不育系普遍存在包颈和闭颖授粉现象，通常籼型不育系包颈粒率达20%～30%，闭颖率为2%～20%。水稻雄性不育系花时分散，从早到晚均能开花，有些不育系甚至夜间还能开花，开花比较集中的时间在午后(13：00～15：30)。但不同不育系间花时有较大的差异，有些不育系的开花时间早，盛花时在午前，开花高峰明显，午前花率在70%以上，如优ⅠA、枝A、金23A等；有些不育系的花时较迟，盛花时在午后，午前花率在50%以下，如Ⅴ20A、珍汕97A等。雄性不育系的开颖时间比其相应的保持系长。水稻内外稃张开至重新钩合闭颖，历时60～90 min。

水稻雄性不育系开花时部分颖花柱头外露，闭颖后留在壳外面，这是一种适应异交的生物学特性。雄性正常可育的水稻品种，柱头外露率低。柱头外露的颖花数占总颖花数的百分率称为柱头外露颖花率，简称柱头外露率。不育系间的柱头外露率有较大差异，有些不育系的柱头外露率在60%～70%，甚至70%以上，且双边外露率30%～40%，如优ⅠA、Ⅱ32A、枝A等。有些不育系的柱头外露率在50%左右，且双边外露率只有10%～20%，如Ⅴ20A、珍汕97A等。不育系柱头的生活力以开花当天最强，结实率可达60%～90%，以后逐日减弱，大约每经历1天，结实率下降20%左右，开花闭颖后5～7天，柱头生活力完全丧失。

雄性不育系包括野败型不育系、矮败型不育系、冈型不育系、D型不育系、印尼水田型不育系(印水型)、红莲型不育系：莲塘早A(籼型)、滇型不育系以及BT型不育系等(图3-4)。

表3-4　水稻雄性不育系的类型

类型	特点	常见不育系
野败型不育系	湖南、籼型、最早应用最多，不育性稳定、F_1纯度高、配合力强、花药呈箭头状空瘪，以典败为主，包颈、矮秆	珍汕97A、Ⅴ20A、特A、博A、金A等

续表 3-4

类型	特点	常见不育系
矮败型不育系	安徽、籼型，花药水浸状乳白色，其他与野败型不育系相似	协青早 A
冈型不育系	四川、籼型，不育性与野败型不育系相似	冈 11A、冈 12A、冈 46A
D 型不育系	四川、籼型，不育性与野败型不育系相似	D 汕 A、D297A
印尼水田型不育系（印水型）	湖南、籼型，柱头发达、外露，异交结实率特别高，花药乳白色，以典败花粉为主，少许自交使 F_1 纯度下降	优ⅠA、Ⅱ-32A
红莲型不育系	湖北、籼型，不育花粉以圆败为主，少量花粉染败，不育性稳定，但恢复谱比野败型窄，强恢复系少，组合少	莲塘早 A
滇型不育系	云南、粳型	红帽缨 A、滇 3A
BT 型不育系	从日本引入，粳型	黎明 A

优良雄性不育系应该具备四个条件：①不育性稳定，不育度达 100%；②可恢复性好，配合力强，与恢复系杂交结实率 80%以上；③丰产性好，繁殖和制种产量高（分蘖力强、穗大粒多）；④便于繁殖和制种（柱头外露率高、花时早、开花集中、开颖角度大、开颖时间长）。

（2）雄性不育保持系。雄性不育保持系就是能够保持不育系不育性的水稻品系（B）。

保持系雄性正常可育，能够正常自交结实，因此具有正常水稻品种的抽穗开花特性，表现为抽穗正常而且整齐；开花集中，开颖时间短；花药饱满，花粉量大。

优良保持系应该具备的条件：①性状稳定，群体整齐一致；②对不育系的不育性保持性好，要求不育度达 100%；③花药发达，花粉量大、提高不育系繁殖产量。

雄性不育系与保持系是同型姊妹系，它们的细胞核相同，细胞质不同。主要性状表型上非常相似，生育期相近。但雄蕊育性截然不同。不育系表现为雄性退化，花药中无花粉或花粉异常，保持系则花药、花粉正常。雄性不育系和保持系的异同点见表 3-5 所示。

表 3-5　雄性不育系与保持系的异同点

项目		不育系(A)	保持系(B)
共同点		叶鞘色、株叶型、叶色、穗型、粒型、粒色	
主要区别	株高	比保持系矮 10～15 cm	正常
	分蘖力	比保持系强、分蘖期长	正常
	抽穗期	比保持系迟 2～3 天	正常
	穗颈	包颈	露颈(不包颈)
	开花习性	开花分散、张颖时间长	开花集中、张颖时间短
	花药形态	瘦小、乳白色或浅绿色	饱满、淡黄色或黄色
	花粉形态	形状不规则,对 I-KI 不染色或染色不正常	圆球形、遇 I-KI 染成蓝黑色

(3)雄性不育恢复系。雄性不育恢复系就是能使不育系恢复正常结实的水稻品系(R)。

恢复系雄性正常可育,能够正常自交结实。但是,制种时作为向母本不育系提供花粉的父本,必须具有能在不育系花时提供足够数量花粉的能力,在开花散粉习性上要具有利于不育系异交的特性。恢复系主要表现颖外散粉,颖花开吐出花药后 5～10 min,花药才裂开散出花粉。恢复系田间花粉量除受潜在花量的花药内花粉残留量影响外,还受开花时的天气条件和授粉方式的影响,如开花时遇上降雨,田间花粉量很少甚至没有。因此,潜在花粉转化率在不同日期表现不稳定。及时花粉是指田间花粉中与母本花时相遇,能为母本当天开花颖花接受、利用的花粉。

优良恢复系应该具备五个条件:①恢复力强,配出的杂种结实率与正常品种相似或 80%以上;②经济性状良好,配合力好,杂种优势明显;③植株比不育系稍高,生育期最好与不育系相近或略长;④花药发达,花粉量多,开花散粉正常;⑤米质优异,国家一级,抗性好等。

实施方案

学生模拟种子公司的形式组建成工作小组,在种子生产实训基地,进行水稻三系的观察和识别,具体内容包括:

(1)水稻雄性不育系和保持系植株形态特征的识别;

(2)水稻雄性保持系和恢复系植株形态特征的识别;

(3)水稻雄性不育系和保持系花粉育性镜检鉴定。

检查评价

现场操作检查：学生自检、教师检查任务完成情况(表 3-6)。检查结果可分为 4 个等级：优(≥90 分)、良(80—90 分)、中(70—80 分)、差(0—60 分)。

表 3-6　认识水稻三系任务完成情况检查表

	考核要点		技术操作要点	分值安排	评定得分
考核标准	态度与表现		学习(实训)态度与课堂表现	20	
	技能操作部分	认识水稻三系	识别 A 与 B 植株形态特征	20	
			识别 B 与 R 植株形态特征	15	
			识别 A 和 B 花粉育性	15	
			正确鉴定不育花粉与正常花粉	15	
			区别染败、圆败、典败三类败育花粉	15	
总　分				100	

问题与思考

1. 简述我国三系杂交稻的应用概况。
2. 简述水稻三系的特点和识别方法。
3. 试述优良水稻三系的具体要求。

任务 5　认识两系杂交水稻

任务目标

1. 能识别光温敏核不育系；
2. 了解两系法杂交水稻。

布置任务

学生模拟种子公司的形式组建成工作小组，在种子生产实训基地，进行光温敏核不育系的观察和识别，具体任务：

1. 对照观察三系雄性不育系和光温敏核不育系，鉴别异同点；
2. 鉴别光温敏核不育系不育阶段的植株和花粉；
3. 鉴别光温敏核不育系可育阶段的植株和花粉。

学习条件

场地要求：水稻种子生产实训基地

工具与生产资料准备：水稻三系不育系、光温敏核不育系

知识准备

1. 两用核不育系的发现和利用

1973 年湖北石明松从晚粳稻农垦 58 中发现自然雄性不育株，而且其不育性可以通过自交保持，后来发现其花粉的育性受光照长度的控制，命名为“光周期敏感核雄性不育水稻”，简称为“湖北光敏核不育水稻”，并进而选育出两用不育系农垦 58S。1987 年，邓华凤在籼稻的杂交后代中发现了天然光温敏不育株，用它选育成世界上第一个籼稻光温敏不育系，定名为“安农 S-1”。这样，在水稻的两个亚种（籼稻和粳稻）中都发现了光温敏不育现象。这种不育系在长日照、较高温度条件下表现为不育，此时可用作母本同恢复系杂交制种生产杂交水稻种子；在短日照、较低温度条件下表现为可育，可用其自交繁殖不育系种子，从而实现一系两用，不需要保持系，又称两用不育系。1987 年，袁隆平院士提出了杂交水稻育种由三系—二系—一系的战略设想。1987 年，两系法杂交水稻研究项目列入国家高技术研究发展计划（“863”计划）以后，全国主要水稻科研育种单位都开展了水稻光温敏核不育系的选育，除了以农垦 58S 作为不育基因供体开展广泛的转育以外，还从不同的途径发掘新的不育系资源，先后发现了安农 S-1、5460S、衡农 S-1 等。1995 年，两系法杂交水稻在我国培育成功，育成的光温敏不育系培矮 64S、广占 64S 等，在生产上表现出配组自由度大、产量高、米质好、抗性有所提高等优势，由此育成的两系法杂交稻组合比三系法对照杂交稻增产，同时抗性和米质均有改进。例如，我国第一个通过审定命名的两系杂交稻新组合培两优特青（培矮 64S/特青），是湖南杂交水稻研究中心选配的两系中籼杂交新组合，该组合于 1994 年 1 月通过湖南省农作物品种审定委员会审定。1991 年参加南方中稻区试，糙米产量居第一位；1992 年与 1993 年先后两次参加湖南省中稻区试，平均产量分别为 9 477 kg/hm^2 与 7 737 kg/hm^2，比对照籼优 63 分别增产 4.7%与 5.7%。

至今用于两系杂交稻组合选育应用面积较大的两用不育系有培矮 64S、广占 63S、广占 63-4S、新安 S、Y58S、株 1S 等。2001—2018 年，我国有 405 个两系法杂交水稻品种通过国家审定，占全国国审杂交水稻品种的 40.1%，其中 2018 年通过国审的两系杂交稻品种 127 个，超过三系杂交稻品种 21 个，占国审杂交稻品种的

54.5%。目前,两系法杂交稻繁殖、制种和栽培技术也已成熟配套,两系法杂交水稻已经成为水稻杂种优势利用的主要途径,两系法杂交水稻的发展为我国的粮食安全起到了关键性的作用。

2. 两用核雄性不育系的特点

两用核雄性不育系的特点是雄性的育性表达受控于雄性器官发育过程中的温度高低和光照长度的控制。因而,在一定的光温条件下(如长光、高温),表现雄性不育,可以用于杂交制种,生产杂交稻种子;当光温发生变化(如短光、低温),表现雄性可育、可以自身繁殖种子,因此两用核雄性不育系又叫光温敏核不育系。育性敏感期就光温条件对光温敏核不育系起作用的时期。通常为幼穗分化3~6期,是两系杂交制种成败的关键时期,通常在抽穗前25~10天,历时15~20天。育性转换期就是指光温因子诱导植物育性发生转换,即从不育转为可育,或从可育转为不育的时期。不育临界日长是指光温敏核不育系育性表现为不育的最短日照长度。如农垦58S(13 h 34 min)、培矮64S(13 h 45 min)。不育临界温度/不育起点温度是指光温敏核不育系育性表现为不育的最低温度。如培矮64S(23.3 ℃)、安湘S(23.5 ℃)。

根据核不育系育性对光温条件的不同反应,两用系可分为光敏型、温敏型和光温互作型。

(1)光敏型。育性变化主要受光照长度影响,在长日照(13 h 45 min 以上)条件下,表现完全雄性不育,在短日照条件下,表现雄性可育。其反应敏感时期为二次枝梗分化到花粉母细胞形成期。温度高低(水稻正常生长发育范围内)对育性变化基本上不起作用或作用很小。如农垦58S等中晚粳属此类。

(2)温敏型。对育性变化主要受温度影响,在较高温度下表现完全雄性不育,在较低温度下表现可育,光照长度对育性变化基本不起作用或作用很小。诱导可育的临界高温为25 ℃或27 ℃(因材料不同而异,下同),诱导可育的临界低温为23 ℃左右。其反应敏感期为花粉母细胞形成期或花粉母细胞减数分裂期。如安农810S、培矮64S、K1405S等早、中籼属此类。

(3)光温互作型。从目前生产应用来说,还应该再分一个光温互作型。其育性变化是光温互作效应的结果,这样更有助于解释某些疑惑现象和问题,其中可分两个亚类:①以光为主,温度起协调作用的光温型。当光长在临界值左右时,高温可诱导不育,低温导致可育。②以温为主,光长起协调作用的温光型。当温度在不育临界值和可育临界值之间时,长光照可导致不育,短光照导致可育。

两用核雄性不育系最佳抽穗扬花期：①光敏型不育系，在秋季短日条件下繁殖，可育期的温度范围 21～28 ℃，自交结实率 70%左右，幼穗分化时的最佳温度 22～26 ℃。若在幼穗分化的Ⅲ～Ⅵ期遇到日平均温度 28 ℃的天气，就会严重影响育性转换。②低温敏感型核不育系，不育起点温度低(23.5 ℃)，可育的上限温度也低(23 ℃)，可育的温度范围很窄，繁殖时对温度要求非常严格。如培矮 64S，其雄不育的起点温度为 23.3 ℃，雌雄蕊分化期至花粉母细胞减数分裂期的日平均温度应稳定在 21～22 ℃，才能由不育转换为可育而自交结实。

优良两用核雄性不育系的五个标准：①群体 1 000 株以上，性状整齐一致；②不育期内不育株率 100%，不育花粉率 99.5%以上；③不育期延续 30 天以上，可育期的结实率达 30%以上；④具有明显的育性转换特性；⑤异交结实率不低于Ⅴ20A 或珍汕 97A。

3. 两系法杂交水稻

(1)两系法就是利用水稻光温敏核不育系与恢复系杂交配制杂交组合，以获得杂交种优势的方法。配制所得杂交种优势的杂交组合称为两系法杂交水稻。

(2)两系法杂交水稻的特点(与三系法杂交水稻的区别)。

①一系两用，不需要保持系。简化了繁殖方法，可节省 1/3 左右的不育繁殖面积，从而达到省工、省田、省投资。

②不受恢保关系的制约，恢复谱极广，易于获得恢复系。几乎所有同亚种的正常品种都能使其育性恢复正常。如培矮 64S 有 97.6%的籼稻品种是恢复系；安农 810S 则有 99.3%。由于配组自由，可充分利用常规育种的新成果，提高选配强优势组合的概率，也有利于挖掘亚种优势的高产潜力，因而组配筛选米质较好的杂交组合概率也比三系法大为提高，较易配制出优质、高产、多抗的组合。

③遗传行为简单，不育性由 1～2 对隐性基因控制，因而容易转育和稳定，有利于培育多种类型不育系。

④雄性不育性只受细胞核的控制不受细胞质的控制。

⑤可免除不育系和保持系的机械混杂，避免保持系对制种过程干扰，从而便于保证杂种种子的纯度。三系法的育种程序和生产环节比较复杂，以致选育新组合的周期长。

⑥两系杂交水稻制种存在着“育性转换”和“抽穗扬花”两个安全期。

两系法杂交水稻的缺点：不育性受光、温影响不稳定，制种纯度难以保障；繁殖阶段自交结实率不高，繁殖产量低，影响推广应用。

实施方案

学生模拟种子公司的形式组建成工作小组，在种子生产实训基地，进行两用核不育系及两系法杂交水稻的观察和识别，具体内容包括：

(1)鉴别三系雄性不育系和光温敏核不育系异同点；

(2)在制种田鉴别光温敏核不育系植株形态和花粉；

(3)在繁殖田鉴别光温敏核不育系的植株和花粉。

检查评价

现场操作检查：学生自检、教师检查任务完成情况(表 3-7)。检查结果可分为 4 个等级：优(≥90 分)、良(80—90 分)、中(70—80 分)、差(0—60 分)。

表 3-7　认识两系法杂交水稻任务完成情况检查表

<table>
<tr><td rowspan="6">考核标准</td><td colspan="2">考核要点</td><td>技术操作要点</td><td>分值安排</td><td>评定得分</td></tr>
<tr><td colspan="2">态度与表现</td><td>学习(实训)态度与课堂表现</td><td>20</td><td></td></tr>
<tr><td rowspan="4">技能操作部分</td><td rowspan="4">认识两系法杂交水稻</td><td>掌握两系法杂交水稻亲本特点</td><td>20</td><td></td></tr>
<tr><td>掌握三系雄性不育系和光温敏核不育系异同点</td><td>20</td><td></td></tr>
<tr><td>掌握光温敏核不育系不育阶段的植株和花粉</td><td>20</td><td></td></tr>
<tr><td>掌握光温敏核不育系可育阶段的植株和花粉</td><td>20</td><td></td></tr>
<tr><td colspan="4">总　　分</td><td>100</td><td></td></tr>
</table>

问题与思考

1. 简述两用核不育系的特点和类型。
2. 简述两系法杂交水稻的优点。

子项目二　水稻常规品种种子生产

知识目标

1. 具备三圃制原种生产知识；
2. 具备常规水稻良种生产知识。

技能目标

1. 能按照三圃制进行常规种原种生产;
2. 能完成常规水稻良种生产。

任务1　三圃制原种生产

任务目标

1. 具备三圃制原种生产知识;
2. 能正确进行典型优良单株选择;
3. 能正确种植和管理株行圃、株系圃、原种圃。

布置任务

学生模拟种子公司的形式组建成工作小组,在种子生产实训基地,按照常规水稻原种生产技术方案进行常规稻原种的生产,完成原种生产各项任务。

学习条件

场地要求:水稻种子生产实训基地

工具与生产资料准备:常规稻繁殖材料、种子袋、簸箕、肥料、农药等

知识准备

根据国家标准,水稻原种生产采用三年三圃制进行,包括单株选择、株行鉴定(株行圃)、株系比较(株系圃)和混系繁殖(原种圃)四个基本步骤(图3-3)。

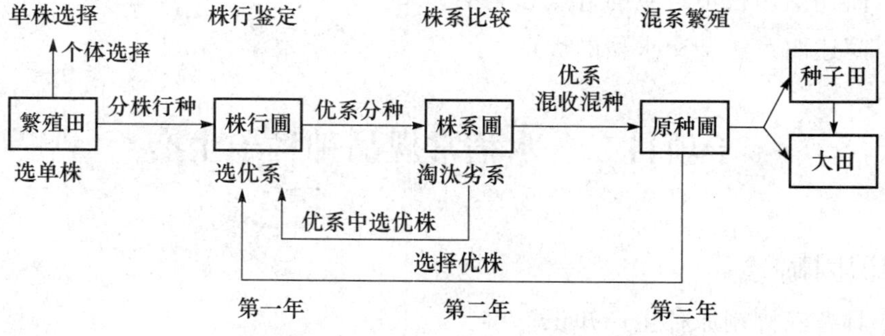

图3-3　三年三圃制的种子生产流程简图

一、单株选择

(1)选择来源。在原种田、种子田或大田设置的选择圃中进行，一般应以原种为主。

(2)选择时期与标准。在抽穗期进行初选，做好标记。成熟期逐株复选，当选单株的“三性”“四型”“五色”“一期”必须符合原品种的特征特性。所谓“三性”即典型性、一致性、丰产性；“四型”即株型、叶型、穗型、粒型；“五色”即叶色、叶鞘色、颖色、稃尖色、芒色；“一期”即生育期。根据品种的特征特性，在典型性状表现最明显的时期进行单株选择。

(3)选择数量。选株的数量依株行面积而定，田间初选数应比决选数增加 1 倍，以便室内进一步选择。一般每公顷株行圃需 4 500 个株行或 12 000 个穗行。

(4)入选单株的收获。将入选单株连根拔起，每 10 株扎成捆；如果穗选，将中选的单穗摘下，每 50 穗扎成捆。每捆系上 2 个标签，注明品种名称。

(5)室内决选。田间当选的单株收获后，及时干燥挂藏，严防鼠、雀危害。根据原品种的穗部主要特征特性，在室内结合目测剔除不合格单株，再逐株考种，考种项目有株高、穗粒数、结实率、千粒重、单株粒重，并计算株高和穗粒数的平均数，当选单株的株高应在平均数 1 cm 范围内，穗粒数不低于平均数，然后按单株粒重择优选留。当选单株分别编号、脱粒、装袋、复晒、收藏。

二、建立株行圃

将上年当选的各单株种子，按编号分区种植，建立株行圃。

(1)育秧。秧田采用当地育秧方式，一个单株播一个小区(对照种子用上年原种分区播种)，各小区面积和播种量要求一致。所有单株种子(包括对照种子)的浸种、催芽、播种均须分别在同一天完成。播种时严防混杂。秧田的各项田间管理措施要一致，并在同一天完成。

(2)本田。移栽前先绘制本田田间种植图。拔秧移栽时，一个单株的秧苗扎一个标牌，随秧运到本田，按田间种植图栽插。每个单株栽个小区，单本栽插，按编号顺序排列，插牌标记，各小区须在同天栽插。小区长宽比以 3∶1 为好，各小区面积、栽插密度要一致，小区间应留走道，每隔 9 个株行设一个对照区。株行圃四周要设不少于 3 行的保护行，并采取隔离措施。空间隔离距离不少于 20 m，时间隔离扬花期要错开 15 天以上。生长期间本田的各项田间管理措施要一致，并在同一天完成。

(3)田间鉴定与选择。在整个生育期间要固定专人,按规定的标准统做好田间鉴定和选择工作。田间观察记载应固定专人负责,并定点、定株,做到及时准确。发现有变异单株和长势低劣的株行、单株,应随时做好淘汰标记。根据各项的观察记载资料,在收获前进行综合评定。当选株行必须具备原品种的典型性、株行间的一致性,综合丰产性较好,穗型整齐度高,穗粒数不低于对照。齐穗期、成熟期与对照相比在±1 天范围内,株高与对照平均数相比在±1 cm 范围内。

(4)收获。当选株行确定后,将保护行、对照小区及淘汰株行区先行收割,然后,逐一对当选株行区复核。脱粒前,须将脱粒场地、机械、用具等清理干净,严防混杂。各行区种子要单脱、单晒、单藏挂上标签,严防鼠、虫等危害及霉变。

三、建立株系圃

将上年当选的各株行的种子分区种植,建立株系圃。各株系区的面积、栽插密度均须一致,并采取单本栽插,每隔 9 个株系区设一个对照区,其他要求、田间观察记载项目和田间鉴定与选择同株行圃。当选株系须具备本品种的典型性、株系间的一致性,整齐度高、丰产性好。各当选株系混合收割、脱粒、收贮。

四、建立原种圃

上年入选株系的混合种子扩大繁殖,建立原种圃。原种圃要集中连片,隔离安全,土壤肥沃,采用先进的栽培管理措施,单粒稀植,充分发挥单林生产力,以提高繁殖系数。同时在各生育阶段进行观察,在苗期、花期、成熟期根据品种的典型性严格拔除杂、病、劣株,并要带出田外。成熟后及时收获,要单独收获、运输、晾晒、脱粒,严防机械混杂。原种圃收获的种子即为原种。

实施方案

学生模拟种子公司的形式组建成工作小组,在种子生产实训基地,按照常规水稻原种生产技术方案进行常规稻原种的生产,完成原种生产各项任务。具体内容包括:

(1)典型单株选择和考种;

(2)株行圃种植观察和选种;

(3)株系圃种植观察和选种;

(4)原种圃种植观察和选种。

检查评价

现场操作检查：学生自检、教师检查任务完成情况（表 3-8）。检查结果可分为 4 个等级：优（≥90 分）、良（80—90 分）、中（70—80 分）、差（0—60 分）。

表 3-8 常规稻原种的生产任务完成情况检查表

<table>
<tr><td rowspan="6">考核标准</td><td colspan="2">考核要点</td><td>技术操作要点</td><td>分值安排</td><td>评定得分</td></tr>
<tr><td colspan="2">态度与表现</td><td>学习(实训)态度与课堂表现</td><td>20</td><td></td></tr>
<tr><td rowspan="4">技能操作部分</td><td rowspan="4">三圃制原种生产</td><td>典型单株选择和考种</td><td>20</td><td></td></tr>
<tr><td>株行圃种植观察和选种</td><td>20</td><td></td></tr>
<tr><td>株系圃种植观察和选种</td><td>20</td><td></td></tr>
<tr><td>原种圃种植观察和选种</td><td>20</td><td></td></tr>
<tr><td colspan="4">总 分</td><td>100</td><td></td></tr>
</table>

问题与思考

1. 简述单株选择的技术要点。
2. 简述株行圃、株系圃、原种圃特点。

任务 2 常规稻良种生产

任务目标

1. 具备常规稻良好种生产知识；
2. 能正确选择种子田；
3. 能科学地进行种子田水肥管理；
4. 能及时进行种子田除杂去劣。

布置任务

学生模拟种子公司的形式组建成工作小组，在种子生产实训基地，按照常规水稻良种生产技术方案进行常规稻良种的生产，完成良种生产各项任务。

学习条件

场地要求：水稻种子生产实训基地

工具与生产资料准备：常规稻良种繁殖材料、种子袋、肥料、农药等

知识准备

1. 种子田的选择

用作水稻良种生产田的地块应考虑其具有良好的稻作自然条件和保证种子纯度的隔离条件。即种子田首先应具备土壤肥沃、耕作性能好、排灌方便、旱涝保收、光照充足，无检疫性水稻病虫害及不受有禽为害。其次制种基地还需交通便利，群众文化素质高等条件。

2. 种子田面积确定

种子田面积是由大田播种面积、每公顷播种量和种子田每公顷产种量 3 个因素决定的。一般情况下，水稻种子田面积占大田播种种面积的 3%～5%，为保证供种数量，种子田应按估计数字再留有余地。

3. 种子田除杂去劣

严格进行除杂去劣，确保种子纯度是常规水稻种子生产的技术关键。收割前（蜡熟期）由专职检验员对种子繁殖田块逐田进行品种纯度、病虫害、混杂度及生长势检验，病、劣、杂株坚决割除。

4. 种子田田间管理

大多数常规稻均存在分蘖少、长势不旺盛等特点，因此培育多蘖壮秧和合理密植是提高产量的关键环节。移栽后科学水肥管理也是提高产量的重要途径，繁殖田施肥应以农家肥为主，早施追肥，氮、磷、钾合理搭配，严防因施肥不当而引起倒伏和水稻病虫的大量发生。及时中耕除草，防治病虫害，水稻灌溉要掌握勤灌浅灌，后期保持土壤湿润为度。

5. 适时收种

在种子黄熟期及时收获，防止落粒或种子在植株上发芽。做到单脱粒、单晒、单藏，严防混杂。

实施方案

学生模拟种子公司的形式组建成工作小组，在种子生产实训基地，按照常规水稻良种生产技术方案进行常规稻良种的生产，完成良种生产各项任务。具体内容包括：

(1)科学合理地选择良种生产基地；

(2)及时做好大田水肥管理；

(3)及时进行田间除杂去劣；

(4)及时做好病虫草害防治；

(5)及时收获、干燥和贮藏。

检查评价

现场操作检查：学生自检、教师检查任务完成情况(表 3-9)。检查结果可分为 4 个等级：优(≥90 分)、良(80—90 分)、中(70—80 分)、差(0—60 分)。

表 3-9　常规稻良种生产任务完成情况检查表

<table>
<tr><td rowspan="8">考核标准</td><td colspan="2">考核要点</td><td>技术操作要点</td><td>分值安排</td><td>评定得分</td></tr>
<tr><td colspan="2">态度与表现</td><td>学习(实训)态度与课堂表现</td><td>20</td><td></td></tr>
<tr><td rowspan="5">技能操作部分</td><td rowspan="5">常规稻良种生产</td><td>选择良种生产基地</td><td>20</td><td></td></tr>
<tr><td>做好大田水肥管理</td><td>15</td><td></td></tr>
<tr><td>田间除杂去劣</td><td>15</td><td></td></tr>
<tr><td>病虫草害防治</td><td>15</td><td></td></tr>
<tr><td>收获、干燥和贮藏</td><td>15</td><td></td></tr>
</table>

总　　分	100	

问题与思考

1. 简述常规水稻种子田杂株类型和辨别方法。
2. 简述常规稻良种生产田间管理的关键措施。

子项目三　三系杂交水稻种子生产

项目目标

1. 具备水稻三系开花习性知识；
2. 具备父母本错期播种知识；
3. 具备亲本播种、移栽知识；
4. 具备田间水肥管理知识；
5. 具备父母本花期预测与调节知识；
6. 具备三系杂交稻种子田间质量检验知识；
7. 具备病虫识别与防治知识；
8. 具备种子收获、干燥及贮藏知识。

技能目标

1. 能制订水稻制种生产技术规程；
2. 能根据亲本特性进行错期播种和规格播种；
3. 能根据父母本发育特性进行秧田管理和移栽；
4. 能科学进行制种田间水肥管理；
5. 能及时去杂去劣，并做好质量检查记录；
6. 能正确地开展父母本花期预测与调节；
7. 能科学使用 920；
8. 能及时收获杂交种种子；
9. 能采用科学的方法进行杂交种种子的干燥及贮藏。

任务 1　播种前准备

任务目标

1. 了解亲本的特征特性；
2. 选择好制种基地并严格隔离。

布置任务

学生模拟种子公司的形式组建成工作小组，在种子生产实训基地，按照三系杂交水稻种子生产技术方案进行播种前的工作准备，具体任务：

1. 能规范亲本的种源，并了解亲本的特征特性；
2. 能根据生产需要正确选择制种基地；
3. 能按照制种田实际采用合理的隔离方法；
4. 能准确计算出制种田面积。

学习条件

场地要求：水稻种子生产实训基地

工具与生产资料准备：杂交父母本、种子袋、肥料、农药等

知识准备

所谓"三系"就是指雄性不育系、雄性不育保持系和雄性不育恢复系。雄性不育系就是雄性器官(花粉)发育不全，无授精能力，自交不结实，但其雌性器官发育

正常,授予外来花粉,能结实的水稻品系;雄性不育保持系就是能够保持不育系不育性的水稻品系;雄性不育恢复系就是能使不育系恢复正常结实的水稻品系。

三系杂交水稻的制种就是以雄性不育系作母本,雄性不育恢复系作父本,按照一定的行比相间种植,使双亲花期相遇,不育系接受恢复系的花粉而受精结实,生产杂交种子的过程。所以,杂交水稻的制种又称为水稻的异交栽培。杂交水稻制种依据花期倒推父母本播种期的季别不同,可分为春制、早夏制、夏制、秋制和冬制。在整个生产过程中,技术性强,操作严格,一切技术措施都主要是为提高母本的异交结实率。

1. 规范亲本种源,并了解亲本的特征特性

杂交水稻制种技术成功的前提是选择正规渠道繁殖生产的原原种或原种作亲本。亲本种子的纯度高可以培育出品质优良的水稻种子,并且高纯度亲本种子的使用,还可以减少不必要的田间管理,比如去杂的过程可以相应的缩短。并且还有助于防止杂株之间相互授粉情况的发生。这样的种植方式可以使杂交水稻制种的工作效率提高,并且可以培育出高品质的水稻种子。需要注意的是母本种子的纯度要达到99.5%,父本种子纯度要达到99.9%。此外还要注意的是亲本种子还要经过提纯复壮的处理,这样做的目的就是避免因为同一种源的使用,而造成杂而不优的现象。

在制种前要充分了解该组合亲本生育期长短、总叶片数、株高、抽穗开花时间、开花结实习性以及受外界气候、土壤、水分、光照等影响的大小。

2. 根据生产需要正确选择制种基地

三系杂交水稻制种的任务是迅速繁殖杂交稻品种种子、保持杂交稻优良品种种性和纯度、降低杂交稻种子生产成本。特点是技术性强、投入高、风险性较大,因此,在基地选择上应考虑其具有良好的稻作自然条件和保证种子纯度的隔离条件。

在自然条件方面应具备:基地隔离条件好;气候条件适宜、温湿度适宜、阳光充足、降雨量少、无霜期等;地势条件好,要求有利的地形地势,如丘陵、村庄、树林等,可以达到安全隔离的效果,水源方便,土壤肥沃,不能用冷浸田、山荫田、改土田等,同时前造不能种植水稻作物;交通便利,便于开展种子生产工作和种子运输各种病虫害轻,无检疫性病虫害。

在社会经济条件方面应具备劳动力充足、农户经济条件好、种子生产技术强、政策好、领导重视等。

3. 确定制种田隔离方法和面积

杂交水稻制种是靠异花授粉获得种子，因此为获得高纯度的杂交种子，除了采用高纯度的亲本外，还要做到安全隔离，防止其他品种串粉。具体隔离方法有以下四方面：

①空间隔离：一般丘陵地区在距离制种田四周 100 m，平坝地区距离制种田四周 200 m 以内不能种植与制种同期抽穗的非父本水稻品种。

②时间隔离：利用时间隔离与制种田四周其他水稻品种的抽穗扬花期错开时间应在 25 天以上。

③父本隔离：父本隔离即将制种田四周隔离区范围内的田块都种植与制种田父本相同的品种。这样既能起到隔离作用，又增加了父本花粉的来源。但用此法隔离，父本种子必须纯度高，以防父本田中的杂株（异品种）串粉。

④屏障隔离：即利用地形、地物如山坡、树林、房屋和高秆作物等障碍物进行隔离，障碍隔离的高度要在 2 m 以上，距离一般不少于 30 m。

为了隔离的安全保险，生产上往往因地因时将几种方法综合运用，用得最多、效果最好的是空间、时间双隔离，即制种田四周 100 m 范围内不能种有与父母本同期抽穗扬花的其他水稻品种，两者头花、末花时间至少要错开 20 天以上，方能避免串粉、保证安全。

繁殖田面积计算公式：

$$\text{制种田面积}(\text{hm}^2)=\frac{\text{计划播种量}(\text{kg/hm}^2)\times\text{下年大田播种面积}(\text{hm}^2)}{\text{母本的产量水平}(\text{kg/hm}^2)\times\text{母本行比例}\times\text{种子合格率}(\%)}$$

$$\text{母本繁殖田面积}(\text{hm}^2)=\frac{\text{计划播种量}(\text{kg/hm}^2)\times\text{下年制种面积}(\text{hm}^2)}{\text{母本的产量水平}(\text{kg/hm}^2)\times\text{母本行比例}\times\text{种子合格率}(\%)}$$

$$\text{父本繁殖田面积}(\text{hm}^2)=\frac{\text{计划播种量}(\text{kg/hm}^2)\times\text{下年制种面积}(\text{hm}^2)}{\text{父本的产量水平}(\text{kg/hm}^2)\times\text{种子合格率}(\%)}$$

实施方案

任课教师布置一个三系杂交稻品种种子生产任务让学生模拟种子公司的形式组建成工作小组，查阅文献资料（主要在课外完成），并按照三系杂交水稻种子生产技术方案进行播种前工作准备，完成水稻杂交制种的播种前工作任务。具体内容：

（1）了解亲本的特征特性；

（2）根据生产需要正确选择制种基地；

(3)确定制种田隔离方法和面积。

检查评价

现场操作检查：学生自检、教师检查任务完成情况（表 3-10）。检查结果可分为 4 个等级：优（≥90 分）、良（80—90 分）、中（70—80 分）、差（0—60 分）。

表 3-10　播种前准备任务完成情况检查表

考核标准	考核要点		技术操作要点	分值安排	评定得分
	态度与表现		学习（实训）态度与课堂表现	20	
	技能操作部分	播种前准备	了解亲本的特征特性	20	
			选择制种基地	20	
			制种田隔离方法	20	
			计算制种田面积	20	
总分				100	

问题与思考

1. 不育系的异交性影响因素有哪些？
2. 怎样选择制种基地？
3. 怎样计算制种田面积？

任务 2　确定播种期

任务目标

1. 能掌握父母本花期理想相遇的标准；
2. 能正确推算父母本播差期；
3. 能根据最佳抽穗扬花条件确定播种期。

布置任务

学生模拟种子公司的形式组建成工作小组，在种子生产实训基地按照三系杂交水稻种子生产技术方案进行播种期的推算。具体要求：

1. 能算准父母本播种差期；
2. 能根据最佳抽穗扬花期确定播种期。

学习条件

场地要求:水稻种子生产实训基地

生产资料准备:亲本不育系和恢复系生育期开花习性资料文献;某地区2～3年气象资料

知识准备

一、确保父母本花期相遇

水稻是开花期较短的作物,开花期一般为10～15天。杂交水长稻制种要在如此短的花期内完成异交结实,就必使父母花期相遇。花期相遇是指母本不育系与父本恢复系能同时抽穗开花,保证母本颖花在开花期有充足的父本花粉授粉。父母本花期相遇程度决定制种产量,确保父母本花期相遇是杂交水稻制种的核心技术。主要包括三个方面:第一是父母本播种期安排与播差期的确定,这是保证花期相遇的基础;第二是栽培管理技术,这是花期相遇的保障;第三是花期的预测与调节,这是辅助措施。

在制种的实际操作过程中,常常以父母本始穗期的早迟来确定花期相遇的程度。花期相遇的程度分为三种基本类型:一是理想花期相遇;二是花期基本相遇;三是花期不遇。

所谓理想花期相遇,是指双亲“头花不空,盛花相逢,尾花不丢”,其关键是盛花期完全相遇。但是不同类型组合理想花期相遇的父母本始穗期相对早迟的标准不同,应根据具体组合双亲的抽穗开花特性决定。据观察,在喷施赤霉素后V20A、珍汕97A、协青早A、优ⅠA、金23A等早籼不育系抽穗开花历期较短,开花历期8～10天,见穗后3～4天进入盛花期,盛花期3～5天。恢复系测48-1、R402、辐26、R974等生育期短的恢复系开花历期和盛花期与不育系相近。明恢63、IR26、桂99等生育期长的恢复系开花历期10～14天,见穗后3～5天进入盛花期,盛花期5～7天,测64、明恢77、R80等生育期中等的恢复系的抽穗开花历期与盛花期则介于以上两种恢复系之间。因此,理想花期相遇的标准在这3种类型恢复系与早籼型不育系制种时有差异。与测48-2、R402、辐26、R974等恢复系配制的早熟杂交组织制种的理想花期相遇为父本始穗期应比母本迟2～3天,父本始穗宁迟勿早。与明恢63、IR26、桂99等长生育期恢复系配制的迟熟杂交组合制种的理想花期相遇父本应比母本早2～3天始穗。测64、明恢77、R80等恢复系配制的中熟杂交组织制种的理想花期是双亲同期始穗。

花期基本相遇则是父本或母本的始穗期比理想花期早或迟 3～5 天，父母本的盛花期只有部分相遇，制种产量受到影响。花期不遇是父本或母本的始穗期比理想花期早或迟 5 天以上，父母本的盛花期完全不能相遇，花期不遇的制种产量极低甚至失败。因此，理想花期相遇是制种高产的保障。

二、确定父母本播差期

由于父母本生育期的差异，制种时父、母本不能同时播种。父母本播种期相差的天数。一般把父本先播种，母本后播种，称为顺播差。反之，称倒播差。播差期根据两个亲本的生育期特性和理想花期相遇的标准确定，不同的组合由于亲本的差异，播差期不同。即使是同一组合在不同的季节，不同地域制种，播差期也有差异。要确定一个组合适宜的播差期，首先必须对该组合的亲本进行分期播种试验，了解亲本的生育期和生育特性的变化规律。在此基础上，可采用时差法（生育期法）、叶（龄）差法、温差法（积温差法）确定播差期。

1. 时差法（生育期法）

时差法亦称播始历期差法，根据亲本历年分期播种或制种的生育期资料，推算出能达到理想花期相遇父母本播始历期相差的天数，即为父母本播种安排的时差法。其计算公式：

播种差期＝父本始穗天数－母本始穗天数

例如，配制汕优 63（珍汕 97A×明恢 63），父本明恢 63 始穗天数为 106 天，母本珍汕 97A 始穗天数为 65 天，则播种差期为 41 天，也就是说当明恢 63 播种后 41 天左右再播珍汕 97A，父母本花期可能相遇。

生育期法比较简单、容易掌握，较适宜于气温变化小的地区和季节（如夏、秋制种）应用，不适宜于气温变化大的季节和地域制种，如在春季制种，年际气温变化大，早播的父本常受气温的影响，播种至始穗期稳定性较差，而母本播种较迟，正值气温变化较小，播种至始穗期较稳定，应用此方法常常出现花期不遇。

2. 叶（龄）差法

叶差法亦称叶龄差法，以双亲主茎总叶片数及其不同生育时期的出叶速度为依据推算播差期的方法，称为叶龄差法。值得指出的是，父母本主茎叶片数差值并非制种的叶差。叶差包含两个方面的叶龄差值，一是父母本的主茎叶片数差值，二是父母本共生阶段，两个亲本因出叶速度不同而引起各生育时期长出的叶片数差值的累加值。两者之和为父母本能同时达到剑叶全展时的叶龄差值。例如，新香优 80 春制，母本主茎总叶片数 12 叶，父本 16 叶，播种叶龄差不是 4 叶，而是 6 叶，在父母本共生阶段，母本生长 12 叶，父本生长 10 叶。达到花期理想相遇的叶差值，还在根据父母本剑叶叶枕平至破口见穗经历时期的长短及始穗期标准进行调整。新香优 80 制种，母本较父本早始穗 2 天为理想花期相遇，因而父母本播种叶差为 5.7 叶。

不育系与恢复系在较正常的气候条件与栽培管理下，其主茎叶片数比较稳定（表 3-11）。主茎叶片数的多少依生育期的长短而异。籼型三系法杂交水稻的不育系多为早籼类型，生育期短，如Ⅴ20A、珍汕 97A、金 23A、协青早ⅠA、新香 A 等，主茎片数11～13 叶。测 48-2、R402、辐 26、R974 等早熟恢复系的主茎叶片数为 12～14 叶；测 64、明恢 77、晚 3、R80 等中熟恢复系的主茎叶片数为 15～16 叶；明恢 63、密阳 46、多系 1 号、桂 99、主茎叶片数大致相同，但在温度变化异常的年份可相差 1～2 叶。

表 3-11　部分不育系和恢复系的主茎叶片数(南宁)

不育系	主茎叶片数	恢复系	主茎叶片数
Ⅱ-32A	16(16～17)	IR26	18(17～19)
珍汕 97A	13(13～14)	测 64-7	16(15～17)
Ⅴ20A	12.5(12～13)	26 窄早	15(14～16)
优ⅠA	12.5(12～13)	R402	15(14～16)
金 23A	12(11～13)	明恢 63	17(16～18)
协青早 A	13(12～14)	密阳 46	16(15～17)
D汕 A	12(13～14)	浙大 8220	17(16～18)

水稻的出叶速度在品种间有差异，同一品种在各个生育期阶段出叶速度差异更大。一般在秧田期出叶速度快，3～4 天长出 1 片叶(0.25～0.3 叶/天)，移栽后至幼穗分化期前的大田营养生长阶段出叶速度减慢，4～6 天长出 1 片叶(0.15～0.25 叶/天)，幼穗分化后进入生殖生长阶段出叶速度减慢，最后 3 片叶需 5～9 天才能长出 1 叶(0.10～0.20 叶/天)。出叶速度还受到温度、肥水等外界因素的影响，其中以温度的影响最为显著。据研究，在日平均气温 14.2 ℃时，出 1 片叶需 6.5 天，在 22.1 ℃需 4.7 天，在 28.1 ℃时只需 3.1 天，随着温度的

升高出叶速度加快。因此，叶差法考虑了不同环境条件下的出叶速度，比时差法准确可靠。

叶差法对同一组合在同一地域、同一季节基本相同的栽培条件下，不同年份制种较为准确。同一组合在不同地域、不同季节制种叶差值有差异，特别是感温性、感光性强的亲本更是如此。威优46制种，在湘中的隆回春制，叶差为8.4叶，但夏制为6.6叶，秋制为6.2叶；在湘北的临澧作秋制时叶差为6.0叶。因此，叶差法的应用要因时因地而异。

3. 温差法（积温差法）

将双亲从播种到始穗的有效积温的差值作为父母本播差期安排的方法叫温差法。生育期主要受温度影响，亲本在不同年份、不同季节种植，尽管生育期有差异，但其播始历期的有效积温值相对稳定。

应用积温差法，首先必须计算出双亲的有效积温值。日平均温度减去生物学下限温度和生物学上限温度后为有效积温。籼稻生物学下限温度为12 ℃，粳稻为10 ℃，生物学上限温度为27 ℃。从播种次日至始穗日的逐日有效温度的累加值为播始历期的有效积温。计算公式是：

$$A=\sum[T-L-(T-H)]$$

式中，A为有效积温，T为日平均气温，L为生物学下限温度，H为上限温度。

如某日日平均气温在生物学下限温度以下，则此日的某日日平均气温为32 ℃，则此日籼型亲本的有效温度为$32-12-(32-27)=15$ ℃，依此类推，把某个亲本从播种次日至始穗日逐日的有效温度累加，即该亲本播始历期的有效积温。

如某亲本3月28日播种，3月29日的日平均气温为12 ℃，4月20日的日平均气温为23 ℃，5月18日的日平均气温为27 ℃，6月26日的日平均气温为31 ℃，则这4天的有效积温$A=(12-0-12)+(23-0-12)+(27-0-12)+(31-4-12)=0+11+15+15=41$ ℃，在计算父母本播始历期有效积温时，一般播种当天不计算进去，从播种第二天开始计算，并把始穗当天的计算进去。

积温差法只是单一反映日平均温度对生育期的影响，难以反映出营养水平、秧苗素质、栽插培管量、昼夜温差等因不对生育期的影响，与实际的生育期变化有一定的差距，加上查找或记载气象资料上的麻烦。因此，此法不常使用。但在保持稳定一致的栽培技术或最适的营养状态及基本相似的气候条件下，积温差法较可靠，尤其对新组合、新基地,更换季节制种更合适。

以上三种确定制种父母本播差期的方法,在实际生产中常常在时间表现上具有不一致性。有时叶差已到,而时差不足;有时时差到,而叶差又未到;温差够了,但时差、叶差未到等。因此,在实际应用上,应综合考虑,以一个方法为主,相互参考,相互校正。在不同季别、地域制种,由于温度条件变化的不同,对三种方法的侧重也不同。在长江流域双季稻区的春制,播种期早,前期与中期气温变化大,确定播差期时应以叶差与温差为主,时差作参考,原则是叶到不等时,时到稍等叶。在夏、秋季制种,处在较稳定的高温季节,生育期间气温变化小,在保证与往年同期播种的前提下,则可以时差为主,叶差作参考。

三、根据安全抽穗扬花期确定播种期

安全抽穗扬花期是指制种田抽穗开花期的气候条件有利于异交结实,同时也考虑隔离是否方便。抽穗扬花期的确定应该选择有利于异交结实的天气条件,使父本有更多的颖外散粉,花粉能顺利传播到母本柱头上,保证花粉与柱头具有较长时间的生活力,以及母本较高的午前花率等。

1. 杂交水稻制种亲本安全抽穗扬花期的天气条件

水稻抽穗扬花的主要影响因素包括温度、湿度、光照、雨量以及风力等。低温影响花药开裂、散粉及花粉的萌发,温度越低,影响越大,甚至不能开花授粉;高温主要影响花粉的生活力,柱头和子房的受精能力,使空壳率显著增加;昼夜温差影响种子营养物质(淀粉)的积累;湿度过高或过低都会影响花粉、柱头的生活力和开花授粉过程;光照不足(连续 3 天每天日照小于 3 h)影响花粉发育不良,空秕粒增多;雨水过多,父母本开花困难,甚至不能开花授粉,即使有粉也被雨水冲刷掉了,如果雨日在 3 天以上或盛花期遇雨 3 天以上,制种产量将降低 50%以上;大风则影响稻穗开颖、散粉,无风不利于授粉。

不育系和恢复系最佳抽穗扬花条件:①花期内无连续 3 天以上的阴雨;②最高气温不超过 35 ℃,最低气温不低于 21 ℃,日平均气温 23~30 ℃,开花时穗部温度为 28~32 ℃,昼夜温差 8~9 ℃;③田间相对湿度 70%~90%;④阳光充足且吹微风。因此,各地应根据不育系(母本)对温、光、湿等因素的要求,可通过对当地历年各制种季节内气象资料的分析,合理确定最佳的安全抽穗扬花期。

2. 适宜抽穗扬花期

一般来说,在长江以南双季稻区适宜的抽穗扬花期为春季制种 5 月中下旬至 6

月中下旬，夏季制种7月下旬至8月中旬，秋季制种8月下旬至9月上旬。在长江以北及四川盆地的稻麦区和北方粳稻区，只宜进行两年一季的夏秋季制种，抽穗扬花期安排在8月中下旬。华南双季稻区春、秋两季均可安排制种，但要注意安排春季制种抽穗扬花期在5月下旬至6月上旬，以避过台风、雨季；秋季制种抽穗扬花期在8月下旬至9月上旬。海南岛南部以3月下旬至4月上中旬为开花的良好季节。广西各地不同季节水稻最佳抽穗扬花期见表3-12。

表3-12　广西各地不同季节水稻最佳抽穗扬花期

制种类型	桂南	桂中	桂北
春制	5月中下旬	6月中旬	6月中下旬
夏制	—	8月下旬	8月中下旬
秋制	8月底至9月上旬	9月上旬	—

杂交水稻制种母本播种期主要由父本的播种期和播差期决定，在父本播种期的基础上加上播差期的具体天数，即为母本的大致播种期：①叶差与时差吻合好，则按时差播种；如果时差未到，则以叶差为准；若时差到叶差未到，则稍等叶差。②母本是隔年的陈种，则应推迟播种2～3天，当年新种则应提早2～3天播种。③父本秧苗素质好，应提早1～2天播母本；若父本秧苗素质差，长势、长相较差，则可推迟1～2天播母本。④父本移栽时秧龄超长(35天以上)，母本播种应推迟3～5天。⑤预计母本播种时或播种后有低温、阴雨天气，则应提早1～2天播种。⑥母本的用种量多，种子质量好，可推迟1～2天播种。⑦采用一期父本制种时，应比二期父本制种缩短叶差0.5叶，或时差2～3天。

实施方案

学生模拟种子公司的形式组建成工作小组，在种子生产实训基地，按照三系杂交水稻种子生产技术方案进行播种期推算。具体要求：

(1)算准父母本播种差期；

(2)根据最佳抽穗扬花期确定播种期。

检查评价

现场操作检查：学生自检、教师检查任务完成情况(表3-13)。检查结果可分为4个等级：优(≥90分)、良(80—90分)、中(70—80分)、差(0—60分)。

表 3-13 确定播种期任务完成情况检查表

<table>
<tr><td rowspan="7">考核标准</td><td colspan="2">考核要点</td><td>技术操作要点</td><td>分值安排</td><td>评定得分</td></tr>
<tr><td colspan="2">态度与表现</td><td>学习(实训)态度与课堂表现</td><td>20</td><td></td></tr>
<tr><td rowspan="4">技能操作部分</td><td rowspan="4">确定播种期</td><td>用时差法推算播差期</td><td>20</td><td></td></tr>
<tr><td>用叶差/温差推算播差期</td><td>20</td><td></td></tr>
<tr><td>确定母本播种期</td><td>20</td><td></td></tr>
<tr><td>确定父本播种期</td><td>20</td><td></td></tr>
<tr><td colspan="5">总　分</td></tr>
</table>

问题与思考

1. 简述花期理想相遇的标准。
2. 说出不同季节父母本播种错期的推算方法。
3. 试述如何根据抽穗扬花条件确定播种期。

任务 3 播种与秧田管理

任务目标

1. 能做好种子播前处理;
2. 能合理进行父母本错期播种;
3. 能科学进行秧田管理。

布置任务

学生模拟种子公司的形式组建成工作小组,在种子生产实训基地,按照三系杂交水稻种子生产技术方案进行错期播种和秧田管理,完成水稻杂交制种的父母本育秧任务。具体要求:

1. 做好亲本播前处理;
2. 按要求进行父母本播种;
3. 科学进行秧田水肥管理。

学习条件

场地要求:水稻种子生产实训基地

工具与生产资料准备：杂交父母本种子、强氯精、肥料、农药、农膜、锄头、铲等

知识准备

1. 秧田准备

杂交水稻繁制种父母本秧田一定要选择肥力中上、排灌方便、背风向阳、易起发的田块。底肥要足，以腐熟的烂肥和人畜粪及各类饼肥为主，一般在翻耕时每亩秧田施人、畜粪肥 1 500～2 000 kg，或腐熟枯饼 40～50 kg，草木灰 15～20 kg，尿素 7.5～10 kg，氮化钾 5～7 kg，过磷酸钙 30～40 kg。肥料均应深施入泥，泥肥融合。平整秧田，开沟分厢。如在制种田播母本，秧厢宽应与母本厢宽一致，以利于移栽父本。

2. 种子播前处理

(1)晒种。晒种要在选种前结束，趁阳光充足的晴好天气晒 3 天左右即可。晒种时种子摊铺要薄，定时翻动，做到均匀一致。翻动时防止弄破谷壳，防止几个品种同时翻晒时造成混杂。

(2)选种。通常采用风选、泥水选、盐水选和硫铵水选等几种方法进行选种。风选是通过人工或动力抛掷种子，借助自然风力选种，有条件的地方可用鼓风机或吸风机，借助人工风力进行选种。泥水选的一般做法是用 50 kg 的水，兑入 20 kg 左右的黏黄泥，充分搅拌后，使黄泥中的胶粒悬浮在水中。当泥水的比重达到 1.08～1.13 时，用箩筐装干种置于泥水中搅拌，捞出浮在泥水上面的瘪粒、草籽及其他漂浮物。盐水选和硫铵水选时用每 50 kg 水加入 10～12 kg 食盐或硫铵，配制成比重为 1.08～1.13 的溶液，其操作方法与泥水选种相同。盐水选好的种子要先用清水洗净附在谷粒表面的盐分再进行浸种。

(3)浸种。浸种是水稻种子吸水的第一阶段。种子吸水不足或不均匀，不仅发芽不整齐，往往还会有很多种子播种后不能出苗而造成损失。吸足水分的谷壳半透明，腹白分明可见，胚部膨大突起，胚乳变软，否则说明吸水不足。水稻浸种时间长短与浸种水温的高低有关。水温高浸种时间短，水温低浸种时间长。如水温 30 ℃，浸种需 2～3 天；水温 20 ℃，浸种需 3 天；若水温 15 ℃，浸种需 5～6 天；水温 10 ℃时，浸种需 7～8 天。种子吸足水分的特征是谷壳颜色变深，呈半透明状，胚部膨大突起，胚乳变软，手碾成粉，折断米粒无响声。

(4)消毒。消毒方法很多，常用的水稻种子消毒方法有以下四种：

石灰水浸种：即用 1%的生石灰水澄清液浸种 2 天，注意石灰水面要高出谷种

13～16 cm，浸种期间不能搅动，保持水面的石灰膜不被破坏，同时要避免阳光直射。此法可防治恶苗病、胡麻叶斑病、稻瘟病和白叶枯病等病菌。

强氯精浸种：即先将谷种用清水预浸 24 h，然后将种子沥起来，用强氯精药液再浸。防治稻瘟病、恶苗病，药液浓度 400～500 倍，浸种 12～16 h；防治白叶枯病、细菌性条斑病，药液浓度 300～400 倍，浸种 16～24 h。

稻瘟净浸种：即用 50%的稻瘟净乳油 0.1 kg 加水 50 kg，浸种 24 h，可杀死稻瘟病菌。

三环唑浸种：用 50 g 三环唑加水 30～40 kg，浸谷种 15～20 kg，浸种 24 h，以防治稻瘟病。

(5)催芽。稻谷催芽要达到“快、齐、匀、壮”的目的。“快”指两天之内催好芽；“齐”指发芽整齐，发芽率达 90%以上；“匀”指芽长整齐一致；“壮”指幼芽粗壮，根芽比适当(芽长半粒谷，根长一粒谷)，新鲜、没怪味。同时要掌握“高温露白、适温催根、保温促芽、摊凉锻炼”的催芽原则。

3. 播种

播种时采取稀播匀播，培育多蘖壮秧，提高秧苗素质。通常父本用种量为 2.25～3.75 kg/hm^2，母本用种量为 37.5～45.0 kg/hm^2，播种时芽谷分厢过秤，播后泥浆塌谷或用细土盖种。遇低温天气播种，用薄膜覆盖保温，提高成秧率。

4. 秧田管理

早稻播种后一般采用拱架盖塑料薄膜的方法保温，也可用无纺布保温，用竹篾搭起高 40～50 cm 的拱架，然后盖上膜，膜的四周用泥压紧，防备大风掀开。膜内温度不超过 35 ℃不揭膜，超过 35 ℃要及时揭开两端薄膜通风降温。水分管理以湿润为主，不必灌水上秧厢。1 叶 1 心时，每公顷秧田施用尿素 45 kg 作为“断奶肥”，拔秧前 4～5 天每公顷秧田施尿素 52.5～75.0 kg 作“送嫁肥”。早稻注意防治立枯病、稻瘟病，一季晚稻注意防治稻蓟马、稻纵卷叶螟及苗稻瘟等。移栽前用螟施净 100 mL 兑水 45 kg 喷施，做到带药移栽。

实施方案

学生模拟种子公司的形式组建成工作小组，在种子生产实训基地，按照三系杂交水稻种子生产技术方案进行播种和秧田管理，完成水稻杂交制种的父母本育秧任务。具体内容如下：

(1)进行亲本种子播种前处理;

(2)稀播、匀播亲本;

(3)科学秧田管理。

检查评价

现场操作检查:学生自检、教师检查任务完成情况(表 3-14)。检查结果可分为 4 个等级:优(≥90 分)、良(80—90 分)、中(70—80 分)、差(0—60 分)。

表 3-14 父母本播种和秧田任务完成情况检查表

	考核要点		技术操作要点	分值安排	评定得分
考核标准	态度与表现		学习(实训)态度与课堂表现	20	
	技能操作部分	播种和秧田管理	浸种	20	
			种子消毒	15	
			催芽	15	
			播种种子分布均匀	15	
			农膜覆盖科学	15	
总分				100	

问题与思考

1. 简述制种亲本秧田的要求。
2. 种子播前处理的具体要求。
3. 试述如何提高水稻杂交制亲本播种质量。

任务 4 父母本移栽及田间管理

任务目标

1. 能正确掌握父母本移栽具体要求;
2. 掌握制种田管理的关键技术。

布置任务

学生模拟种子公司的形式组建成工作小组,在种子生产实训基地,按照三系杂交水稻种子生产技术方案进行父母本移栽及田间管理。具体要求如下:

1. 能掌握大田耕整的具体要求；
2. 能正确掌握父母本移栽时期；
3. 能掌握父母本移栽行向；
4. 正确掌握父母本的种植规格；
5. 掌握父母本合理行比；
6. 掌握制种田管理的关键技术。

学习条件

场地要求:水稻种子生产实训基地

工具与生产资料准备:水稻亲本秧苗、肥料、农膜、拖拉机、锄头、铲、皮尺、绳子等

知识准备

一、大田耕整及要求

杂交水稻制种田在父母本栽插之前,一定要做好田间准备工作。大田耕整通常使用的机械是旋耕机及水田耕整轮等设备,在耕整前放水浸泡1～2天,让秸秆和根茬浸湿,旋耕作业时,需浅水层3～5 cm,旋耕后上水耙田整地。稻田土壤条件以利稻株正常生长发育,整地的质量要求是:深、软、净、平、不漏耕。深是要求适当进行深耕以加厚耕作层,有利稻根伸展和保水保肥,一般20 cm左右。软是要求经犁耕沤田,把土坯耙松碎,田面起浆。净是通过犁耙,掩埋杂草和秸秆。平是要求田面平整,达到“寸水不见泥”“灌水处处到,排水处处干”。不漏耕是要求田边田角均犁耙到。

二、亲本科学移栽

1. 移栽时期

手工插栽母本叶龄4.5叶,早造秧龄25～30天,晚造秧龄18～20天为宜,父本5.5叶移栽,早造秧龄30～35天为宜,晚造20～25天。父母本抛秧或机插秧叶龄为3～4叶,早造秧龄20～25天,晚造15～18天。

2. 父母本行比

父本恢复系与母本不育系在同一田块按照一定的比例相间种植,父本种植行数与母本种植行数之比,即为行比。杂交水稻制种产量高低与母本群体大小及母本有效穗数有关,因此扩大行比是增加母本有效穗数的重要方法之一。确定行比的原则是在保证父本有足够花粉量的前提下最大限度地增加母本行数。行比大小

要根据父本的生育期长短，父本长势的强弱，父本花粉量的多少，以及父母本植株的高矮、母本的异交能力来确定。父本生育斯长、长势好、花粉量多、植株较高，母本柱头外露率高、异交能力强的组合，行比可以适当加大。目前生产上通常为1∶(8～14)或2∶(12～18)，一般早、中熟组合2∶(12～14)、迟熟组合2∶(16～18)。注：超高产制种早熟组合2∶(14～16)，中熟组合2∶(16～18)，迟熟组合2∶(18～20)。

3. 父母本行向

制种田的行向对异交结实有一定的影响。制种行向设计应考虑两方面因素：其一，有利于授粉期借助自然风力授粉；其二，有利于禾苗生长发育。在某一地区或某一制种基地的某一时期(指制种的抽穗开花期)自然风向较稳定，如湖南的6～9月份，自然风主要为南风，少数为北风。制种的行向设计东西向，行向与风向垂直，有利于借助风力授粉。阳光照射为东西向，制种行向设计东西向，行向与阳光照射方向平行，有利于禾苗生长发育，减少病虫发生，使父母本建立丰产苗穗结构。因此，从风向和阳光照射方向结合考虑，二者统一，制种行向设计东西向。但是，在山区制种，由于地形影响，风向依山谷变化，形成山谷风，制种行向应根据山谷向设计。在沿海地区，风向依海风而变化，应依海风方向设计行向。在阳光照射方向，自然风向与制种行向不统一时，应相互兼顾，其中以风向为主要因素设计制种行向。

4. 父母本移栽规格

由于制种田要求父本有较长的抽穗开花历期、充足的花粉量，母本抽穗开花期较短、穗粒数多。因而，栽插时对父母本的要求不同，通常移栽原则是"父本靠发、母本靠插"。

不同不育系移栽规格也不同。通常珍汕97A、V20A、协青早A、金23A等生育期较短的不育系种植密度以13.5 cm×13.5 cm或16.5 cm×10 cm为宜；生育期中等的不育系种植密度以16.5 cm×13.5 cm；Ⅱ32A等营养生长期较长的不育系应适当放宽移栽密度的要求，以16.5 cm×16.5 cm或20 cm×13.5 cm为好，每丛插2～3株苗，达37.5万～45.0万株苗/hm^2，有效穗300万～375万穗/hm^2。

父本的移栽规格也跟生育期、分蘖等有关。播始历期长、分蘖力强、生长旺盛的父本株距以23 cm×16.5 cm为宜，单本插；播始历期中等或中偏长、分蘖力中等的父本，株距以20 cm×(13.5～16.5) cm较好，单本插；播始历期短、分蘖力偏弱的父本，栽插密度以16.5 cm×13.5 cm较好，每丛插1～2株，达4.5万株苗/hm^2，有效穗120万～150万穗/hm²。

二期父本的种植比例一般父1和父2各占50%;父1∶父2∶父3三期父本和种植比例一般为1∶3∶2,即父1占16.7%,父2占50%,父3占33.3%;或者是1∶2∶1,即父1和父3各占25%,父2占50%。

三、父母本田间管理

1. 母本的定向培育

在水肥管理上坚持“前促、中控、后稳”的原则。肥料的施用要求重底、中控、后补,适氮,高磷、钾。对生育期短、分蘖力一般的早籼型不育系,氮、磷肥作底施,在移栽前一次性施入,钾肥作追施,在中期施用。对生育期较长的籼型或粳型不育系,则应以70%～80%的氮肥和100%的磷、钾肥作底肥,留20%～30%的氮肥在栽后7天左右追施,在幼穗分化后期看苗田适量补施氮、钾肥。在水分的管理上,要求前期(移栽后至分蘖盛期)浅水湿润促分蘖,中期晒田控制无效分蘖和叶片长度,后期深水孕穗养花、落干黄熟。同时做好病虫害防治工作,提高异交结实率和增加粒重。

2. 父本的定向培育

由于父本(恢复系)本身的分蘖、成穗、生育特性及穗数群体形成的特性决定了父本的需肥量比母本多。在保证父本和母本相同的底肥和追肥的基础上,父本必须在移栽后3～5天单独施肥。肥料用量依父本的生育期长短和分集成穗特性而定。

3. 病虫害防治

在杂交水稻制种父母本秧苗的分蘖阶段、封行晒田阶段、齐穗阶段以及授粉结束阶段是水稻病虫害频繁发生的阶段,这时可以结合当地水稻病虫害的实际情况及苗情进行有效防治。特别是水稻飞虱、二化螟,它们都是破坏力比较大的害虫,可以适当采用阿维菌素以及吡蚜酮等农药进行防治。对于病害,常见的病害有黑粉病、纹枯病,可以采用凯润、怀农特等农药进行防治。

实施方案

以工作小组为单位,在教师指导下按照三系杂交水稻种子生产技术方案进行播种前工作准备,具体内容如下:

(1)大田机耕和整地;

(2)父本科学移栽；

(3)母本科学移栽；

(4)制种田田间管理。

检查评价

现场操作检查：学生自检、教师检查任务完成情况(表 3-15)。检查结果可分为 4 个等级：优(≥90 分)、良(80—90 分)、中(70—80 分)、差(0—60 分)。

表 3-15　水稻制种父母本移栽任务完成情况检查表

考核标准	考核要点		技术操作要点	分值安排	评定得分
	态度与表现		学习(实训)态度与课堂表现	20	
	技能操作部分	父母本移栽	掌握父母本移栽行向	15	
			掌握父母本行比例	15	
			掌握父母本插栽密度	20	
			秧苗均匀、行向整齐、秧苗直立	15	
			掌握父母本株行距及父母本间距	15	
总　分				100	

问题与思考

1. 画出制种田父母本行比、行向示意图。
2. 简述父母本移栽规格和要求。
3. 试述如何提高水稻杂交制种田移栽质量。

任务 5　父母本花期预测与调节

任务目标

1. 能采用合理的方法对父母本进行花期预测；
2. 根据预测结果进行有效的花期调节。

布置任务

学生模拟种子公司的形式组建成工作小组，在种子生产实训基地，按照三系杂交水稻种子生产技术方案进行父母本花期预测与调节。具体要求：

1. 能正确地采用幼穗剥检法、叶龄余数法进行花期预测；
2. 能根据花期预测结果正确判断花期相遇情况；
3. 能采用科学的方法进行花期调节；
4. 能采用合适的方法进行花时调节。

学习条件

场地要求：水稻种子生产实训基地

工具与生产资料准备：水稻父母本稻株、放大镜、肥料、喷雾器、植物生长调节剂等

知识准备

一、花期预测

所谓花期预测是通过对父母本长势、长相、叶龄、出叶速度、幼穗分化进度进行调查分析，推测父母本抽穗开花的时期。

尽管制种前期我们已经通过确定父母本适宜的播差期和定向栽培技术来确保花期相遇，然而由于在制种过程中的许多因素，如温度变化、土壤性质差异等，加上田间管理因人而异，两个亲本对这些因素的反应程度常常表现不一致，因而仍有可能导致双亲花期不遇。尤其是新组合、新基地的制种，播差期的安排与定向栽培技术对花期相遇的保障系数小，更易造成双亲花期不遇。因此，花期预测在杂交水稻制种中是非常重要的环节。确保通过预测，发现花期相遇不好或不遇，能及早采取相应的措施调节父母本的生育进程，确保花期相遇或接近相遇。

花期预测的方法较多，不同的生育阶段可采用不同的方法。常用的方法有幼穗剥检法、叶龄余数法和播始历期推算法，后两者适合各个生育阶段，但方法比较复杂。幼穗剥检法适宜在幼穗分化期进行，比较简单直观。

(1)幼穗剥检法。幼穗剥检法就是在稻株进入幼穗分化期剥检主茎幼穗，对父母本幼穗分化进度对比分析，判断父母本能否同期始穗。这是最常用的花期预测方法，预测结果准确可靠。但是，预测时期较迟，只能在幼穗分化Ⅱ期、幼穗分化Ⅲ期才能确定花期，一旦发现花期相遇不好，调节措施的效果有限。

具体做法是：制种田母本插秧后25～30天起，以主茎苗为剥检对象，每隔3天对不同组合、不同类型的田块选取有代表性的父本和母本各10～20株，剥开主茎鉴别幼穗发育进度。父母本群体的幼穗分化阶段确定以50%～60%的苗达到某

个分化时期为准。幼穗分化发育时期分八期，各期幼穗的形态特征为：Ⅰ期看不见，Ⅱ期苞毛现，Ⅲ期毛茸茸，Ⅳ期谷粒现，Ⅴ期颖壳分，Ⅵ期谷半长（或叶枕平、叶全展），Ⅶ期稻苞现，Ⅷ期穗将伸。根据剥检的父母本幼穗结果和幼穗分化各个时期的历程，比较父母本发育快慢，预测花期能否相遇。一般情况下，母本多为早熟品种，幼穗分化历程短，父本多为中晚熟品种，幼穗分化历程长。所以，父母本花期相遇的标准为：Ⅰ至Ⅲ期父早一，Ⅳ至Ⅵ期父母齐，Ⅶ至Ⅷ期母略早（表 3-16）。

表 3-16　水稻幼穗分化进程及特点

时期	内容	特点	历时/天
第Ⅰ期	第一苞分化期	一期看不见/白圆锥	4～5
第Ⅱ期	一次枝梗原基分化期	二期苞毛现/白毛尖	3～4
第Ⅲ期	二次枝梗原基及颖花分化期	三期毛茸茸/似火焰	5～7
第Ⅳ期	雌雄蕊形成期	四期谷粒现/1 cm	4～6
第Ⅴ期	花粉母细胞形成期	五期颖壳分/长 3.3 cm	3～4
第Ⅵ期	花粉母细胞减数分裂期	六期穗半长/叶枕平	2～3
第Ⅶ期	内容物充实期	七期穗见绿/胀大胎	5～6
第Ⅷ期	花粉完成期	八期穗将伸/稳定型	3～4

（2）叶龄余数法。叶龄余数是主茎总叶片数减去当时叶龄的差数。制种田中父母本最后几片叶的出叶速度，由于生长后期的气温比较稳定，因此不论春夏制种或秋制种，出叶速度都表现出相对的稳定性。同时，叶龄余数与幼穗分化进度的关系较稳定，受栽培条件、技术及温度的影响较小。根据这一规律，可用叶龄余数来预测花期。该方法预测结果准确，是制种常用的方法之一。

具体做法是：用主茎总叶片数减去已经出现的叶片数，求得叶龄余数。用公式表示为：

叶龄余数＝主茎总叶片数－伸出叶片数

从函数图像上找出对应叶龄余数的父母本幼穗分化期数（图 3-4）。

使用叶龄余数法，首先应根据品种的总叶片数和已伸展叶片数判断新出叶是倒 4 叶还是倒 3 叶，然后确定叶龄余数，再根据叶龄余数判断父母本的幼穗分化进度，分析两者的对应关系，估计始穗时期。

（3）播始历期推算法。播始历期推算法是根据亲本播始历期的变化规律推算父母本的始穗期。此法是以一个亲本的播始历期年际间在同地、同季、相同的栽培管理条件下相对稳定为依据。在同一组合、同一基地、同一季节、相同栽培管理技术的基础上，迟播亲本播种前根据当年的气候特点，依往年播始历期预测父本的播始历期，然后适当调整母本的实际播种期。根据父母本的播始历期和实际播种期以及幼穗分化历期，可以初步推测出父母本进入幼穗分化期日期，并预测始穗期。

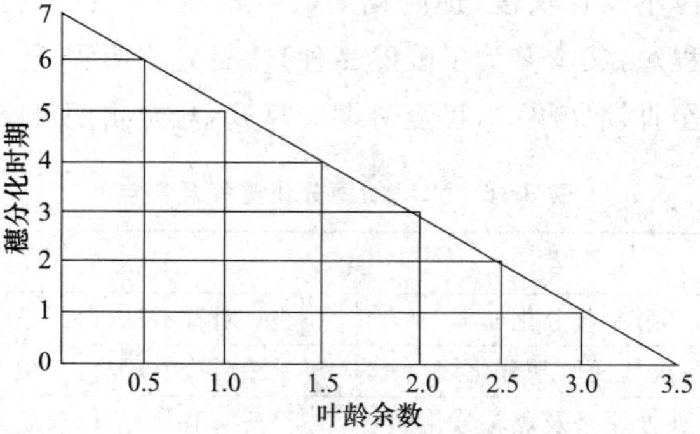

图 3-4　叶龄余数与穗分化时期的关系

以上花期预测各种方法，各有长处，也各有局限性。在实际运用时，要综合运用。从田间禾苗的长势长相、叶龄、出叶速度、稻株的外观特征、幼穗分化等各方面进行详细观察记载，与整个生育阶段中的气温变化、栽培管理条件、土壤性质等因素进行综合分析，使花期预测达到早而准的目的。一旦发现花期相遇有问题，要根据不同的生育时期的生长发育规律采取相应措施调控，使父母本花期相遇理想。

二、花期调节

花期调节是杂交水稻制种中重要的技术环节，是在花期预测的基础上，对花期不遇或者相遇程度差的制种田块，采取各种栽培管理措施或特殊的方法，促进或延缓父母本的生育进程，达到父母本花期相遇的目的。

花期调节是花期不遇的补救措施，因此不能把保证父母本花期相遇的希望寄托在花期调节上。父母本花期不遇表现为两种情况：一是父本比母本早始穗，即父早母迟；二是父本比母本迟始穗，父迟母早。至于父母本花期相差的程度如何，则由父母本理想花期相遇的始穗期标准决定。与父母本始穗期标准相差 3 天以上的应进行花期调节。

花期调节的原则：以促为主，促控结合；以父本为主，父母本相结合。调节花期宜早不宜迟，以幼穗分化Ⅲ期前采用措施效果最好。主要措施有农艺措施调节法、激素调节法、拔苞技穗法。

1. 农艺措施调节法

采取各种栽培措施调控亲本的始穗期和开花期。

①肥料调节法。根据水稻幼穗分化初期偏施氨肥会贪青迟熟，而施用磷、钾肥能促进幼穗发育的原理，对发育快的亲本偏施尿素，母本为 105～150 kg/hm^2，父本为 30～45 kg/hm^2，可推迟亲本始穗 3～4 天；对发育快的亲本叶面喷施磷酸二氢钾 1.5～2.5 kg/hm^2，兑水 1 350 kg，连喷 3 次，可提早亲本始穗 1～2 天。

②水分调节法。根据父母本兑水分的敏感性不同而采取的调节方法。生育期较长的籼型恢复系，如 IR24、IR26、明恢 63 等对水分反应敏感，不育系兑水分反应不敏感，在中期晒田可控制父本生长速度，延迟抽穗。

③密度调节法。在不同的栽培密度下，抽穗期与花期表现有差异。密植和多本移栽增加单位面积的基本苗数，表现抽穗期提早，群体抽穗整齐，花期集中，花期缩短。稀植和栽单本，单位面积的基本苗数减少，抽穗期推迟，群体抽穗分散花期延长。一般可调节 3～4 天。

④秧龄调节法。秧龄的长短对始穗期影响较大，其作用大小与亲本的生育期和秧苗素质有关。如 IR26 秧龄 25 天比 40 天的始穗期可提早 7 天左右，秧龄 30 天比 40 天的始穗期提早 6 天左右。秧龄调节法对秧苗素质中等或较差的调节作用大，对秧苗素质好的调节效果小。

⑤中耕调节法。中耕并结合施用一定量的氮素肥料可以明显延迟始穗期和延长开花历期。对苗数多、早发的田块效果小，特别是对禾苗长势旺的田块中耕施肥效果不好，所以使用此法需看苗而定。在没能达到预期苗数，田间禾苗未封行时采用此法效果好，对禾苗长势好的田块不宜采用。

2. 激素调节法

用于花期调节的激素主要有赤霉素、多效唑以及一些复合型激素，激素调节必须把握好激素施用的时间和用量，才有好的调节效果，否则不但无益，反而会造成对父母本高产群体的破坏和异交能力的降低。

①赤霉素调。赤霉素是杂交水稻制种不可缺少的植物激素，具有促进生长的作用，可用于父母本的花期调节。在孕穗前低剂量施用赤霉素(母本 15～30 g/hm^2，父本 2.5 g/hm^2 左右)进行叶面喷施，可提早抽穗 2～3 天。

②多效唑调节。叶面喷施多效唑是幼穗分化中期调节花期效果较好的措施。在幼穗分化Ⅲ期末喷施多效唑能明显推迟抽穗，推迟的天数与用量有关。在幼穗Ⅲ至Ⅴ期喷施，用量为 1 500～3 000 g/hm^2 可推迟 1～3 天抽穗，且能矮化株型，缩

短冠层叶片长度。但是,使用多效唑的制种田,在幼穗分化Ⅷ期要喷施 15 g/hm² 赤霉素来解除多效唑的抑制作用。在秧田期、分蘖期施用多效唑也具有推迟抽穗、延长生育期的作用,可延迟 1～2 天抽穗。

③其他复合型激素调节。该类物质大多数是用植物激素、营养元素、微量元素及其能量物质组成,主要有青鲜素、调花宝、花信灵等。在幼穗分化Ⅴ至Ⅶ期喷施,母本用 45 g/hm² 左右,兑水 600 kg,或父本用 15 g/hm²,兑水 300 kg,叶面喷施,能提早 2～3 天见穗,且抽穗整齐,促进水稻花器的发育,使开花集中,花时提早,提高异交结实率。

3. 拔苞拔穗法

花期预测发现父母本始穗期相差 5～10 天,可以在早亲本的幼穗分化Ⅶ期和见穗期采取拔苞穗的方法,促使早抽穗亲本的迟发分蘖成穗,从而推迟花期。拔苞拔穗应及时,以便使稻株的营养供应尽早地转移到迟发分蘖穗上,从而保证更多的迟发蘖成穗。被拔去的稻穗一般是比迟亲本的始穗期早 5 天以上的稻穗,主要是主茎穗与第一次分蘖穗。若采用拔苞拔穗措施,必须在幼穗分化前期重施肥料,培育出较多的迟发分蘖。

三、花时调节

繁制种母本由于生理上有缺陷,开花零星分散,对穗部温度、湿度和光照等条件反应敏感,往往开花时间比父本迟,父母本花时相遇概率低甚至不相遇。花时不遇就是指在一天中,恢复系和不育系不在同一时间开花,一般情况下恢复系开花早而集中,不育系开花迟而分散,使不育系不能很好接受来自恢复系的花粉,而导致异交结实率偏低的现象。

1. 花时不遇的原因

一是内在因素:不育系颖花浆片中的螺旋级导管不如恢复系发达,浆片吸水慢,浆片张力不强,且浆片失水也慢,导致开花不如恢复系早而集中,开颖慢,闭颖也慢,一天中盛花比恢复系迟 30～90 min,开花高峰期不如恢复系显著。二是外界因素:主要是受温度、湿度及人工赶花粉的影响。

2. 花时调节的方法

①赶露水法。赶母不赶父,目的是降低湿度,提高稻部温度,使穗形疏散,扩大穗部受光面,加强母本的输导器官功能,促使母本提早开花时间。

②喷冷水法。喷父不喷母,在开花期间,一般在每天下午 4：00～5：00 对父

本穗部每公顷喷冷水 375 kg 左右，可以增加父本植株湿度，起到降低穗部气温、抑制开花的作用，延迟父本开花时间。

③喷 920 法。喷母不喷父，促母。

④喷施硼肥。喷母不喷父，促母。硼肥能使植株生长迅速，生育期提前，对花粉萌发和花粉管的生长有重要作用，能促进花器官的分化，增加颖花数，提早开花，提高母本的异交结实率和种子饱满度。用法：每公顷用 750～1 500 g 硼砂，先用少量温水溶化后，再兑水 600～750 kg，以下午 3：00 后喷母本，每隔 3 天喷一次，直到母本花期结束为止。喷硼肥一般能使母本提早花时 20～40 min，提高母本异交结实率 5%左右。

实施方案

以工作小组为单位，在教师指导下按照三系杂交水稻种子生产技术方案进行播种前工作准备，具体内容包括：

(1)采用幼穗剥检法进行花期预测；

(2)判断父母本花期相遇程度；

(3)根据预测结果调节方案；

(4)采用幼穗剥检法、叶龄余数法进行花期预测；

(5)判断花期相遇程度，并制定科学的花期调节方案；

(6)及时进行花期调节；

(7)及时进行花时调节。

检查评价

现场操作检查：学生自检、教师检查任务完成情况（表 3-17）。检查结果可分为 4 个等级：优（≥90 分）、良（80—90 分）、中（70—80 分）、差（0—60 分）。

表 3-17　父母本花期预测与调节任务完成情况检查表

<table>
<tr><td rowspan="7">考核标准</td><td colspan="2">考核要点</td><td>技术操作要点</td><td>分值安排</td><td>评定得分</td></tr>
<tr><td colspan="2">态度与表现</td><td>学习（实训）态度与课堂表现</td><td>20</td><td></td></tr>
<tr><td rowspan="5">技能操作部分</td><td rowspan="5">花期预测与调节技术</td><td>能采用正确的花期预测方法</td><td>20</td><td></td></tr>
<tr><td>能根据地形，正确选择取样方式</td><td>15</td><td></td></tr>
<tr><td>能根据制种田面积大小来确定取样点数</td><td>15</td><td></td></tr>
<tr><td>正确判断父母本生长发育情况</td><td>15</td><td></td></tr>
<tr><td>能根据预测结果拟定合理的调节方案</td><td>15</td><td></td></tr>
<tr><td colspan="4">总　分</td><td>100</td><td></td></tr>
</table>

问题与思考

1. 叙述幼穗剥检法和叶龄余数法的主要区别。
2. 试述母本比父本快 3 天或慢 3 天的花期调节方案。
3. 叙述农艺措施调节的具体方法及要求。

任务 6　制种田除杂去劣

任务目标

1. 能辨别制种田父本行中的杂株类型；
2. 能辨别制种田母本行中的杂株类型；
3. 能根据不同时期采用合理的方法进行去杂。

布置任务

学生模拟种子公司的形式组建成工作小组，在种子生产实训基地，按照三系杂交水稻种子生产技术方案进行制种田除杂去劣工作。具体要求：

1. 能辨别制种田父本行中的杂株类型；
2. 能辨别制种田母本行中的杂株类型；
3. 能根据不同时期采用合理的方法进行去杂。

学习条件

场地要求：水稻种子生产实训基地

工具与生产资料准备：水稻制种父母本稻株、杂株

知识准备

1. 杂株的类型及其特征特性

根据亲本中杂株来源的不同，一般可将杂株分为机械混杂株、生物学混杂株和自然变异株三种类型，其中以机械混杂株为主，生物学混杂株比较少，自然变异株更少。

三系法不育系中的机械混杂株主要是其保持系，其他异品种株很少。保持系植株的株、叶、穗粒形态特征与不育系相同，从植株的外部形态上难以区分。不育系与保持系植株有三个明显的差异，第一个区别是花药，以典败和无花粉型不育系

的花药乳白色，水渍状，花药瘦小，不能开裂散粉；以圆败和染败花粉不育系的花药为淡黄色或黄色，比较饱满，呈棒状，不开裂散粉。保持系的花药为黄色，饱满肥大，能正常开裂散粉。第二个区别是不育系抽穗卡颈，保持系抽穗正常，不卡颈，且一般比不育系早抽穗 2～3 天。第三个区别是开花习性的差异。不育系柱头外露率较高，保持系柱头外露颖花少。其他异品种的杂株一般是正常可育株，在株型、叶色、叶鞘色、生育期、穗粒型等各个方面与不育系有明显的区别，在花期、花时、花药性状、结实率、柱头外露方面与保持系相同。因此，更易于辨认。

不育系中的生物学混杂株是不育系繁殖时因隔离不严和杂株清除不及时串粉而形成。这些杂株在植株的外部形态特征与生育特征上与不育系有明显区别。在花药性状上，不同的杂株表现不一，有些是正常可育，也有些表现为半不育，甚至不育。因此，对这类杂株要从各种性状辨别，只要凭一二个比较明显的特征就可以判定为杂株。

恢复系中机械混杂株主要是异种株，在植株外部形态特征上，一般与恢复系品种有明显的区别。恢复系中的生物学混杂株极少。

自然变异株在不育系恢复系群体中所占比例很低，因为水稻品种产生自然变异的概率本来就相当低。这些变异株在植株的高矮，叶片的长短大小，叶色和生育特征上变化多样，但与正常的不育系和恢复系植株存在明显的区别。在不育系中常常会有半不育的变异株出现。

2. 田间除杂的时期与杂株的识别方法

杂交水稻制种的田间除杂工作应该贯穿整个制种的全过程，不论何时发现有与亲本存在明显性状区别的杂株均应及时除去，除杂越早越好。一般在五个时期进行除杂工作，即秧田期、大田始蘖期、始穗期、抽穗期和黄熟期，其中除杂最关键的时期是在始穗期。由于杂株的各种特征特性和表现具有时间性，因此不同的除杂时期识别杂株的方法也不同。

在秧田期和大田始蘖期除杂主要识别的性状有：叶鞘色、叶色、叶片的形状、苗的高矮，以叶鞘色为主识别性状。

在始穗期和抽穗期除杂识别的性状有抽穗的早迟与卡颈与否、花药性状、稃尖颜色、开花习性、柱头特征、花药性状和叶片形状大小。以抽穗的早迟、卡颈与否、花药性状、稃尖颜色为主要识别性状。只要有一二个性状有明显的差别，定为杂株，此期的除杂工作是杂交水稻制种防杂保纯的重点。此期未能把杂株除去，因杂株传粉的母本结实，造成杂交种子的生物学混杂。故必须在人工赶粉前把能辨别的杂株除净，保证田间含杂兜率在1‰以下。

在黄熟期除杂识别的性状有结实率、柱头外露率和稃尖颜色，以结实率为主结合柱头外露识别杂株。此期除杂只对母本群体进行，母本的异交结实率一般较低，而杂株一般是正常可育，自交结实率在70%以上，因此结实率较高且颖花的柱头外露率很低的植株均应做除杂去劣。如果是在灌浆期和成熟期，发现母本行里有1株杂株结实时，周围1 m内母本应作为可疑株拔除，避免因串粉而引起生物学混杂。

实施方案

以工作小组为单位，在教师指导下按照三系杂交水稻种子生产技术方案进行除杂去劣工作准备，具体内容包括：

(1)秧田期和大田始蘖期父母本行杂株识别和去杂；

(2)始穗期和抽穗期父母本行杂株识别和去杂；

(3)黄熟期母本行杂株识别和去杂。

检查评价

现场操作检查：学生自检、教师检查任务完成情况(表3-18)。检查结果可分为4个等级：优(≥90分)、良(80—90分)、中(70—80分)、差(0—60分)。

表3-18　制种田除杂去劣任务完成情况检查表

<table>
<tr><td rowspan="8">考核标准</td><td colspan="2">考核要点</td><td>技术操作要点</td><td>分值安排</td><td>评定得分</td></tr>
<tr><td colspan="2">态度与表现</td><td>学习(实训)态度与课堂表现</td><td>20</td><td></td></tr>
<tr><td rowspan="6">技能操作部分</td><td rowspan="6">制种田除杂</td><td>去杂时期和识别依据</td><td>20</td><td></td></tr>
<tr><td>识别父本行中的杂株</td><td>15</td><td></td></tr>
<tr><td>识别母本行中的杂株</td><td>15</td><td></td></tr>
<tr><td>去杂方法科学</td><td>15</td><td></td></tr>
<tr><td>除杂干净、彻底</td><td>15</td><td></td></tr>
<tr><td colspan="4">总　分</td><td>100</td><td></td></tr>
</table>

问题与思考

1. 叙述亲本中杂株来源和类型。
2. 如何区别母本行中的保持系和其他异品种株？
3. 试述始穗期和抽穗期杂株的识别方法和去杂要求。

任务 7　科学喷施赤霉素

任务目标

1. 能正确选择赤霉素的喷施时期；

2. 能确定赤霉素的喷施浓度；

3. 学会赤霉素的喷施方法。

布置任务

学生模拟种子公司的形式组建成工作小组，在种子生产实训基地，按照三系杂交水稻种子生产技术方案进行赤霉素喷施。具体要求：

1. 能正确选择赤霉素的喷施时期；

2. 能确定赤霉素的喷施浓度；

3. 学会赤霉素的喷施方法。

学习条件

场地要求：水稻种子生产实训基地

工具与生产资料准备：水稻制种田、赤霉素、磷酸二氢钾、喷雾器、洗衣粉等

知识准备

水稻雄性不育系在抽穗期植株体内的赤霉素含量水平明显低于雄性正常品种，穗颈节不能正常伸长，约有 1/4 的稻穗不能抽出，而出现抽穗卡颈现象。穗颈节节间短是不育系抽穗卡颈的内在原因。在抽穗前喷施外源赤霉素(920)，提高植株体内赤霉素的含量，可以促进穗颈节伸长，解除卡颈，达到穗粒正常外露，改良异交态势。此外，在不育系始穗期前后喷施赤霉素还可以使柱头外露率提高和花时提早，柱头外露率提高 10%～20%，提早盛花时和开花高峰时间 0.5～1 h。提高父母本花时相遇率 15%～20%，可使制种单产大幅度提高。所以，赤霉素的施用已成为杂交水稻制种高产最关键的技术。喷施赤霉素应掌握“适时、适量、适法”的原则。具体技术要求如下：

1. 适时

不育系抽穗时由穗颈下节间居间分生组织细胞的分裂和伸长，使节间不断伸长，

其中以幼穗分化第八期伸长最为显著，而始穗期多数个体处于幼穗分化7～8期。因此，赤霉素喷施的适宜时期在群体见穗前1～2天至见穗50%，最佳喷施时期是见穗5%～10%。一天中的最适喷施时间在上午9：00前或下午4：00后，中午阳光强烈时不宜喷施；遇阴雨天气，可在全天任何时间抢晴喷施，喷施后3 h内遇降雨，应补喷或在下次喷施时增加用量。此外，确定喷施时期还应考虑以下三个因素：

一是父母本花期相遇程度。父母本花期相遇好，母本见穗5%～10%为最佳喷施期。花期相遇不好，早抽穗的一方要等迟抽穗的一方，达到起始喷施期（见穗前2～3天）以后才开始喷施。但早抽穗的一方也只能等到本身喷施终止期前1～2天。在母早父迟，相差3～5天的情况下，也应先单独在母本最佳喷施期喷施母本，父本达到起始喷施期再喷施。

二是群体稻穗整齐度。母本群体抽穗整齐的田块，可在最佳喷施期开始喷施。抽穗欠整齐的田块，要推迟到群体中大多数的稻穗达到最佳喷施期时才开始喷施。

三是稻穗发育成熟的程度。稻穗破口见穗时，稻穗内各器官完全发育成熟。由于天气与栽培条件的影响，有时表现不一致，特别在低温或干旱条件下，稻穗内各器官已成熟，但不一定能破口见穗。应从颖壳的颜色上判断，破口见穗时颖壳已成绿色，表明完全发育成熟。破口见穗时，颖壳呈浅绿色或白色，表明稻穗尚未完全发育成熟。对颖壳呈绿色、发育成熟的田块，可以适当提早喷施，而颖壳呈浅绿色或白色，应适当推迟喷施。

2. 适量

(1)不同的不育系所需的赤霉素剂量不同。以染色败育为主的粳型质核互作型不育系，抽穗几乎没有卡颈现象，喷施赤霉素为改良穗层结构，所需赤霉素的剂量较小，一般用90～120 g/hm^2；典败与无花粉型败育的籼型质核互作型不育系，抽穗卡颈程度较重，穗粒外露率在70%左右，所需赤霉素的剂量大。对赤霉素反应敏感的不育系，如金23A、新香A，用量为150～180 g/hm^2；对赤霉素反应不敏感的不育系，如珍汕97A等，用量为225～300 g/hm^2。

确定最佳用量还应考虑如下情况：提早喷施时剂量减少，推迟喷施时剂量增加；苗穗多的应增加用量，苗穗少的减少用量；遇低温天气应增加剂量。

(2)赤霉素的喷施次数。赤霉素的效应期一般只有4～5天，最大效应期一般出现在喷施后的第三天或第四天。因此，喷施赤霉素的次数不宜过多，每次间隔的时间宜短不宜长，一般以喷施2～3次，在2～3天内连续喷的效果最佳。抽穗整齐的田块喷施次数少，有2次即可；抽穗不整齐的田块喷施次数多，需喷施3～4次。

喷施时期提早的应增加次数，推迟的则减少次数，分次喷施赤霉素时，其剂量是不同的，原则是“前轻、中重、后少”，要根据不育系群体的抽穗动态决定。如分 2 次喷施，每次的用量比为 2∶8 或 3∶7；分 3 次喷施，每次的用量比为 2∶6∶2 或 2∶5∶3；分 4 次喷施，每次的用量比为 1∶4∶3∶2 或 1∶3∶4∶2。

3. 适法

喷施赤霉素最好选择晴朗无风天气进行，要求田间有 6 cm 左右的水层，喷雾器的喷头离穗层 30 cm 左右，雾点要细，喷洒均匀，要求叶面布满水珠而不滴水为好。用背负式喷雾器喷施，兑水量为 180～300 kg/hm^2；用手持式电动喷雾器喷施，兑水量只需 22.5～30 kg/hm^2。

使用赤霉素时要注意：一是不能与纯碱、氨水、石硫合剂等碱性物质混合，可与尿素、过磷酸钙以及敌百虫等混合。如果与激素混合使用，还有相互补充作用，一般比单用效果好。二是赤霉素溶液要随配随用，不可久存，以免赤霉素失去活性，影响使用效果。

实施方案

以工作小组为单位，在教师指导下按照三系杂交水稻种子生产技术方案进行播种前的工作准备，具体内容包括：

(1)选择赤霉素的喷施时期；

(2)确定赤霉素的喷施浓度；

(3)科学喷施赤霉素。

检查评价

现场操作检查：学生自检、教师检查任务完成情况(表 3-19)。检查结果可分为 4 个等级：优(≥90 分)、良(80—90 分)、中(70—80 分)、差(0—60 分)。

表 3-19　科学喷施赤霉素任务完成情况检查表

	考核要点		技术操作要点	分值安排	评定得分
考核标准	态度与表现		学习(实训)态度与课堂表现	20	
	技能操作部分	赤霉素喷施技术	合理的赤霉素喷施时间	20	
			采用适当的喷施浓度	20	
			赤霉素喷施方法合理	20	
			方法正确、喷施均匀	20	
总　分				100	

问题与思考

1. 简述赤霉素的作用。

2. 叙述赤霉素喷施的具体要求。

3. 试述赤霉素喷施的注意事项。

任务8　人工辅助授粉

任务目标

1. 掌握授粉方法；
2. 掌握授粉时间和次数。

布置任务

学生模拟种子公司的形式组建成工作小组，在种子生产实训基地，按照三系杂交水稻种子生产技术方案进行制种田人工辅助授粉。具体要求：

1. 掌握授粉方法；
2. 掌握授粉时间和次数。

学习条件

场地要求：水稻种子生产实训基地

工具与生产资料准备：水稻制种父母本、绳索、竹竿等

知识准备

水稻属于自花授粉作物，在生殖器官的进化过程中形成了利于自交、而不利于异交的结构特点和开花习性。与异交授粉作物相比，在异交性能方面存在许多严重缺陷，如父本开颖后花粉寿命短、传播效果低，母本柱头面积小、外露少、活力低，父母本花期不稳定，花时不同步，穗粒不协调等。所以，一定要通过人工辅助授粉来达到母本柱头上有足够的可萌发的花粉粒数量，促使授粉受精结实。人工辅助授粉就是指抽穗扬花期人为地改变父本花粉粒离开花药的时间、速度、飞扬高度、方向和距离，促使花粉均匀散落在母本穗层上的技术措施。

1. 人工辅助授粉的方法

目前主要使用三种人工辅助授粉方法：一是绳索拉粉法，二是单竿赶粉法，三是双竿推粉法。

(1)绳索拉粉法。用一长绳(绳索直径约 0.5 cm,表面光滑),由两人各持一端沿与行向垂直的方向拉绳奔跑,让绳索在父母本穗层上迅速滑过,振动穗层,使父本花粉向母本厢中飞散。该法的优点一方面是速度快、效率高,能在父本散粉高峰时及时赶粉。但是,对父本的振动力较小,不能使父本的花粉充分散出。另一方面花粉单向传播,沿绳索滑动方向花粉量大,造成田间花粉分布不均匀,花粉的利用率较低。绳索在母本穗层上拉过,对母本花器有伤害作用。

(2)单竿赶粉法。一人手握一长竿(3～4 m)的一端,置于父本穗层下部,向左右成扇形扫动,振动父本的稻穗,使父本花粉飞向母厢中。该法比绳索拉粉速度慢,但对父本的振动力较大,能使父本的花粉从花药中充分散出,传播的距离较远。但该法仍存在花粉单向传播、不均匀的缺点。此法适宜在单行和假双行,小双行父本栽插方式的制种田采用。

(3)双竿推粉法。一人双手各握一短竿(长 1.5～2.0 m),在父本行中间行走,两竿分别放置于父本植株的中上部,用力向两边振动父本 2～3 次。使父本花粉从花药中充分散出,并向两边的母本厢中传播。此法的动作要点是"轻推、重摇、慢回手"。该法的优点是父本花粉更能充分散出,花药中花粉残留极少,且传播的距离较远,花粉散布均匀。但是赶粉速度慢,劳动强度大,难以保证在父本开花高峰时及时赶粉。此法只适宜在大双行父本栽插方式的制种田采用。

在相同的条件下,单竿赶粉的母本异交结实率比绳索拉粉高 5%左右,而双竿推粉比绳索拉粉的母本异交结率高 10%左右,因此对父本花粉的利用率,以双竿推粉法最高,单竿赶粉次之,绳索拉粉最低。在制种中,如果劳力充裕,应尽可能采用双竿推粉或单竿赶粉的授粉方法。

2. 授粉的次数与时间

水稻不仅花期短,而且一天内开花时间也较短,一天内只有 1.5～2 h 的开花时间,且主要在上午、中午。但是,不同恢复系一天内的开花时间有差异,有些早,在上午 9:00～11:00 开花,有些较迟,在中午 11:00～13:00 开花。粳型恢复系开花较籼型恢复系迟。因此,赶粉时间各异。每天的人工授粉次数大体相同,一般为 3～4 次,原则是有粉赶到无粉止。根据父母本花时的差异确定赶粉的时间。在母本盛开期(始花后 4～5 天)前,每天第一次赶粉的时间要以母本花时为准,即看母不看父。因为这一段时期内母本开花的颖花不多,柱头外露的颖花少,母本受精结实主要靠父母本花时相遇的及时花粉。在母本进入盛花期后,每天第一次赶粉的时间则以父本花时为准,即看父不看母。因为母本进入盛花期后，已有较多的颖花开花，柱头外露的颖花较多，母本依靠外露柱头，接受父本花粉结实逐渐增多。既充分利用父本的开花高峰花粉量提高田间花粉密度，又使母本外露柱头结实。赶完第一次后，父本第二次开花高峰时再赶粉，两次之间间隔 20 min 左右。父本闭颖时赶最后一次。在父本盛花期的数天内，每次赶粉均能形成可见的花粉尘雾，田间花粉密度高，使母本当时正开颖和柱头外露的颖花都有获得较多花粉的机会。所以赶粉次数不一定在多，而是赶准时机。

实施方案

以工作小组为单位，在教师指导下按照三系杂交水稻种子生产技术方案进行制种田人工辅助授粉，具体内容包括：

(1)根据田间父母本开花情况确定授粉时间和次数；

(2)采用不同的方法进行人工辅助授粉；

(3)调查母本异交结实率以检查授粉效果。

检查评价

现场操作检查：学生自检、教师检查任务完成情况（表 3-20）。检查结果可分为 4 个等级：优（≥90 分）、良（80—90 分）、中（70—80 分）、差（0—60 分）。

表 3-20　人工辅助授粉任务完成情况检查表

考核标准	考核要点		技术操作要点	分值安排	评定得分
	态度与表现		学习（实训）态度与课堂表现	20	
	技能操作部分	人工辅助授粉	授粉时间	20	
			授粉次数	20	
			授粉方法	20	
			授粉效果、考查结实率	20	
总分				100	

问题与思考

1. 简述人工辅助授粉的作用。

2. 如何根据制种田父母本抽穗扬花情况确定授粉时间和次数？

3. 试述三种人工辅助授粉方法的优缺点和适用范围。

任务9　收获种子

任务目标

1. 能根据父母本长势长相进行适时收获；

2. 掌握父母本的收获次序及具体方法；

3. 掌握父母本脱粒、晾晒、包装要求。

布置任务

学生模拟种子公司的形式组建成工作小组，在种子生产实训基地，按照三系杂交水稻种子生产技术方案进行父母本花期预测与调节。具体要求：

1. 能根据父母本长势长相进行适时收获；

2. 掌握父母本的收获次序及具体方法；

3. 掌握父母本脱粒、晾晒、包装要求。

学习条件

场地要求：水稻种子生产实训基地

工具与生产资料准备：水稻父母本稻株、镰刀、簸箕、脱粒机、晒场、种子袋等

知识准备

1. 适时收获

杂交水稻制种由于使用激素较多，不育系尤其是博A、枝A等种子颖壳闭合不紧，容易吸湿导致穗上芽，影响种子质量。相关研究表明，水稻授粉结束后的18天左右，种子成熟度超过80%，第20～25天为最适收割期，此时应关注天气变化，趁晴天及时收割，确保种子质量和产量，避免损失。收割时应先割父本及杂株，确定无杂株后再收割母本。

2. 及时处理

割后的种子要及时干燥，降低含水量，为贮藏和保管创造良好条件。如果收获时遇到雨季，则应采用循环式低温谷物烘干机等设备进行种子干燥，要求在收割后的3天内完成，种子烘干温度控制在38～45 ℃为宜，烘时取样检测水分，当水分降至12.5%时停止烘干。

在水稻种子收、晒、运、贮过程中，要严格遵守操作规程，做到单收、单打、单晒、单藏。种子晒干后包装并写明标签，不同批或不同组合种子应分开存放。

实施方案

以工作小组为单位，在教师指导下按照三系杂交水稻种子生产技术方案进行制种田收获，具体内容包括：

(1)根据父母本长势长相进行适时收获；

(2)先割父本及杂株再收割母本；

(3)母本单收、单打、单晒、单藏。

检查评价

现场操作检查：学生自检、教师检查任务完成情况(表 3-21)。检查结果可分为 4 个等级：优(≥90 分)、良(80—90 分)、中(70—80 分)、差(0—60 分)。

表 3-21　收获种子任务完成情况检查表

<table>
<tr><td rowspan="7">考核标准</td><td colspan="2">考核要点</td><td>技术操作要点</td><td>分值安排</td><td>评定得分</td></tr>
<tr><td colspan="2">态度与表现</td><td>学习(实训)态度与课堂表现</td><td>20</td><td></td></tr>
<tr><td rowspan="5">技能操作部分</td><td rowspan="5">制种田收获技术</td><td>判断谷粒成熟标准</td><td>20</td><td></td></tr>
<tr><td>适时收获</td><td>15</td><td></td></tr>
<tr><td>父本收获方法</td><td>15</td><td></td></tr>
<tr><td>母本收获方法</td><td>15</td><td></td></tr>
<tr><td>父母本脱粒、晾晒、包装要求</td><td>15</td><td></td></tr>
<tr><td colspan="4">总　分</td><td>100</td><td></td></tr>
</table>

问题与思考

1. 简述种子成熟的标准。
2. 试述父母本的收获次序及具体方法。
3. 试述父母本脱粒、晾晒及包装要求。

子项目四　两系杂交水稻种子生产

知识目标

1. 具备两系杂交稻种子生产知识；

2. 具备两系杂交制种三个安全期知识；
3. 具备育性监测和育性安全知识；
4. 具备两系种子留高稻桩收割知识。

技能目标

1. 能选择好适宜的两系制种基地；
2. 能根据光温敏核不育系的“三期”确定父母本的播种期；
3. 严格进行育性监测，防止光温敏核不育系自交结实；
4. 能正确预防和去除制种田母本自交结实粒。

布置任务

学生模拟种子公司的形式组建成工作小组，在种子生产实训基地，按照两系杂交水稻种子生产技术方案进行两系杂交稻种子的生产。具体要求：

1. 能选择好两系安全制种基地；
2. 能选用育性稳定、来源正规的光温敏核不育系作母本；
3. 能选择适宜制种季节，安排好父母本的播种期；
4. 能进行制种田育性监测，预防母本自交结实；
5. 能进行制种田除杂与纯度检测。

学习条件

场地要求：水稻种子生产实训基地

工具与生产资料准备：水稻光温敏核不育系和恢复系种子、肥料、喷雾器、赤霉素、竹竿等

知识准备

一、两系制种与三系制种的差别

“两系法”是指利用水稻光温敏核不育系与恢复系杂交配制杂交组合，以获得杂种优势的方法。推广应用两系杂交水稻，是我国水稻杂种优势利用技术的新发展。利用光温敏核不育系作母本，恢复系作父本，将它们按一定行比相间种植，使光温敏核不育系接受恢复系的花粉受精结实，生产杂种一代的过程，叫两系法杂交制种（简称两系制种）。

两系制种与三系制种最大差别在于不育系的差别。两系制种的不育系育性受

一定的温、光条件控制，目前所用的光温敏核不育系，一般在大于 13.45 h 的长日照和日平均温度高于 24 ℃的条件下表现为雄性不育，当日照长度小于 13.45 h 和日平均温度低于 24 ℃时，不育系的育性发生变化，由不育转为可育自交结实，不能制种，只能用于繁殖。光温敏核不育系因受光、温的严格限制，一般只能在气候适宜的季节制种，而不能像“三系”那样，春、夏、秋季都可以制种。但两系制种和三系制种母本都是靠异交结实，其制种原理是一样的，所以两系制种完全可以借用三系制种的技术和成功经验。

二、两系杂交稻种子生产的关键技术

在两系制种时，根据光温敏核不育系的特点，抓好以下技术措施：

1. 选择好两系安全制种基地

水稻光温敏核不育系对于光照以及温度十分敏感，因此选择制种基地应考虑育性敏感安全期、抽穗扬花授粉安全期和收获成熟安全期的气温、灌溉水温、光照及雨量等。因此，制种基地选择一要防育性敏感期低气温，即在光温敏核不育系育性敏感期(通常为抽穗前 10～20 天)内不能出现日平均气温低于 24 ℃或日最低气温低于 20 ℃的低气温；二要防育性敏感期冷水灌溉，即制种基地在母本育性敏感期内不能用 24 ℃以下的冷水灌溉，否则水温太低也易造成不育系转可育；三要防花期高温和低温多雨，杂交制种一般要求日平均气温在 24～30 ℃(最好能在 25～29 ℃)同时日最高气温不能高于 35 ℃，以利于父母本正常开花和授粉。同样花期低温多雨也不利于异交结实；四要防收获期多雨，如果某地在保证不育系不育的前提下，不能通过合理安排播种期来避开收获期遇上多雨天气，造成穗发芽或收后无晴天晒种而发芽，也难以保证种子质量，也不是理想的两系制种基地。通常选择光照充足、昼夜温差相对稳定、地势开阔、海拔在 400 m 以下、非冷浸田或冷水灌溉田作为基地开展两系杂交水稻制种有利于产量和质量的提高。

2. 选用育性稳定、来源正规的光温敏核不育系

两系制种时，首要考虑不育系的育性稳定性，选用在长日照条件下不育的下限温度较低，短日照条件下可育的上限温度较高，光敏温度范围较宽的光温敏核不育系作母本。另外，光温敏核不育系的来源也必须正规合法，由于水稻两用核不育系繁殖不需要保持系而只需要低温自交即可结实，部分不法生产商通过上年度的制种获取生产用不育系后进行自繁留种。亦有不育系育种人员和科研单位缺乏种子经营资质，农业行政主管部门无法对其生产的不育系进行监管，在不育系严重缺乏

的情况下，部分不合格亲本也应用于制种从而导致种子质量问题。

3. 选择适宜制种季节，安排好父母本的播种期

两系法杂交水稻制种季节安排通常有四种：一是迟春制。将光温敏核不育系的育性转换敏感期安排在 6 月下旬，授粉期安排在 7 月 5 日以后。在北纬 23°～24°的区域，7 月上旬温度一般介于 27～30 ℃，空气相对湿度也基本达 80%～90%，有利于授粉。二是夏制。根据制种组合亲本生育期安排播种时期，4～5 月播种，7 月下旬至 8 月中旬抽穗授粉，8 月中旬至 9 月上旬收割。在北纬 23°～28°的区域，海拔 350～450 m 适宜种植一季稻的丘陵、山区都比较适宜。三是早秋制。将光温敏核不育系的育性转换敏感期安排在 8 月 15～25 日，授粉期安排在 9 月上旬。在北纬 23°～24°的区域，9 月上旬温度一般介于 26～29 ℃，湿度也较高，适宜授粉。四是海南春制。根据制种组合亲本生育期安排播种时期，12 月至次年元月播种，3 月下旬至 4 月中旬抽穗授粉，4 月下旬至 5 月上旬收割。但在海南制种成本高，抽穗授粉至种子成熟期，可能遇不良天气条件，制种产量与种子质量风险较大。

光温敏核不育系的三个安全期分别为：育性转换安全期、扬花授粉安全期以及收获安全期。第一安全期关系到制种纯度，是两系杂交制种成败的关键时期；第二安全期关系到制种产量的高低，是两系制种夺高产稳产的前提；第三安全期则关系到杂交种的质量（如穗上发芽导致种子变劣等）。因此，在确定播种期的时候要先考虑安全育性敏感期，再考虑安全的抽穗扬花期和安全收获期，最后根据播始历期和播差期确定光温敏核不育系和恢复系的播种期。

4. 制种田育性监测，预防母本自交结实

自交结实是两系杂交制种的最大风险。育性敏感期内遇到连续低温（日均温低于不育起点温度）以及制种后期高位分蘖遇短日低温都会导致光温敏核不育系自交结实。因此，在两系杂交制种过程中，要及时进行母本育性监测，确保母本育性安全。母本育性监测的具体措施是进行温度观察记载，即在制种母本育性敏感期（幼穗分化 3～6 期，即抽穗前 10～20 天），密切关注制种基地天气的变化，如果有低温天气，对当地气象站低温时段的日平均气温进行分析。对比母本的育性转换临界温度值，来确定低温对母本的育性是否将产生育性波动。如果日平均气温低于不育临界温度，则应灌深水保护母本。同时及早晒田，防止高位分蘖遇短日低温导致自交结实。

5. 制种田除杂与纯度检测

(1)制种田杂株的识别与清除。两系杂交制种田混杂类型没有保持系，但有自交结实株/穗，因此去杂的重点除了杂株之外，去除自交混杂的种子也是必不可缺

的工作内容。一株内的穗间，一穗内的不同部位颖花都可能因育性敏感期的气温变化而存在育性差异，而且这些差异有可能只在抽穗开花期某 1 天或 2 天内表现，从株叶形态和抽穗特性上不易被区别，因而常被忽视。可见，两系法制种的田间识杂更应加强除杂的技术指导，及时清除各类杂株。具体做法是适时收获，防高位蘖自交结实谷粒灌浆成熟；收获时留高稻桩，将高位蘖穗留在田间；收获后及时清选种子，将后期灌浆结实的种子去除。

(2)母本花粉镜检。从母本始花期起，在整个制种基地根据母本生育期的迟早、田块的肥力水平、灌溉水源、田块地形等因素，选择取样田，采用 5 点取样法取样进行花粉镜检。由于母本同一穗内不同部位的颖花，花粉发育不同期，花粉育性是在发育敏感期因温度而变化，因而不宜在某一天镜检同一穗的上、中、下部颖花，而应取当天能开花的颖花进行镜检。每天每点取当天能开花的颖花 10 朵，取出全部花药，镜检花粉育性，观察记录花粉类型，以判定不育系的不育性是否稳定，是否受气温影响。

(3)母本移蔸隔离和田间套袋。在花粉育性镜检取样田内，喷施赤霉素前一天，采用 5 点取样，每点取一厢内的一横行所有植株或随机取 10 穴植株，带泥移至绝对隔离区，并同取样田一样喷施赤霉素，防止畜禽危害，齐穗后 20 天考查自交结实率。种子成熟期，在同一取样制种田内 5 点取样，每点取一横行或取 10 穴植株，调查母本结实率。根据同一取样田取样的母本隔离自交结实率和制种田母本结实率，估算所制种子的纯度。例如，隔离自交结实率为 2%，取样田母本结实率为 40%，所制种子纯度约为 95%。

实施方案

以工作小组为单位，在教师指导下按照两系杂交水稻种子生产技术方案进行两系杂交水稻种子生产，具体内容包括：

(1)选择好两系安全制种基地；

(2)选用育性稳定、来源正规的光温敏核不育系作母本；

(3)选择适宜制种季节，安排好父母本的播种期；

(4)进行制种田育性监测，预防母本自交结实；

(5)进行制种田除杂与纯度检测。

检查评价

现场操作检查：学生自检、教师检查任务完成情况(表 3-22)。检查结果可分为 4 个等级：优(≥90 分)、良(80—90 分)、中(70—80 分)、差(0—60 分)。

表 3-22　两系杂交水稻种子生产任务完成情况检查表

	考核要点		技术操作要点	分值安排	评定得分
考核标准	态度与表现		学习(实训)态度与课堂表现	20	
	技能操作部分	两系杂交水稻种子生产	能正确选择安全制种基地、制种季节、播种期	20	
			能根据母本特性选择制种季节和播种期	15	
			能及时进行制种田育性监测	15	
			能正确进行制种田除杂	15	
			能采用科学的方法进行种子田纯度检测	15	
总　分				100	

问题与思考

1. 简述两系制种与三系制种的异同点。
2. 叙述两系制种的关键技术。
3. 试述如何提高两系杂交制种田种子质量。

子项目五　杂交水稻母本不育系繁殖

知识目标

1. 具备三系不育系繁殖知识；
2. 具备光温敏核不育系繁殖知识。

技能目标

1. 能进行三系不育系繁殖；
2. 能进行光温敏核不育系繁殖。

任务 1　三系不育系繁育

任务目标

1. 能准确推算父母本播错期和播种期；
2. 能规格移栽父母本并确定适宜行比；
3. 能强化栽培父本；

4. 能及时进行繁殖田除杂去劣；
5. 能科学喷施赤霉素；
6. 能人工辅助授粉；
7. 能及时收获种子。

布置任务

学生模拟种子公司的形式组建成工作小组，在种子生产实训基地，按照三系不育系（A）繁殖技术方案进行不育系种子的繁殖。具体要求：

1. 能准确推算父母本播错期和播种期；
2. 能规格移栽父母本并确定适宜行比；
3. 能强化栽培父本；
4. 能及时进行繁殖田除杂去劣；
5. 能科学喷施赤霉素；
6. 能人工辅助授粉；
7. 能及时收获种子。

学习条件

场地要求：种子生产实训基地

工具与生产资料准备：三系杂交水稻不育系、保持系种子、农膜、锄头、铲、秧盘、水桶、喷雾器、竹签、肥料、放大镜、竹竿等

知识准备

一、三系不育系繁殖与三系制种的区别

雄性不育系繁殖就是用不育系作母本，保持系作父本，按一定行比相间种在同一块田里，采用人工辅助授粉，使不育系接受保持系的花粉受精结实，生产出下一代不育系种子的过程。繁殖出的不育系种子除少部分用于继续繁殖不育系新种外，大部分用于杂交制种，它是杂交水稻制种的基础。因此，不育系繁殖不仅要提高单位面积产量，而且要保证生产出的种子纯度达到99.8%以上。

不育系的繁殖技术与三系制种技术基本相同，均是母本依靠父本的花粉受精结实。其不同点在于：不育系和保持系属姊妹系，株高、生育期等都差别不大，而制种的父本恢复系比不育系繁殖的父本保持系植株高大、分蘖力强、成穗率高、穗大、

花粉量充足、生育期长，因此制种父本栽插的穴数宜少些，父母本的行比宜大些，母本栽插的穴数多些。其他技术措施则大同小异，可以通用。

二、三系不育系繁殖的主要技术措施

1. 适时分期播种，确保花期相遇

(1)适时播种。选择最佳的抽穗扬花期和确定最佳的播种季节。要注意避开幼穗分化期遇低温和抽穗扬花期遇梅雨或高温。不育系繁殖的播期差比制种的播期差小得多，而且父母本在播种顺序上正好相反，制种时是先播父本，而繁殖时是先播母本(不育系)。

(2)父本分期播种。不育系从播种到始穗的时间一般比保持系(父本)长3天左右，而且不育系的花期分散从始花到终花需要9～12天，而保持系的花期集中，只需要5～7天。因此，为了使父母本花期相遇，父本应分两期播种，第一期父本比母本迟播3～4天，叶差0.8叶，第二期父本比母本迟播6～7天，叶差为1.5叶。粳稻不育系和保持系生育期相近，抽穗期也相近，第一期不育系与保持系可同时播种，第二期保持系比第一期保持系迟5～7天播种。不育系和保持系可同期抽穗。

2. 适宜行比与行向

在隔离区内，不育系和保持系以4∶1或8∶2行比种植。移栽时应预留父本空行，两期父本按一定的株数相间插栽，以利于散粉均匀。同时，为防止父本苗小受影响，父母本行间距离应保持26 cm左右。保持系和不育系种植的行向既要考虑行间光照充足，又要考虑风向。行向最好与风向垂直，或有一定的角度，以利风力传粉，提高母本结实率。

3. 合理密植

为了保证不育系有足够的穗数，必须保证其较高的密度，一般株行距为10 cm×(13.2～16.5) cm。单本插植，便于除杂去劣。如果不育系生育期较长，繁殖田较肥沃，施肥水平较高，其株行距可采用(13.2～16.5) cm×(16.5～20) cm。

4. 强化栽培措施

为了便于去杂，不育系和保持系往往需要单株种植，应该强化栽培管理，保证足够的营养条件，特别是要注意使保持系的营养充分，因为不育系本身是杂交后代，具有杂种优势，而保持系同一般品种一样，普通栽培技术下往往长势不好，所以必须加强管理，使之均衡生长。若保持系生长不好，花粉不多，或植株矮于母本，就会影响母本的结实率。

5. 除杂去劣

除注意严格隔离外，要多次进行除杂去劣，防止发生生物学混杂。特别是在抽穗开花期间，要反复检查，拔除父母本行内混入或分离的杂株。在收获前，再次逐行检查，拔除不育系行中的保持系植株。

6. 收获

收获时通常先收保持系，再对不育系群体全面逐株检查，彻底清除变异株及漏网的杂株、保持系株，然后单收、单打、单晒、单藏。不育系种子收获时还要注意观察，去除夹在其中的保持系稻穗。

实施方案

以工作小组为单位，在教师指导下按照三系杂交水稻种子生产技术方案进行播种前工作准备，具体内容包括：

(1)正确推算父母本播错期和播种期；

(2)规格移栽父母本并确定适宜行比；

(3)强化栽培父本；

(4)及时进行繁殖田除杂去劣；

(5)科学喷施赤霉素；

(6)人工辅助授粉；

(7)及时收获种子。

检查评价

现场操作检查：学生自检、教师检查任务完成情况（表 3-23）。检查结果可分为 4 个等级：优（≥90 分）、良（80—90 分）、中（70—80 分）、差（0—60 分）。

表 3-23　不育系繁殖任务完成情况检查表

<table>
<tr><td rowspan="7">考核标准</td><td colspan="2">考核要点</td><td>技术操作要点</td><td>分值安排</td><td>评定得分</td></tr>
<tr><td colspan="2">态度与表现</td><td>学习（实训）态度与课堂表现</td><td>20</td><td></td></tr>
<tr><td rowspan="5">技能操作部分</td><td rowspan="5">三系不育系繁殖相关技术</td><td>错期播种</td><td>15</td><td></td></tr>
<tr><td>规格移栽</td><td>15</td><td></td></tr>
<tr><td>赤霉素喷施</td><td>15</td><td></td></tr>
<tr><td>除杂去劣及授粉</td><td>15</td><td></td></tr>
<tr><td>人工辅助授粉</td><td>20</td><td></td></tr>
<tr><td colspan="4">总　分</td><td>100</td><td></td></tr>
</table>

问题与思考

1. 简述不育系繁殖与三系制种的异同点。
2. 试述如何提高不育系繁殖种子的产量和质量。

任务2　光温敏核不育系冷灌繁殖

任务目标

1. 掌握光温敏核不育系的特征特性；
2. 了解掌握光温敏核不育系的繁殖方法；
3. 掌握冷灌繁殖技术。

布置任务

学生模拟种子公司的形式组建成工作小组，在种子生产实训基地，按照光温敏核不育系繁殖技术方案进行冷灌繁殖。具体要求：

1. 能正确地采用幼穗剥检法、叶龄余数法进行花期预测；
2. 能根据花期预测结果正确判断花期相遇情况；
3. 能采用科学的方法进行花期调节。

学习条件

场地要求：水稻种子生产实训基地

工具与生产资料准备：光温敏核不育系、农药、化肥、赤霉素等

知识准备

一、光温敏核不育系的繁殖特点

光温敏核不育系繁殖就是利用其在长日照和低温条件下，自交结实这一特性来繁殖种子。但是，虽然光温敏核不育系繁殖属于自交结实，却不可按照常规水稻种子繁殖技术进行。原因是在光温敏核不育系繁殖时，育性敏感期与抽穗扬花期对温度的要求相互矛盾，在一般的条件下，绝大多数的光温敏核不育系，难以做到既在敏感期内满足其育性转换对低温（<24 ℃）的要求，而在抽穗扬花期内又能保证有适宜的温度（25～30 ℃）安全扬花授粉，繁殖困难，即“两期”相互矛盾，这已经

成为制约两系杂交稻大面积推广应用的瓶颈。因此,要进行光温敏核不育系的安全繁殖,必须采取一定的技术措施。

光温敏核不育系繁殖常用的方法包括:本地冷灌繁殖技术、人工气候室繁殖、异地繁殖(海南)、本地秋季繁殖/再生稻繁殖、中低纬度高海拔地区繁殖等。

二、光温敏核不育系冷灌繁殖

冷灌繁殖就是指在光温敏核不育系的繁殖阶段,在育性敏感期内通过灌冷水以达到育性转换对低温的要求,过后排掉冷水使繁殖田温度回升,而不影响其正常抽穗扬花的一种繁殖方法。冷灌繁殖是目前生产上应用最多、技术最成熟的一项光温敏核不育系繁殖技术。主要技术环节包括以下六个方面:

1. 冷灌繁殖基地的选择和隔离

选择适宜的繁殖基地是夺取高产的前提。冷灌基地选择的首要出发点是必须有充足的低温水资源。主要利用水库底层低温水源或高山地区地下阴河水源,要求水温 16～22 ℃。繁殖田要求土壤肥力中上,排灌方便,阳光充足。

光温敏核不育系在繁殖时,虽然可育花粉比较高,但毕竟不是百分之百,在有外来花粉条件下,异交结实率是很高的。因此,必须严格防杂保纯。如果采用空间隔离,一般丘陵地区在距离繁殖田四周 100 m,平坝地区距离繁殖田四周 200 m 以内不能种植与繁殖田同期抽穗的其他水稻品种。采用时间隔离则要求不育系繁殖与异品种的花期要相差 25 天以上。

2. 合理安排“三期”

光温敏核不育系繁殖需要安排好“三期”,即适时播期、育性转换安全敏感期、理想扬花期,其中育性转换安全敏感期是核心,决定繁殖的成败。目前生产上所利用的光温敏核不育系的育性转换临界温度为 24 ℃,低于育性转换临界温度则恢复育性。在繁殖光温敏核不育系种子时,应掌握育性转换安全敏感期的低温范围为 20～23 ℃,这样既达到低温恢复育性获得高产,又不因低温而造成冷害或生理不育。可见,适宜的播期不但决定育性转换安全敏感期,也决定理想扬花期,是夺取繁殖高产的关键步骤。因此,必须根据当地多年的实践经验和气象资料,确定合理的播种期。

3. 冷水科学灌溉

光温敏核不育系对温度反应的敏感部位不仅在茎端生长点,还在根尖生长点,而根尖埋在深泥之中,须冷灌后几天才能达到冷处理效果。因此,冷灌必须在育性转换敏感期前1～2天进行，特别是夏季高温天气条件下，冷灌时间应适当延长到20天以上。采用22℃左右的低温水灌溉，深度由10 cm逐步加深到17 cm，使幼穗生长点和根尖生长点在育性转换期自始至终都处于低温状态。在灌溉方式上宜采用较快的水流速度和水流量昼夜连续串灌。由于气温和繁殖田的田间小气候对水温的影响，势必造成水温从进水口到出水口呈梯级上升的趋势，从而结实率也是梯级下降。为克服这种现象，每块繁殖田还要建立专用灌排渠道，要尽量减少空气温度对灌果冷水的影响，多口进水，多口出水，漏筛或串灌，使全田水温基本平衡，植株群体结实平衡。

4. 科学喷施赤霉素

光温敏核不育系可育时期，抽穗仍有包颈现象，适时适量适法喷施赤霉素，可改善穗层通风透光，增加穗长，疏散枝梗和着粒，提高结实率，减轻黑粉病发生。通常情况下，破口期用浓度为12.5～15 mg/L的赤霉素溶液喷施1次，抽穗达到30%时用浓度为50～60 mg/L的赤霉素溶液再喷施1次。

5. 除杂去劣

从光温敏核不育系分蘖盛期至收获，要反复进行除杂，确保始穗期田间杂株率控制在0.05%以内、齐穗期在0.03%以内、收获期在0.02%以下。此外，严格防止收割、运输、晒种过程的机械混杂确保种子的纯度。

6. 及时收种

现有育性转换起点温度低的籼型水稻光温敏核不育系在黄熟后较易落粒，如遇持续阴雨天气，易穗上发芽，不宜熟透才收割，而应及时收获。

三、海南冬季繁殖

海南地处热带地区，属热带海洋性气候，春、秋两季温度变化平缓且相对稳定，冬季温暖，可供水稻全年生长，成为全国最为理想的作物南繁育种基地。湖南杂交水稻研究中心多年来对培矮64S在海南三亚的冬繁研究证明，利用海南南端1月底到2月初的低温，是不育系繁殖的有效途径之一。

冬季海南繁殖需要注意以下几点：①合理安排好播种期、育性转换敏感期和抽穗扬花期。②选择合适的水稻产田并做好田间管理。产田要具备良好的自然隔离条件，以背风向阳，排灌方便的成片产田最为适宜，做到时间、空间隔离；设计丰产苗架、做好肥水管理、务必保证病虫害防治及除杂等。③结合各种辅助措施，增加繁殖产量。如适时适量喷施赤霉素，在抽穗扬花期可以选择人工赶粉等。

四、低纬度高海拔繁殖

低纬高海拔地区气候凉爽，昼夜温差大，是温敏型两用核不育系的理想繁殖基地。通常不育系繁殖最佳海拔高度为 890～920 m，当海拔低于 890 m 或高于 920 m 时，繁殖产量开始降低。

利用高海拔低产田繁殖光温敏核不育系时，需要注意三个技术要点：①利用高海拔自然低温条件进行夏繁，当水稻两用不育系幼穗分化进入Ⅳ期，保持灌深水 7～10 天是提高结实率的关键。②适当推迟移栽时期，合理密植，保证充足的基本苗，必须保证不育系抽穗扬花期避开连秋雨、倒秋寒的时段。③搞好田间管理(特别是中后期病虫害的防治)和药剂辅助。扬花散粉时用长竹竿辅助赶粉 2～3 次，可提高自交结实率。

实施方案

以工作小组为单位，在教师指导下按照光温敏核不育系种子冷灌繁殖技术方案进行光温敏核不育系种子的生产，具体内容包括：

(1)冷灌繁殖基地的选择和隔离；

(2)合理安排“三期”；

(3)冷水科学灌溉；

(4)科学喷施赤霉素；

(5)及时收种。

检查评价

现场操作检查：学生自检、教师检查任务完成情况(表 3-24)。检查结果可分为 4 个等级：优(≥90 分)、良(80—90 分)、中(70—80 分)、差(0—60 分)。

表 3-24　光温敏核不育系繁殖任务完成情况检查表

<table>
<tr><td rowspan="8">考核标准</td><td colspan="2">考核要点</td><td>技术操作要点</td><td>分值安排</td><td>评定得分</td></tr>
<tr><td colspan="2">态度与表现</td><td>学习(实训)态度与课堂表现</td><td>20</td><td></td></tr>
<tr><td rowspan="6">技能操作部分</td><td rowspan="6">光温敏核不育系冷灌繁殖</td><td>繁殖基地选择和隔离</td><td>20</td><td></td></tr>
<tr><td>合理安排“三期”</td><td>15</td><td></td></tr>
<tr><td>冷水灌溉(时间、深度和方法)</td><td>15</td><td></td></tr>
<tr><td>喷施赤霉素</td><td>15</td><td></td></tr>
<tr><td>除杂去劣</td><td>15</td><td></td></tr>
<tr></tr>
<tr><td colspan="4">总　分</td><td>100</td><td></td></tr>
</table>

问题与思考

1. 简述光温敏核不育系繁殖的特点和常见方法。
2. 简述光温敏核不育系冷灌繁殖的主要技术措施。
3. 试述如何提高光温敏核不育系繁殖的产量和质量。

项目四

花生种子生产技术

知识目标

1. 熟知花生育种家种子、原种、良种含义；
2. 掌握花生种子生产基地建设的要求；
3. 熟知花生品种退化的原因与防止途径；
4. 熟知花生原种、良种生产流程。

技能目标

1. 学会花生原种生产操作；
2. 会用适当繁育方法进行花生良种生产；
3. 能对大田用种的繁育田进行管理；
4. 会对花生原种、大田用种生产田间调查、室内考种。

布置任务

学习小组在课下进行自主学习，并根据教师提供的参考书、网络资源、学习情境实施方案、任务单、工作记录表、考核单等资料，研讨制订出花生大田用种的生产方案。具体要求：

1. 知道花生混杂退化原因及防止措施；
2. 能够熟练进行花生大田用种繁育工作；
3. 基本熟识花生原种生产操作过程；
4. 提交花生大田用种繁育工作技术总结。

知识准备

花生是世界上重要的油料作物之一，在世界贸易中所占比重呈稳定上升趋势，花生及其制品以其风味独特、品质优良及良好的保健功能而深得世人喜爱，种植面积仅次于油菜，居油料作物第二位，在世界油脂生产中具有举足轻重的地位。近年来，世界花生生产有了较大发展，花生的单位面积产量、总产、贸易量增长显著，花生生产的目的、生产与贸易格局发生了较大变化，花生科技有了长足发展。中国是世界上最大的花生生产、消费和贸易出口国，年均种植面积占全球面积的近21%，总产一直稳居世界首位。花生在国民经济发展和对外贸易中占有重要地位，花生种子安全生产在保障我国粮油安全方面意义重大。

我国花生播种面积在500 km^2 左右，约需要种子15亿 kg，按平均5年为一个种子更新周期计算，则每年100 km^2 的播种面积需更换种子，需花生种子3亿 kg。据不完全统计，目前我国每年通过种子部门经营的花生种子不足用种量的1/2，在1.0亿 kg 左右。

随着农业科学技术的普及和市场经济的兴起，农民对优良新品种数量的需求不断增加，质量要求也越来越高，因此建好优质专用花生种子生产基地，实现种子产业化，是种子市场的客观需求和产业结构调整的基础，也是提高花生产量、品质的重要措施。加速品种更新，实现农业增效、增产、增收。

任务1　生产花生原种

一、生产基地建设的要求

符合产地环境条件标准，远离城区、工矿区、交通主干线、工业污染源、生活垃圾场等。基地周边2 km 以内无污染源；基地距主干公路100 m 以上。基地土壤肥沃，排灌条件良好；基地土壤未长期施用含有有害物质的工业废渣。初选合格后，应对基地的环境进行检测，土壤中农药、有毒物质、重金属、硝酸盐及亚硝酸盐含量应低于允许标准，基地的大气、土壤、灌溉水等的具体要求，应符合“有绿无”花生产地环境条件标准，并符合《高标准农田建设标准》(NY/T 2148—2012)。

二、花生原种生产技术

按照花生种子质量等级分为育种家种子、原种和大田用种。为了保持花生种子质量特性，必须抓好种子生产关，在种子生产的各个环节，必须执行统一的生产技术规程。

原种是指保持原品种典型性、遗传稳定性、一致性和新颖性，不带检疫性病害、虫害和杂草的，按照规程生产出来的符合原种质量标准的种子。

原种生产可采用育种家种子直接繁殖的方法，也可采用三圃或二圃的方法。为了避免种子混杂、保持优良种性，原种生产田周围不得种植其他品种的花生。

（一）三圃法生产花生原种

三圃：即株行圃、株系圃、原种圃。三圃法具体操作过程如下：

选择单株：单株在株行圃、株系圃或原种圃中选择，如无株行圃或原种圃时可建立单株选择圃，或在纯度较高的种子田中选择。

选择时期：选择分开花下针期和成熟期进行。

选择标准和方法：根据本品种特征特性，选择典型性强、生长健壮、丰产性好的单株。开花下针根据株型、叶形、叶色、开花习性、花色选单株，并标记；成熟期根据株高、株型、熟期、单株结果多少、果形、抗病性从花期入选的单株中筛选。筛选时要避开地头、地边和缺苗断垄处。

选择数量：选择数量应根据原种需要量而定，一般每品种每亩株行圃选单株300～400株。

室内考种及复选：入选植株根据植株的全株荚果数、籽仁数，选择丰产性好的典型单株，单株脱粒，进行室内考种，然后根据荚果大小、籽仁大小、整齐度、粒形、果皮颜色、百粒重、感病情况进行复选。决选的单株在剔除个别病虫粒后分别装袋编号保存。

下面分别叙述株行圃、株系圃、原种圃生产技术要点。

(1)株行圃

田间设计：各株行的长度应一致，行长5～10 m，每隔19行或39行设一对照行，对照应为同一品种原种。

播种：适时将上年入选的每株种子播种一行，密度应比大田稍稀，单粒点播，或二三粒穴播留一株苗。

田间鉴定评选：分三期进行。苗期根据幼苗长相、幼茎颜色。开花下针期根据株型、叶形、叶色、开花习性、花色。成熟期根据株高、株型、熟期、单株结果多少、果形、抗病性来鉴定品种的典型性和株行的整齐度。通过鉴评，淘汰不具备原品种典型性的、有杂株的、丰产性差的、病虫害重的株行，并做明显标记和记载。对入选株行中的个别病劣株要及时拔除。

收获：收获前要清除淘汰株行，对入选株行要按行单收、单晾晒、单脱粒、单袋装，袋内外放、拴标签。

决选：在室内要根据各株行的荚果大小、籽仁大小、整齐度、粒形、果皮颜色、百粒重、感病情况进行决选。淘汰籽仁性状不典型、不整齐、病虫粒重的株行。决选株行种子单独装袋，分别于袋内、外放、拴好标签，妥善保管。

(2)株系圃

田间设计：株系圃面积因上年株行圃入选株行种子量而定。各株系行数和行长应一致，每隔 9 区或 19 区设一对照区，对照应用同品种的原种。

播种：将上年保存的每一株行种子种一小区，单粒点播或二三粒穴播留一株苗，密度应比大田稍稀。

田间鉴定评选：分三期进行。苗期根据幼苗长相、幼茎颜色，开花下针期根据株型、叶形、叶色、开花习性、花色。成熟期根据株高、株型、熟期、单株结果多少、荚果形、抗病性来鉴定品种的典型性和株系的整齐度。通过鉴评，淘汰不具备原品种典型性、有杂株、丰产性差、病虫害重的株系，并做明显标记和记载。若小区出现杂株，则全小区淘汰。同时要注意各株系间的一致性。

收获：先将淘汰区清除后对入选小区单收、单琼晒、单脱粒、单称重、单袋装，分别于袋内、外放、拴好标签。

决选：在室内要根据各株系的荚果大小、籽仁大小、整齐度、粒形、果皮颜色、百粒重、感病情况进行决选。淘汰籽仁性状不典型、不整齐、病虫粒重的株系。决选株行种子单独装袋，放、拴好标签，妥善保管。决选时还要将产量显著低于对照的株系淘汰。入选株系的种子混合装袋，分别于袋内、外放、拴好标签，妥善保存。

(3)原种圃

播种：将上年株系圃决选的种子适度稀植于原种田中，播种时要将播种工具清理干净，严防机械混杂。

除杂去劣：在苗期、花期、成熟期要根据品种典型性严格拔除杂株、病株、劣株。

收获：成熟时及时收获。要单收、单脱粒、专场晾晒，严防混杂。

（二）二圃法生产花生原种

二圃：即株行圃、原种圃。二圃法生产原种具体操作如下。

1. 单株选择

第一年单株选择。提纯复壮或繁育的花生良种必须是生产上大面积推广，并且具有利用前途的品种，或试验示范表现好而准备推广的新品种，即具有广阔的推广前景、准备作为生产原种的品种。为了选株方便和有利于植株充分生长发育，种植密度不宜过大，而且必须单粒播种。

选择单株：单株在株行圃、株系圃或原种圃中选择，如无株行圃或原种圃时可建立单株选择圃，或在纯度较高的种子田中选择。

选择时期：选择分开花下针期和成熟期两期进行。

选择标准和方法：根据本品种特征特性，选择典型性强、生长健壮、丰产性好的单株。开花下针根据株型、叶形、叶色、开花习性、花色选单株，并标记。成熟期根据株高、株型、熟期、单株结果多少、果形、抗病性从花期入选的单株中筛选。筛选时要避开地头、地边和缺苗断垄处。

选择数量：应根据原种需要量而定，一般每品种每亩株行圃选单株 300～400 株。

室内考种及复选：根据入选植株的全株荚果数、籽仁数，选择丰产性好的典型单株，单株脱粒，进行室内考种，然后根据荚果大小、籽仁大小、整齐度、粒形、果皮颜色、百粒重、感病情况进行复选。决选的单株在剔除个别病虫粒后分别装袋编号并保存。

播种前再根据荚果饱满度、结果多少、种子形状和种皮色泽等典型性进行一次复选。

2. 株行圃

第二年株行圃。选择地势平坦、地力均匀、旱涝保收、无线虫病、不重茬的地块为株行圃。

田间设计：各株行的长度应一致，行长 5～10 m，每隔 19 行或 39 行设一对照行，对照应为同一品种原种。

播种：将上年当选的优良单株，分株剥壳装袋，以单株为单位播种，

每个单株播种 1 行，每 9 行或 19 行设 1 行原品种为对照行。行长一般为 6～10 m，行距 45 cm。以单株编号顺序排列。密度应比大田稍稀，单粒点播，或二三粒穴播留一株苗。

田间鉴定评选：生育期间要做好鉴定、观察和记载，分三期进行。苗期主要观察记载出苗期和出苗整齐度、幼苗长相、幼茎颜色。花针期主要观察记载株型、叶形、叶色、开花类型、分枝习性、抗旱性等。成熟期根据株高、株型、熟期、单株结果多少、果形、抗病性来鉴定品种的典型性和株行的整齐度。通过鉴评要淘汰不具备

原品种典型性的、有杂株的、丰产性差的、病虫害重的株行，并做明显标记和记载。对入选株行中的个别病劣株要及时拔除。

收获：收获前要清除淘汰株行，收获期要记载收获时间，先收获淘汰行和对照行，后收获初选行，同时观察记载初选行的丰产性、典型性和一致性，以及荚果形状、大小及其整齐度等性状。性状一致的株行可混合摘果。性状特别优良的株行可分别单独摘果装袋，标记株行号。对入选株行要按行单收、单晾晒、单脱粒、单袋装，袋内外放、拴标签。收获后抓紧时间晒干。

决选：在室内要根据各株行的荚果大小、籽仁大小、整齐度、粒形、果皮颜色、百粒重、感病情况进行决选。淘汰籽仁性状不典型、不整齐、病虫粒重的株行。决选株行种子混合装袋，放、拴好标签，妥善保管。

3. 原种圃

第三年原种圃要选择中等肥力以上的沙壤土，施足肥后作原种圃。

播种：将上年株行圃混收的种子稀植于原种田中，单粒播种，密度不宜过大，要按高产高倍方法繁殖原种。播种时要将播种工具清理干净，严防机械混杂。

除杂去劣：在苗期、花期、成熟期要根据品种典型性严格拔除杂株、病株、劣株。

收获：成熟时及时收获，要单收、单脱粒、专场晾晒，严防混杂，做好贮藏。

此外，原种必须采用适宜的栽培条件，原种的面积应根据服务地区需种量确定，一般株行圃与原种圃的面积之比为1∶(8～10)。

问题与思考

1. 什么是原种？获得花生原种的方法主要有哪些？
2. 试述三圃法生产花生原种的技术要点。
3. 试述二圃法生产花生原种的技术要点。
4. 简述花生原种种子的贮藏与检验工作。

任务2　繁育花生良种

花生良种是指用原种在严格防杂保纯条件下繁殖，保持原品种典型性、遗传稳定性和一致性，不带检疫性病害、虫害和杂草，按照规程生产出来的符合大田用种质量标准的种子。

一、花生良种的繁育程序

花生大田用种的繁殖方法较之原种的生产方法单一，主要是选择适宜地块，按照规程生产即可。为了避免种子混杂，保持优良种性，良种繁育田周围不得种植其他品种的花生。主要繁育方法如下。

(1)播种：将计划繁育的花生原种适度稀植于良种田中，播种时要将播种工具清理干净，严防机械混杂。

(2)除杂去劣：在苗期、花期、成熟期要根据品种典型性严格拔除杂株、劣株、病株。

(3)收获：成熟时及时收获，要专场晾晒，严防混杂。

二、大田用种的繁育管理

为了实现优良品种的更新换代和花生产量的进一步提高，对大田用种繁育田必须加强栽培管理，以获取高产优质的良种，加速推广应用。栽培管理要掌握以下三点。

(1)大田用种生产田应由固定的技术人员负责，并有田间观察记录。

(2)要选择地势平坦、肥力均匀、土质良好、排灌方便、不重茬、不迎茬、不易受周围不良环境影响和损害的地块。

(3)各项田间管理均要根据品种的特性采用先进的栽培管理措施，以提高种子的繁殖系数，并应注意管理措施的一致性，同一管理措施要在同一天完成。

要保持花生种子的优良特性，还需要进行种子质量检验。按花生品种典型性、遗传稳定性和一致性，对繁育的原种和大田用种进行选择，按照国家规定标准进行质量检验，对符合标准的原种、大田用种予以保留，对达不到质量要求的要及时处理。

三、花生良种繁育新技术

花生种子的繁育技术有多种，但就实质而言不外乎两个方面，一是高产栽培，二是加代繁殖。

花生生产用种量大，种子繁殖系数低，在一般大田生产条件下，每公顷产量在 3 000 kg 左右，只相当于每公顷用种量 10 倍左右。所以，一个新品种从开始示范推广，到大面积普及应用，往往需要十几年时间。为了加速优良品种的推广，近年来各地总结推广了几项提高良种繁殖系数的新方法和新技术，使花生良种的繁殖系数提高到 30 倍以上，大大加速了花生良种的推广速度。

（一）花生良种高产高倍繁育技术

1. 高产繁育技术

花生高产高效良繁技术，是1999年由山东省花生研究所完成的最新花生良繁技术成果。它是单粒稀播法的改进和提高，将良种繁育和高产栽培紧密结合起来，根据土壤类型、常年产量水平、生产条件以及品种特性等综合农艺措施确定目标产量，再根据土壤条件、目标产量及农艺措施确定适宜的施肥量。通过适宜种植方式、适宜密度，实现花生良种高产栽培。通过施肥、浇水管理措施，培育花生壮苗。通过巧用植物生长调节剂调节植株生育，建立高光效群体结构。山东省花生研究所采用该技术示范3 hm^2 连片良繁高产田，获得平均每公顷7 942.5 kg的高产量，繁殖系数较普通高产栽培显著提高，达到其35倍。该技术适用于花生良种繁育基地大面积高产繁育。

2. 单粒播种，高产高倍法

单粒播种，高产高倍法是高速繁殖花生良种普遍采用的一种方法。

(1)选好地，合理施肥。应选择适合花生高产的沙质壤土或壤土，创造一个全土层深厚，结果层疏松的土壤条件。根据土壤肥力情况，施足基肥，一般每公顷施优质土杂肥7.5万～15.0万kg，过磷酸钙450～750 kg，硫酸铵112.5～150 kg，硫酸钾150～190 kg或草木灰1 500～2 250 kg。

(2)起垄种植，单粒播种。于早春起单垄，以利保墒。根据土壤肥力、施肥水平和品种特性等基本情况，确定适宜密度。通常是早熟品种垄距50 cm，株距15～17 cm，每公顷种植12.0万穴左右(每穴一粒)；中熟品种垄距53 cm，株距26 cm，每公顷种植7.2万穴(粒)左右。要分级播种，因为单粒播种一般是在种子总量少的情况下采用的快繁措施。所以一级、二级、三级仁都要做种，只是三级仁可以每穴2粒。要采取综合措施，确保一播全苗。

(3)加强田间管理。应根据所繁殖花生品和各生育阶段的不同特点，加强田间管理，促进植株良好生长，确保花多、花齐、针多、结果集中、果多、果饱。

花生基本齐苗后，抓紧破垄退土清棵，保证清棵质量，使两片子叶露出土面，促进花生蹲苗壮棵。结合清棵进行第一次中耕，隔15～20天进行第二次中耕，在6月下中旬花生尚未封垄前进行第三次中耕。在7月中旬前后花生盛花期进行培土，迎接果针入土，做到“垄胖坡陡顶凹形”。花生生育期间，遇旱要及时浇水，逢涝要及时排水，同时注意防治病虫害。

3. 插枝繁殖(无性繁殖)法

在种子量特别少,品种又特别优良,需要快速高倍繁殖的情况下,可以在田间种植的同时,采用插枝繁殖法。

(1)培育壮株健枝。春播时将繁殖的种子按高产栽培技术,单粒播种,培育壮株、健枝。

(2)剪枝扦插。于花生始花后,即北方地区播种后60~70天,南方地区50~60天,选择生长健壮的植株,剪下枝条的顶部(最好剪主茎,因主茎对母株的产量影响小),剪下的枝条长为5~10 cm,按行距30~35 cm,株距20~25 cm扦插于预先准备好的畦内,插后及时浇足水。

(3)加强管理。扦插后注意浇水、划锄,确保成活,并按各生育期要求加强田间管理。从扦插到成熟一般只需120天左右。每公顷可收获2 250~3 000 kg荚果。

4. 压枝繁殖法

花生具有花多不齐,针多不实的特点。压枝繁殖法就是利用这些特点,发挥高节位花针的结实作用。具体做法是花生高节位开花期间,在进行中耕培土后,用20~25 cm长的小竹条折成"门"形,卡住花生枝条插入土中,使被卡枝条贴于地面,让高节位果针入土,增加单株结果数。一般进行2次压枝,每公顷可增产花生荚果30%以上,繁殖可高达100多倍。

(二)花生良种加代繁育技术

1. 阳畦温床双季繁殖技术

北方花生产区在种子总量很少,又非常珍贵的情况下采用该法加速繁种,尽管费用偏高,但比"南繁"费用低。该技术是20世纪80年代初由临沂市农业科学院试验研究成功的。主要特点是一年可繁两季,繁殖倍数高。据试验,全年累计繁殖倍数可达到364倍。由于是在温床内种植,所以受气候变化的影响较小。在种子总量少的情况下,采用该技术是加速繁种的好方法。缺点是费用较大,但比"南繁"费用低。技术要点如下:

(1)选地,制作温床。选择背风向阳、土质好、肥力较高、排灌方便的地块,以东西向建塑料薄膜阳畦温床。床长10~15 m,宽1.2 m,后墙高0.65 m,前墙高0.15 m,在后墙上留两个0.1 m见方的换气孔。床墙宽0.4 m,床头墙顶呈斜坡状,以便覆盖塑料膜。

(2)整地、施肥。床土翻深30 cm左右,铺施基肥。施肥量按每公顷75 000 kg

厩肥，450 kg 过磷酸钙，2 250 kg 草木灰的标准，一次施足。

(3)播种、管理和收获。第一季在 3 月上中旬起垄播种。起双垄，垄距 80 cm。单粒播种，株距 16 cm，地膜覆盖栽培，播种结束后在床顶覆盖大棚膜，早、晚和阴雨天棚膜上遮盖草帘保温，尽量提高床土温度。出苗前以增温保暖为主，白天及时揭开草帘晒床增温，早、晚和阴雨天及时盖好草帘保温。先播种后覆膜的，幼苗顶土时要及时开膜孔放苗。出苗后，床内温度要保持在 25 ℃以上。苗期一般不浇水，如确需浇水，要浇温水，忌用凉水。花针期仍要保温散热。6 月中旬后揭掉棚膜，下旬收获。收获及时晒干，准备播种下茬。

第二季在 7 月上中旬播种。有条件的在播种前最好每公顷再施 75 000 kg 土杂肥，750 kg 复合肥。播种方式与密度同第一茬。播种后先不覆盖棚膜，生育期间注意防治病虫害。9 月下旬开始床顶覆盖棚膜，早、晚雨天要遮盖草帘。10 月下旬至 11 月上旬收获。该技术适于繁育休眠期短的良种。如繁育休眠期长的品种，应在播种前做打破休眠处理。

北方花生产区如果繁育特早熟良种，可不用制作温床，直接采用地膜覆盖栽培，一年种植两季，加快繁种速度。如山东省荣成市农业局 1984 年繁育特早熟品种鲁花 6 号，两季均获得了高产，繁殖系数大幅度提高。

2. 北育南繁或南种北繁技术

非常优异的育种家种子，可采取南繁（加代）的方法加速繁育。具体做法是将 9 月或 10 月收获的春、夏播良种，晒干后到海南省冬繁。冬繁一般于 11 月中旬播种，翌年 3 月下旬收获。除单粒播种外，其他栽培管理措施同冬花生，南繁每公顷可收获 1 000 kg 以上。

南方必须进行种植留种的花生产区。如广东、广西、赣南等地，可以采取南种北繁，以代替种植留种。

种植花生，一般高产田块每公顷产量不到 2 000 kg，低产田块不到 1 000 kg，对人力、物力、土地资源造成浪费。如果采取南种北繁，在黄淮地区春播或夏直播，一般每公顷可产 3 000 kg 以上，收获后在北方利用冬季自然低温贮藏，翌年早春运回南方春播，既可保证繁种质量，又可科学地利用人力、物力和土地资源。

（三）其他繁育技术

花生秋种留种技术在我国广东、广西、福建等地是加速良种繁育、获得高活力种子的一项重要技术。

秋植花生留种，种子的含油量低，收获后贮藏期短，气温低，种子活力强，第二年春播出苗快，出苗齐，长势均衡，生长健壮，出苗率可达95%以上，一般比春植留种高20%以上，增产显著。据福建省溪宅农场试验，秋植花生作种，出苗率94%，而对照春植花生种只有68%。秋植留种的主要栽培技术有以下两种：

(1)种子准备和适期播种。南方各省一般种植珍珠豆型早熟品种，秋播生育期为110～120天，要求活动积温2 500～3 100 ℃，各地可根据当地的光温资源具体确定适宜的播种期。一般在8月初播种，12月中旬收获。过迟播种，生育后期易受低温影响，造成荚果发育不良，降低种子质量，并导致减产。

秋植花生如果播种较早，则采用上一年春植的种子作种。留作种子的春植花生，收获后应晒干至含水量9%，精选干净，拣取饱满荚果，用缸封藏，或用麻袋装好后放于干燥的稻谷仓中，贮藏期间要勤检查，保持通风干燥，贮藏中、后期要抓住晴天多晒几次，以防霉变。经这样贮藏的荚果，翌年秋植时种子生活力仍较强，发芽率可达70%以上。

如播种稍晚，可采用当年春播收获的花生作种，需要作种的田块应提前10～15天收获，收获后及时晒干，剥壳后精选作种。

(2)选地施肥和播种管理。秋植留种田宜选用土质疏松、肥力较高、排水良好、有灌溉条件的水旱田连片种植。播种前要精耕细整。稻田秋植花生，因土壤通透性差，易渍水闷种而影响出苗，需及时落干，干耕细耙，使地表无泥块。也可抢季节，进行稻茬播种。播种后及时中耕、灭茬、施肥。播种方式一般宜采用深沟窄畦，一般畦面宽117 cm，畦沟宽40 cm，畦高20 cm，以利秋植花生的灌溉、排水。

秋花生播种期常遇到高温、干旱天气，应于播种前灌水润土，或播种后沟灌，灌后及时排干。花生生育期短，一般需视旱情灌水3～5次。灌水、排水的原则是“干花、湿针、润果”，下针到饱果期应保持土壤湿润，以利生长发育。

秋花生生育期间雨水少，光照足，植株矮壮，单株结果数稍少，应适当密植，以增加单位面积总果数。播种密度每公顷30万～37.5万株为宜。播种时盖种应细而匀，避免土块堆压种子和肥料直接接触种子。秋花生生育期间，气温由高到低，前期发育快，开花早，需施足基肥，促进早发，培育壮苗。一般每公顷应施用腐熟的猪圈肥或其他有机肥15 000 kg、普通过磷酸钙300 kg、钙肥(石灰、壳灰)300～375 kg、草木灰375～750 kg，于播种前沟施，尿素60～90 kg于4叶期前追施。

秋植花生苗期易受浮尘子为害，中、后期易感染锈病，应注意防治，及时喷洒杀虫剂和杀菌剂。

问题与思考

1. 简述花生良种含义和花生良种的繁育程序。

2. 试述花生良种繁育技术要点。

3. 试述花生原种、大田用种生产田间调查、室内考种项目有哪些？

任务3　花生良种的提纯复壮技术

一、花生品种退化的原因与防止途径

（一）花生品种退化的原因

1. 机械混杂

在花生的播种、收获、摘果、运输等一系列过程中，由于缺乏严密的生产与管理操作规程，对机具、晒场清理不净或补种时用了其他品种的种子等因素、均可造成花生品种混杂。

2. 生物学混杂

花生虽然是自花授粉作物，但是因多种因素的影响，总会有一定程度的天然异花授粉，引起基因重组而产生变异。在生产上若将不同的品种相邻种植，没有适当隔离，就有可能发生品种间天然杂交，杂交后代分离出不同类型的植株，使品种整齐度、纯度下降，产量和品质降低。

3. 品种遗传因素

一个花生品种也不是一个绝对纯系，在遗传上总会有差异，特别是通过杂交育成的品种，个别性状还会继续分离。即使是同一花生植株，其基因型也不可能是完全纯合的，由于各种因素的影响，失去了原来的典型性状。

4. 环境条件影响

在不良的环境条件下，花生品种优良性状会逐渐削弱，而一些不良性状就会被自然选择而保留下来，且会不断增加，良种的丰产性就会退化变劣。在留种太少的情况下，也易导致花生品种遗传基因的漂移。

（二）防止品种退化的途径

1. 防止机械混杂

一是单株稀植。实行花生品种单株稀植繁种技术，可以确保种性和纯度。二是精选种子。选用正规单位繁育的纯度高、代数低的种子。三是选择土壤深厚、地势平坦、不重茬的沙壤土最好，而且1～3年内没有种过花生，以减轻花生各种病虫害的发生概率。四是每亩施优质土杂肥4 000 kg以上，并配合施用一定数量的氮磷钾三元素复合肥。如果微量元素缺乏，还应补充一定数量的微肥，每亩1～2 kg。五是起垄，单粒播种。垄距40～45 cm，垄高15 cm，每垄播种1行，采用单粒点播、株距15～18 cm。

2. 防止生物学混杂

一是选用性状稳定、纯度高的原种作为繁殖用种。二是做好隔离，以防止花生品种生物学混杂。

3. 加强田间管理

给花生植株生长发育创造良好的环境条件，以防止花生种性退化。

4. 适期收获

一般先收早熟品种和瘠薄地块，后收晚熟品种和肥水高的地块。要做到分品种收获，用手摘荚果。

5. 搞好提纯复壮

花生品种在生产上使用3年后，要及时进行提纯复壮，以免一些不良性状进一步积累，造成品种退化。

二、花生良种的提纯复壮技术

在花生生产过程中，由于机械混杂及生物学混杂，品种本身遗传性发生变化和自然变异及选择不正确等，往往导致花生品种混杂、退化。随着良种使用年限的延长，品种混杂、退化的程度就愈加严重。良种混杂、退化后，生长不整齐，成熟期不一致，造成产量降低。因此，良种即使在推广过程中，也必须坚持经常性地提纯复壮。生产实践证明，经过提纯复壮的花生原种一般可增产10%左右，而且可大大延长优良品种的使用寿命。

花生品种提纯复壮的方法是果选法或粒选法。果选法是在田间多株混选或成片选的基础上，选择具有要复壮品种荚果典型特征、果皮色泽正常、无病饱满的荚果作种;粒选法是结合分级粒选,选择该品种的一级米作种,并剔除非典型性的籽仁。生产实践证明,这两种方法均有一定的提纯复壮效果。

经试验证明,简易原种繁殖法是花生良种提纯复壮的有效方法。其主要程序为单株选择、株行比较、混系繁殖原种,即三年二圃(株行圃、原种圃)制(图 4-1)。

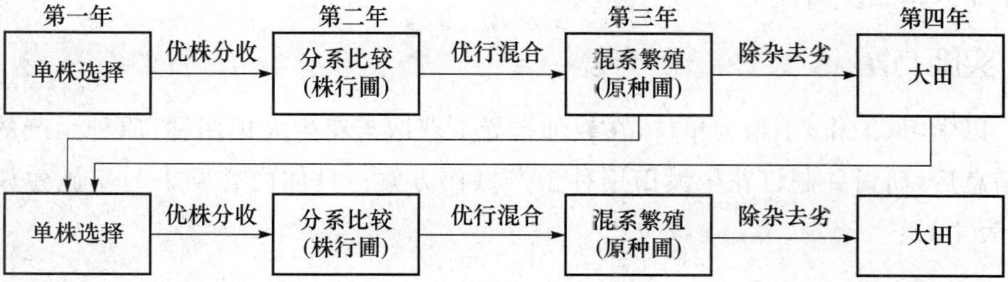

图 4-1　花生简易原种繁殖法示意图

1. 单株选择

生产原种的对象,必须是生产上大面积推广并具有利用前途的品种,或试验示范表现好而准备推广的新品种。把生产原种的材料种于选择圃,为了选株方便和有利于植株充分发育,密度不宜过大,而且必须单粒播种,以便单株选择。

选择具有原品种特征特性、丰产性能好的典型优良单株。为了保证质量,已经生产原种的,应在原种圃内选择。选择单株数量应根据种植面积而定。一般每公顷 4 500～6 000 株为宜。主要结合收获进行,根据原品种的典型性、丰产性、抗逆性、优质性进行选择。当选的优良单株及时挂牌编号,充分晒干,分株挂藏或分袋保存。播种前再根据荚果饱满度、结果多少、种子形状和种皮色泽等典型性进行 1 次复选。

2. 株行圃

选择地势平坦、地力均匀、旱涝保收、无线虫病、不重茬的地块作为株行圃。

将上年当选的优良单株,分株剥壳装袋,以单株为单位播种,每个单株播种 1 行,每 9 行或 19 行设 1 行原品种为对照行。行长一般 6～10 m,行距 45 cm。以单株编号顺序排列。生育期间要做好观察鉴定。苗期主要观察出苗期和出苗整齐度;花针期主要观察株型、叶型,叶色、开花类型,分枝型;成熟期主要观察成熟早晚和株丛高矮及是否表现一致。收获期要先收淘汰行和对照行,后收初选行。同时,观察初选行的丰产性、典型性和一致性,以及荚果形状大小及其整齐度等性状,性状一致的株行可混合摘果。性状特别优良的株行可分别单独摘果装袋,标记株行号。收获后抓紧晒干，搞好种子贮藏。

3. 原种圃

选择中等肥力以上的沙壤土，施足基肥作为原种圃。将上年度株行圃混收的种子，单粒播种，密度要小，按高产高倍方法繁殖原种，秋季适时收获，搞好贮藏以供来年大田生产用种。

实施方案

以学习(工作)小组为单位，在教师指导下获取与花生大田用种、原种生产的相关信息后，研讨并制订花生大田用种生产操作方案。具体内容要求与实施建议如下(表 4-1)：

表 4-1　花生种子生产项目教学实施建议

工作过程	教学步骤	训练要求与标准	训练方法	参考时间
资讯和计划	下达生产任务，设计、讨论	能提出正确的、明确的原种生产关键技术操作要求	以小组为单位查阅文献资料(主要在课外完成)，讨论方案，抽查5个小组的方案进行答辩	30 min
决策	确定花生大田用种繁育土地准备和播种方案，准备各种生产资料	按计划列出生产所需的生产工具和资料并做好准备	主要在课外完成，上课时提交生产工具和资料清单	10 min
实施	花生大田用种种子田生产操作演练	按操作规程要求进行，能独立正确操作。部分田间管理工作利用课余时间或与别的项目交叉进行	按小组为单位进行生产操作	80 min
检查	种子田种植结果展示与评价	种子处理正确、种植规格符合规范到位(种植沟、种植株行距符合要求)	各小组展示结果(实训地块)，进行评分(填写评分表)	10 min

续表 4-1

工作过程	教学步骤	训练要求与标准	训练方法	参考时间
总结	撰写技术报告	技术操作规程、生产体会(包括生产中存在的问题以及解决的办法)	教师提出设计、技术报告撰写要求,每位学生独立完成	课外
评估	归纳总结	生产中存在的问题以及解决的办法	各小组进行体会交流、归纳分析总结	40 min

(1)制订花生大田用种生产工作计划;

(2)能够正确选择基地并适期播种;

(3)能熟练地进行田间管理;

(4)能正确去劣及质量检查记录与管理;

(5)制定"三圃制"花生原种生产操作流程。

检查评价

现场操作检查:学生自检、教师检查任务完成情况(表 4-2)。检查结果可分为 4 个等级:优(≥90 分)、良(80—90 分)、中(70—80 分)、差(0—60 分)。

表 4-2　花生种子生产完成情况检查表

	考核要点		技术操作要点	分值安排	评定得分
考核标准	态度与表现		学习(实训)态度与课堂表现	20	
	任务完成部分	玉米种子生产基本认知	正确选择基地并适期播种	10	
			田间管理到位及时	30	
			田间生产档案记录及时准确	10	
			主要性状室内考种操作规范	15	
			技术总结内容齐全、撰写水平高	15	
总　分				100	

知识拓展

原种生产的田间管理

生产花生原种,无论采取何种办法,都要加强栽培管理,以获取优质高产的种子，加速推广应用，为实现优良品种的更新换代和花生产量的进一步提高做好充分准备。栽培管理要掌握以下三点：原种生产田应由固定的技术人员负责，并有田间观察记载；要选择地势平坦、肥力均匀、土质良好、排灌方便、不重茬、不迎茬、不易受周围不良环境影响和损害的地块；各项田间管理均要根据品种的特性采用先进的栽培管理措施，提高种子的繁殖系数，并应注意管理措施的一致性，同一管理措施要在同一天完成。

一、地块选择

最好选用沙壤土或轻沙壤土，土壤肥力中等以上，3 年内未种过花生或其他豆科作物，产地环境符合 NY/T 855 的要求。土层深厚、地势平坦，排灌方便。土壤容重 1.2～1.3 g/cm^3，总孔隙度 50%以上。通透性较差的土壤，可通过秸秆还田和增施有机肥等措施加以改良。

二、整地与施肥

冬前深耕地，早春顶凌耙耢；或早春化冻后耕地，随耕随耙耢。耕地深度一般在 25～30 cm，每隔 3～4 年进行一次。深翻前撒施有机肥、2/3 磷酸二铵和硫酸钾及尿素等肥料，然后用旋耕犁旋耕 1～2 遍，做到地平、土细、肥匀、排灌条件良好。1/3 磷酸二铵和硫酸钾及尿素等肥料随播种条施在播种沟内（不同产量水平施肥量表 4-3）。

表 4-3　花生不同产量水平施肥量

目标产量/(kg/亩)	土地肥力				有机肥施用量/(kg/亩)	尿素施用量/(kg/亩)	硫酸钾施用量/(kg/亩)	磷酸二铵施用量/(kg/亩)
	有机质/%	碱解氮/(mg/kg)	速效磷/(mg/kg)	速效钾/(mg/kg)				
300～400	0.58～0.95	50～70	18～24	40～80	2 000～3 000	3～5	8～11	6.5～8.6
400～500	0.95～1.0	70～100	24～28	80～100	3 000～4 000	3～5	11～13	8.6～10.4
500～600	＞1.0	＞100	＞28	＞100	4 000～5 000	3～5	13～15	10.4～12.5

三、种子处理

1. 精选种子

剥壳前带壳晒种2～3天，播种前10天剥壳。剥壳时随时剔除虫、芽、烂、病残、变色、冻果。剥壳后将种子分成1级、2级、3级，籽仁大而饱满的为1级，不足1级重量2/3的为3级，重量介于1级和3级之间的为2级。分级时同时剔除与所用品种不符的杂色种子和异形种子。选用1级、2级种子播种，先播1级种，再播2级种。

2. 拌种

(1)药剂拌种。在茎腐病、根腐病发生较重的地区，将种子用清水湿润后，用种子量0.3%～0.5%的50%多菌灵可湿性粉剂拌种，或拌助收(30%辛硫磷微囊悬浮剂＋拌多得)30%辛硫磷微囊悬浮剂240 g＋拌多得250 g二者混合摇匀，倒入12.5～15 kg种仁中，混拌均匀，在阴凉处晾干即可播种；或一拌丰收(吡虫啉悬浮种衣剂)95 g＋专用助剂50 g加水355 g摇匀，倒入15 kg种仁中，混拌均匀，在阴凉处晾干即可播种。

在地下害虫发生较重的地区，用种子量0.2%的50%辛硫磷乳剂，或一拌丰收(吡虫啉悬浮种衣剂)、或拌助收(30%辛硫磷微囊悬浮剂＋拌多得)加适量水配成乳液均匀喷洒种子，晾干种皮后播种，或地虫三尺绝每亩800 g拌入化肥(种肥)中。

(2)微量元素拌种。用种子量0.2%～0.4%钼酸铵或钼酸钠，制成0.4%～0.6%的溶液，用喷雾器直接喷到种子上，边喷边拌匀，晾干种皮后播种，以提高种子发芽率和出苗率，增强植株固氮能力。

用浓度为0.02%～0.05%硼酸或硼砂水溶液，浸泡种子3～5 h，捞出晾干种皮后播种。有利于促进花生幼苗生长和根瘤形成。

四、播种

1. 隔离

为了避免种子混杂，保持优良种性，种子生产田周围不得种植其他品种的花生。

2. 播期

播种时，普通型大粒花生要求5天内5 cm地温稳定在15 ℃以上，珍珠豆型中粒花生稳定在12 ℃以上。辽宁地区适宜的播期为4月末至5月中旬。

3. 土壤墒情

播种时土壤相对含水量以60%～70%为宜，即耕作层土壤手握能成团，手搓较松散。

4. 种植规格

育种者种子：行距50～55 cm，株距18～20 cm，单粒点播，每亩播种0.6万～0.63万穴、4～4.7 kg种仁。

原原种：行距50～55 cm，株距16～18 cm，单粒点播，每亩播种0.63万～0.7万穴、4.7～5.3 kg种仁。

原种：行距45～50 cm，株距16～17 cm，单粒点播，每亩播种0.75万～0.8万穴、11.3 kg种仁。

良种：行距45 cm，株距13～15 cm，双粒点播，每亩播种0.9万～1万穴、13.3 kg种仁。品种分枝多，或肥水条件好，或播期偏早，密度宜减少；反之，密度宜增加。

5. 播种

覆膜播种的播种前用旋耕犁旋耕1～2遍，做到地平、土细、肥匀。选用农艺性能优良的花生联合播种机，将花生开沟施肥、筑畦、喷洒除草剂、覆膜、播种、膜上压土等工序一次完成。除草剂每亩用50%乙草胺乳油100～120 mL，加水40～50 kg，采用除草地膜的，可省去喷施除草剂的工序。选用常规聚乙烯地膜，宽度90 cm左右，厚度不低于0.004 mm，透明度≥80%，展铺性好。播种深度3～5 cm。

裸地播种的开沟深度15 cm左右，覆土深度3～5 cm，播后马上喷施除草剂(或出苗前地表湿度较好时喷施)，除草剂选用50%乙草胺乳油每亩100～120 mL，加水40～50 kg。

五、田间管理

1. 引子叶出土或清棵蹲苗

覆膜花生基本齐苗时，及时将播行上的土埂撤到垄沟内，裸地种植的花生出苗后用手锄将花生幼苗基部周围的土扒开，形成一个“小土窝”，让两片子叶和胚芽露出土外面。缺穴的地方及时补种，种子应催芽，补种时浇少量水。四叶期至开花前及时抠出压埋在地膜下面的侧枝。

2. 除杂去劣

育种者种子分别在下针期、成熟期进行除杂去劣。开花下针期根据株型、叶形、叶色、开花习性、花色选单株，并做标记；成熟期根据株高、株型、熟期、单株结果多少、果形、抗病性从花期入选的单株中筛选。筛选时要避开地头、地边和缺苗断垄处。根据品种典型性严格拔出杂株、病株、劣株，带出田外。收获时要单收、单运、单晒、单存，严防机械混杂。在最适宜的条件下贮存，以保持种子的生命力和活力。

原原种、原种和良种的除杂去劣工作同育种者种子。

3. 水分管理

花生苗期一般不需浇水，但是当花生幼苗中午叶片出现萎蔫时，及时喷灌 5～10 t/亩。

开花期，如果天气持续干旱，花生叶片中午前后出现萎蔫时，应及时喷灌 5～10 t/亩。

结荚期，若出现旱情，应喷灌 10～30 t/亩。

饱果期（收获前 1 个月左右）遇旱应小水润浇 5～10 t/亩。结荚后如果雨水较多，应及时排水防涝。

4. 中耕、追肥与除草

（1）中耕、追肥。花生下针前期应进行一次中耕，播种前未施足花生专用肥的，中耕时在花生植株一侧 5 cm 处条施追肥，然后中耕，追肥数量一般每亩追施尿素 12.5～15 kg，或 10 kg 尿素＋3 kg 磷酸二铵＋3 kg 硫酸钾＋2 kg 生石灰。中耕深度 15 cm 以上。

（2）除草。除草方法有人工除草和化学除草两种。

人工除草：根据田间杂草生长情况进行 3～4 次，中耕后田间出现大草，用刀割，不要拔。

化学除草：

苗前：50％乙草胺乳油，露地栽培用 150～200 ml/亩，兑水 40～50 kg 土壤喷雾，地膜覆盖栽培可适当减量；或乙扑（乙草胺 39％，扑草净 13％）露地栽培用 150～200 g/亩，兑水 40～50 kg，地膜覆盖栽培可适当减量。

苗后：15％精喹禾灵，30～40 mL/亩，兑水 40～50 kg，花生苗后 2～4 片叶，杂草 2～3 叶期全田喷雾；或阔除和阔盖，40～50 mL/亩，兑水 40～50 kg，花生苗后 2～4 片叶，杂草 2～3 叶期全田喷雾。

5. 防治病虫害

叶斑病：始花后当植株病叶率达到 5％时，每隔 7 天叶面喷施 55％升势可湿性粉剂 1 000 倍液，或 50%多菌灵可湿性粉剂 800 倍液，或 25%戊唑醇可湿性粉剂 1 000 倍液，每亩喷施 40～50 kg，连喷 2～3 次。

疮痂病：始花后当植株病叶率达到 5%时，每隔 7 天叶面喷施绿亨 6 号 40 g 稀释 1 000～1 500 倍液，其他药剂还有扑力猛、适乐时、地鹰、毒死稗微囊悬浮剂、锐胜等喷雾，每亩喷施 40～50 kg，连喷 2～3 次。

蚜虫、蓟马：苗期发生蚜虫、蓟马为害时，用 50%辛硫磷乳油 1 000 倍药液，或 40%毒死蜱乳油 1 000 倍液喷雾，每亩药液用量 40～50 kg。

地下害虫：结荚期发生蛴螬、金针虫等为主的地下害虫为害时，用 50%辛硫磷乳油 1 000 倍药液灌墩，每亩药液用量 250～300 kg。或每亩用 800 g 地虫三尺绝拌入化肥中在中耕时进行土壤追肥。

棉铃虫、斜纹夜蛾等：当棉铃虫、斜纹夜蛾造成为害时，叶面喷施 28%高氯·辛硫磷乳油 800 倍液，或 1.8%阿维菌素乳油 2 000 倍液，每亩药液用量 40～50 kg。

6. 防止徒长

结荚初期当主茎高度超过 45 cm，每亩用壮饱安可湿性粉剂 20～25 g，或 5%烯效唑 40～50 g(有效成分 2.0～2.5 g)，兑水 40～50 kg 进行叶面喷施，防止植株徒长或倒伏。施药后 10～15 天如果主茎高度超过 50 cm 可再喷施一次。

7. 追施叶面肥

在结荚末期，每亩叶面喷施 0.2%磷酸二氢钾＋2%尿素水溶液 40～50 kg，连喷 3 次，间隔 5 天，也可喷施适量的含有氮、磷、钾和微量元素的其他肥料。

六、收获与晾晒

1. 收获时间

(1)根据田间长相确定收获期。一般以植株呈现衰老状态，中下部叶片由绿转黄并逐渐脱落，茎枝转黄绿色。

(2)根据饱果率确定收获期，当荚果饱果率达 65%～75%时即可收获。

(3)根据外壳及种仁颜色确定收获期。当果壳硬化，网纹相当清晰，果壳内侧乳白色稍带黑色，种仁皮薄光滑呈现出品种固有的色泽时即行收获。

(4)根据当地昼夜平均气温确定收获期。当本地昼夜平均气温降到 12 ℃以下时，即可收获。

(5)根据品种的生育期计算收获期。正常年份，当品种的固定生育天数达到时即可采收。

(6)收获时间正常年份,生产田9月15～25日、制种田或留种日提前2天收获。

2. 收获方法

不论是机械收获还是人工收获,收割后2垄放成1垄,根部向阳晾晒。

3. 晾晒

地里晾晒1周后即可摘果,地里晾晒时最好不被雨淋着,防止果壳霉变。在房前屋后或房顶上晾晒的花生植株注意防止雨淋,适时倒垛,防止霉变。

七、种子的贮藏与检验

摘果后把荚果摊在泥土场上继续晒果,当荚果含水低于10%,气温10 ℃以下时装袋入库。袋子要透气,库房要通风干燥,不得放化肥、农药,不得有取暖设施。

种子入库前按等级标准进行检验。对符合规定标准的种子根据不同等级入库保存;对不符合规定标准的种子,进行降级处理直至报废转商。

附录　花生原种、大田用种生产田间调查、室内考种项目及标准

1. 田间调查项目及标准

(1)播种期:指播种当天的日期。

(2)出苗期:指以真叶展开的幼苗数占播种粒数的50%为标准。

(3)开花期:指以开花的植株占50%为标准。

(4)成熟期:指地上部茎叶变黄绿色,中下部叶片脱落,地下部多数荚果饱满。

(5)收获期:即实际刨收的日期。

(6)全生育期:指播种第二天至成熟的天数。

(7)株型:根据分枝对主茎开张角度而形成的植株形态,分直立型、半蔓型、蔓生型,在苗期和封垄前调查。

(8)开花类型:根据花序在花生植株上的着生位置分为交替开花型、连续开花型。

(9)叶形:即宽椭圆形、长椭圆形、椭圆形、宽倒卵形、倒卵形。

(10)茎枝茸毛:在封垄前调查充分发育的枝叶,分多、中、少。

2. 室内考种项目及标准

(1)主茎高:指从第一对侧枝分生处到顶端展开叶叶节的长度。

(2)百果重：随机取饱满的双仁荚果 100 个称重，重复 2 次，取平均值，以 g 表示。两份重量的差数与平均数之比不应超过 5%，如果超过，则需再分析第三次重复，直至达到要求，取差距小的两份重复计算结果。

(3)百仁重：随机取饱满的干籽仁 100 个称重，重复 2 次，取平均值，以 g 表示。两份重量的差数与平均数之比不应超过 5%，如果超过，则需再分析第三次重复，直至达到要求，取差距小的两份重复计算结果。

(4)籽仁形状：分椭圆形、圆锥形、桃形、三角形。

(5)籽仁皮色：分紫、紫红、褐、红、粉红、红白相间、白。

(6)出米率：取 0.5 kg 荚果计算出米率。出米率$=\frac{\text{籽仁重(kg)}}{\text{干荚果重(kg)}}\times 100\%$

问题与思考

1. 简述花生品种退化的主要原因。
2. 简述花生防止品种退化的主要途径。
3. 试述花生良种的提纯复壮技术。

项目五

大豆种子生产技术

知识目标

1. 熟记大豆原原种、原种、大田用种含义及质量标准；
2. 熟知大豆原种生产的方法，大豆大田用种的生产方法。

技能目标

1. 会用三圃法生产大豆原种种子；
2. 能生产大豆大田用种种子。

知识准备

大豆是世界重要的粮油兼用作物，也是人类优质蛋白的主要来源。既是我国主要作物之一，又是我国进口量最大的农产品。大豆是关系国计民生的重要基础性、战略性物资，又是最具经济效益的作物，其延长的产业链和价值链具有很大发展潜力，在农产品贸易领域扮演着举足轻重的角色。“国以农为本，农以种为先”，种子是农业生产最基本的生产资料，是农业增产的第一要素。农作物种业是国家战略性、基础性核心产业，是促进农业长期稳定发展、保障国家粮食安全的根本。世界各国都非常重视种子产业的发展，把种子产业作为发展农业的重要产业来抓。种业是保障国家粮食安全的根本，良种是支撑现代种业发展的基础。

任务1　大豆防杂保纯技术

一、大豆品种混杂退化的原因

任何良种都不是固定不变的。在生产过程中如果不注意防杂保纯工作，一个优良品种，经过几年种植之后，由于受到各种因素的影响，就会出现各种不良的变化。品种混杂是指一个品种群体内混入不同品种的种子，造成品种纯度降低的现象。品种退化是指品种的遗传基础发生了改变，使一些优良性状变劣，以致降低或丧失原品种在农业生产上的使用价值。品种混杂和品种退化是两个不同的概念，它们之间又存在着密切的联系，品种发生了混杂势必导致品种的退化。例如，成熟期不一致，植株高低不齐，花色、毛色、叶形及结荚习性等性状失去了原来品种群体的典型性，使产量和品质下降。引起大豆品种混杂退化的原因是多方面的，主要原因有以下四种。

(1)机械混杂。机械混杂，就是某个品种里混进了其他品种的种子。发生这种机械混杂的原因和机会是多方面的。一是在播种、收获、运输、脱粒及贮藏、调运等过程中，要求不严，管理不善，使繁育的品种中混了其他品种的种子。特别是在种子处理、播种、收获、加工等过程中，场地和工具清扫不彻底，容易造成机械混杂。尤其是在种植品种较多时，更增加品种混杂的机会。二是不合理的轮作，用了上年大豆地块作为种子繁殖田，由于上年遗落的豆粒，或鼠盗的大豆种粒，有一些尚残有生活能力，从而导致种子混杂。一旦发生混杂且任其持续下去，很快会使一个良种变成混杂的群体。这种机械性混杂是大豆品种混杂退化的主要原因。

(2)生物学混杂。生物学混杂，就是不同类型的植株在自然情况下发生相互间杂交，形成变异而造成的混杂。大豆属于自花授粉作物，天然杂交率一般为0.1%～0.6%，虽然天然杂交率很低，但仍存在一定的天然杂交率。不同品种相邻种植，或在已经发生了机械混杂的情况下，不同品种植株间就可能发生天然杂交，从而在后代分离产生性状不同的变异个体。变异的植株逐年增多，又增加了天然杂交的机会，而使一个优良品种越来越杂。

(3)品种本身的变异。大致有以下两种情况：一种情况是目前生产上推广的品种，绝大多数是通过杂交选育而成的，有些品种推广时尽管在主要性状方面看起来很稳定一致，但仍有某些性状不完全稳定，特别是由多基因控制的数量性状，在品种繁殖过程中发生分离和重组，使品种的典型性和一致性下降，导致品种混杂退化；另一种情况是品种受自然环境的影响，发生基因突变，自然突变以隐性突变较多，而隐性突变多数是不利的。如果不注意人工选择和淘汰，则不良的变异类型和个体逐渐增多，造成品种纯度下降，混杂退化。所以，自然突变也是导致品种混杂退化的原因之一。

(4)其他因素。品种的优良性状都是在一定的自然条件下，经过人工选择而形成的。如果不注意自然条件，采取粗放栽培管理、不正确进行人工选择，以及繁殖方法不适当等，都会加速品种的混杂退化。

二、大豆防杂保纯技术

为了防止品种混杂退化，保证纯度和种性，在良种繁育过程中，应把重点放在防杂保纯上。针对大豆品种混杂退化的原因，应做好以下工作。

1. 认真防止机械混杂

在品种种子生产、管理和使用过程中，应制订一套必要的防杂保纯制度和措施，从各个工作环节上杜绝机械混杂的发生。

(1)种子田必须单收、单脱、单晒、单藏。要特别注意各品种不要在一个场地上脱粒，晒种时不同品种间要有隔离设备，脱粒场地和工具要及时清扫，否则极易引起混杂。清选好的种子装袋时，袋内外要有标签，不同品种应分别隔离，集中存放，防止弄错，造成混杂。

(2)分品种进行种子处理，在处理另一品种前，一切用具必须彻底清扫干净；在机械播种时，每播一个品种后，要及时将播种箱及其他工具清扫干净。利用机械收获时，收获前要将机器清理干净，防止混杂。

(3)大豆种子田合理进行轮作，不能重茬连作，防止上季残留的种子在下季出苗造成混杂。

(4)认真核实种子接收和发放手续，在种子接收和发放过程中，要核查品种的真实性和种子等级，以及袋内外的标签是否一致。

2. 严防生物学混杂

防止生物学混杂，就是要防止外来花粉传入种子田，关键是要做好隔离。具体隔离措施有以下三种：

(1)空间隔离：即在种子田的四周一定距离内不种植同一作物的其他品种。

(2)时间隔离：就是将种子田的花期与四周田块同一作物的其他品种的花期错开。

(3)利用自然屏障：如树林、河流、湖泊、山地等，或在种子田四周种植高秆作物进行隔离。

在生产上一般采用空间隔离，大豆原种生产田周围 30 m 内不得种植其他大豆品种，大豆大田用种生产田周围要设置保护行。

3. 按品种标准严格除杂去劣和选择

除杂去劣是提高品种纯度不可缺少的有效措施。除杂主要指去掉非本品种的植株,除劣是去掉生长不良,感染病虫害的植株。除杂去劣必须了解和熟悉品种的特征特性,重点抓住与其他品种区分的主要性状,在品种的特征特性表现最明显、最充分的时期,分三次进行。苗期根据幼苗长相、幼茎颜色;花期根据叶形、花色、茸毛色、抗病虫性等;成熟期根据株高、成熟度、株型、结荚习性、茸毛色、荚形、荚熟色等性状进行除杂去劣。

在良种繁育过程中,通过建立种子田,根据品种的典型性,选择优良单株,建立株行,生产原种或者作为第二年种子生产田的种子,有利于提高和保持品种纯度和种性,防止混杂退化。

4. 定期进行品种更新

在防杂保纯的同时,繁育纯度高、质量好的原种,每隔一定年限(3～4 年)对繁殖区使用的种子进行更新,迅速扩大繁殖,以优质种子代替生产上混杂退化的种子。

问题与思考

1. 什么是品种混杂？什么是品种退化？
2. 大豆品种混杂退化的原因有哪些？
3. 如何防止大豆品种的混杂退化？
4. 在大豆种子生产中,如何防止机械混杂？

任务 2　生产大豆种子

一、大豆种子级别

目前,我国大豆种子分级别为:原原种、原种和大田用种。

原原种(育种家种子):指最具有品种稳定性、典型性及生产性能的原始种子,品种纯度应达到 100%,净度>99.5%,发芽率 90%以上。

原原种是由品种育成单位或育种者生产并提供。种子生产单位一般按照要求生产原种和大田用种,经种子质量检验合格,达到大豆种子质量国家标准(表 5-1),即可以在生产上使用。

表 5-1　大豆种子质量标准(GB 4404.2—2010)　　%

作物名称	级别	纯度不低于	净度不低于	发芽率不低于	水分不高于
大豆	原种	99.9	99.0	85	12.0
	大田用种	98.0			

注:长城以北和高寒地区的大豆种子水分允许高于 12.0%,但不能高于 13.5%。长城以南的大豆种子(高寒地区除外)水分不得高于 12.0%。

原种:由原原种直接繁殖而来,保持了新品种的稳定性、典型性及生产性能。原种可以采用育种家种子直接繁殖,也可以采用三圃法或二圃法生产。

大田用种:由原种扩繁而来,具有本品种稳定性、典型性和生产性能。大田用种可由原种繁殖一至三代。

二、大豆原种种子生产技术

(一)利用育种家种子直接生产原种

选择地势平坦、肥力均匀、土质良好、排灌方便、不重茬、不迎茬,不易受周围不良环境影响和损害的地块进行原种生产。生产过程中各项田间管理均要根据品种的特性采用先进的栽培管理措施,提高种子繁殖系数,并应注意管理措施的一致性,同一管理措施要在同一天完成。

播种时要将播种工具清理干净,严防机械混杂。在苗期、花期、成熟期要根据品种典型性严格拔除杂株、病株、劣株。成熟时及时收获。要单收、单运、单脱粒、专场晾晒,严防混杂。

(二)三圃法生产原种

1. 单株选择

选择分花期和成熟期两期进行。选择标准和方法根据本品种特征特性,选择典型性强、生长健壮、丰产性好的单株。花期根据花色、叶形及病害情况选单株,并给予标记;成熟期根据株高、成熟度、茸毛色、结荚习性、株型、荚型及荚熟色从花期入选的单株中复选选拔。选拔时要避开地头、地边和缺苗断垄处。入选的植株首先要根据植株的全株荚数、粒数,选择典型性强的丰产单株,单株脱粒,其次根据籽粒大小、整齐度、粒形、粒色、脐色、百粒重和感病等情况进行复选。决选的单株在剔除个别病虫粒后分别装袋编号保存后，再根据籽粒性状进行决选。决选单株种子分别编号保存。选择数量应根据原种需要量来定，一般每一品种每公顷株行圃需决选单株 6 000～7 500 株。

2. 株行圃

将上年入选的每株种子播种一行，密度应较大田稍稀，单粒点播或二三粒穴播留一苗。各株行的长度应一致，行长 5～10 m，每隔 19 行或 49 行设一对照行，对照应用同品种原种。株系圃面积应根据上年株行圃入选行种子量而定。各株系行数和行长应一致，每隔 9 区或 19 区设一对照区，对照应用同品种的原种。

田间鉴评分 3 期进行：苗期根据幼苗长相、幼茎颜色；花期根据叶形、花色、叶色、茸毛色和感病性等；成熟期根据株高、成熟度、株型、结荚习性、茸毛色、荚型和荚熟色来鉴定品种的典型性和株行的整齐度。通过鉴评要淘汰不具备原品种典型性的、有杂株的、丰产性低的和病虫害重的株行，并做明显标记和记载。对入选株行中个别病劣株要及时拔除。收获前要清除淘汰株行，对入选株行要按行单收、单晾晒、单脱粒、单装袋，袋内外放及拴好标签。在室内要根据各株行籽粒颜色、脐色、粒形、籽粒大小、整齐度、病粒轻重和光泽度进行决选，淘汰籽粒性状不典型、不整齐和病、虫粒重的株行，决选出符合原品种典型性状的株行。决选株行种子单独装袋，放、拴好标签，妥善保管。

3. 株系圃

将上年保存的每 1 个株行种子种 1 小区，每小区 2～3 行，行长 5～10 m。单粒点播或二三粒穴播留一苗，密度应较大田稍稀。株系圃面积因上年株行圃入选行种子量而定。各株系行数和行长应一致，每隔 9 区或 19 区设一对照区，对照应用同品种原种。田间鉴评注意观察、比较，鉴定各个小区的典型性、丰产性、抗病性等，若小区出现杂株时全区应淘汰，同时要特别注意各株系间的一致性。成熟时进行田间决选，入选株系分别收获脱粒测定，最后根据生育期和产量表现及种子性状等进行综合评定决选，将产量显著低于对照的株系淘汰，入选株系种子混合装袋，袋内外放、拴好标签，妥善保存。

4. 原种圃

将上年混系种子种植原种圃，进行高倍繁殖。常采用早播、稀播的方法以提高繁殖系数。播种时要将播种工具清理干净，严防机械混杂。加强栽培管理，提高原种产量，成熟时及时收获。要单收、单运、单脱粒、专场晾晒，严防混杂。

（三）二圃法生产原种

采用三年三圃法生产原种的周期较长，有时生产原种的速度赶不上品种更换的速度，因而可采用二年二圃法，其程序是单株选择、株行比较、混系繁殖，即在三年三圃中省掉株系圃。只要掌握好单株选择这一关键，也可以生产出高质量的原种。因为自花授粉作物混杂退化的主要原因是机械混杂，经单株选择和株行比较两次选择就可提纯。二年二圃法由于减少了一次繁殖，因而与三年三圃法在生产同样数量原种的情况下，需增加单株选择的数量和株行圃的面积。

三、大豆大田用种种子生产

在种子生产单位，由于原种数量有限，一般需要经过扩大繁殖后才能满足大田用种的需要。大田用种生产必须建立相应的种子田，种子田的繁殖程序有两种，即一级种子田和二级种子田。

1. 一级种子田

一级种子田是用原种直接生产一代大田用种，下代用株选法从种子田中选择典型单株，混合脱粒作为第二年一代大田用种种子田用，余下的经过除杂去劣，供第二年大田生产用种（图 5-1）。

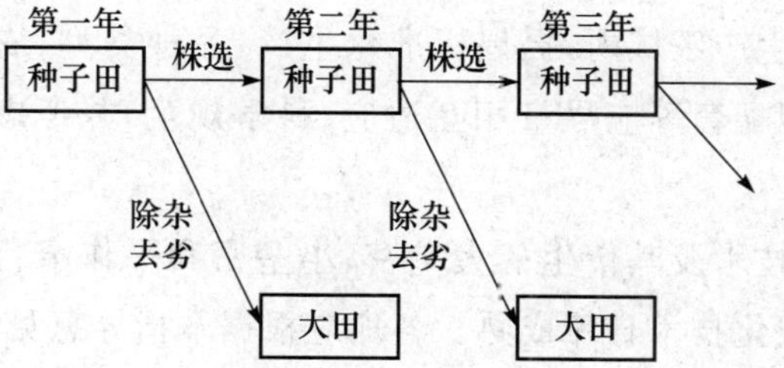

图 5-1　一级种子田留种程序

2. 二级种子田

二级种子田是在一级种子田中采用株选法所收获的种子，供给下一代一级种子田用种，余下的经过除杂去劣，所得种子作为下一年二级种子田用种，二级种子田除杂去劣后的种子应用于大田生产。

应当注意，两种种子田的一级种子田种子不能无限期繁殖，在使用一定年限后，必须用上级提供的原种进行更换，以保证生产种子的纯度和种性。

问题与思考

1. 什么是原原种、原种和良种？简述其质量标准。
2. 大豆原种都有哪些生产方法？
3. 如何采用三圃法进行大豆原种的生产？
4. 如何生产大豆大田用种？

知识拓展

大豆机械化生产技术

（农业农村部 2018 年农业主推技术）

2018 年农业农村部办公厅下发《关于推介发布 2018 年农业主推技术的通知》，农业农村部组织遴选了 70 项农业主推技术并予以推介发布。其中大豆主推技术是大豆机械化生产技术，现在将此技术介绍如下。

大豆机械化生产技术指导意见

本指导意见针对黄淮海和东北地区大豆机械化生产制定，也可以供西北大豆产区参考。

在大豆规模化生产区域内，提倡标准化生产，品种类型、农艺措施、耕作模式、作业工艺、机具选型配套等应尽量相互适应、科学规范，并考虑与相关作业环节及前后茬作物匹配。

随着窄行密植技术及其衍生的大垄密、小垄密和平作窄行密植技术的研究与推广，大豆种植机械化技术日臻成熟。各地应根据本指导意见，研究组装和完善本区域的大豆高产、高效、优质、安全的机械化生产技术，加快大豆标准化、集约化和机械化生产发展。

一、播前准备

（一）品种选择及其处理

1. 品种选择

按当地生态类型及市场需求，因地制宜地选择通过审定的耐密、秆强、抗倒、丰产性突出的主导品种，品种熟期要严格按照品种区域布局规划要求选择，杜绝跨区种植。

2. 种子精选

应用清选机精选种子，要求纯度≥99%，净度≥98%，发芽率≥95%，水分≤13.5%，粒型均匀一致。

3. 种子处理

应用包衣机将精选后的种子和种衣剂拌种包衣。在低温干旱情况下，种子在土壤中时间长易遭受病虫害，可用大豆种衣剂按药种比1∶(75～100)防治。防治大豆根腐病可用种子量0.5%的50%多福合剂或种子量0.3%的50%多菌灵拌种。虫害严重的地块要选用既含杀菌剂又含杀虫剂的包衣种子；未经包衣的种子，需用35%甲基硫环磷乳油拌种，以防治地下害虫。拌种剂可添加钼酸铵，以提高固氮能力和出苗率。

（二）整地与轮作

1. 轮作

尽可能实行合理的轮作制度，做到不重茬、不迎茬。实施“玉米—玉米—大豆”和“麦—杂—豆”等轮作方式。

2. 整地

大豆是深根系作物，并有根瘤菌共生。要求耕层有机质丰富，活土层深厚，土壤容重较低及保水保肥性能良好。适宜作业的土壤含水率15%～25%。

(1)保护性耕作。实行保护性耕作的地块，如田间秸秆(经联合收割机粉碎)覆盖状况或地表平整度影响免耕播种作业质量，应进行秸秆匀撒处理或地表平整，保证播种质量。可应用联合整地机、齿杆式深松机或全方位深松机等进行深松整地作业。提倡以间隔深松为特征的深松耕法，构造“虚实并存”的耕层结构。间隔3～4年深松整地1次，以打破犁底层为目的，深度一般为35～40 cm，稳定性≥80%，土壤膨松度≥40%，深松后应及时合墒，必要时镇压。对于田间水分较大、不宜实行保护性耕作的地区，需进行耕翻整地。

(2)东北地区。对上茬作物(玉米、高粱等)根茬较硬，没有实行保护性耕作的地区，提倡采取以深松为主的松旋翻耙、深浅交替的整地方法。可采用螺旋型犁、熟地型犁、复式犁、心土混层犁、联合整地机、齿杆式深松机或全方位深松机等进行整地作业。①深松：间隔3～4年深松整地1次，深松后应及时合墒，必要时镇压。

②整地:平播大豆尽量进行秋整地,深度20～25 cm,翻耙耢结合,无大土块和暗坷垃,达到播种状态;无法进行秋整地而进行春整地时,应在土壤"返浆"前进行,深度15 cm为宜,做到翻、耙、耢、压连续作业,达到平播密植或带状栽培要求状态。③垄作:整地与起垄应连续作业,垄向要直,100 m垄长直线度误差不大于2.5 cm(带GPS作业)或100 m垄长直线度误差不大于5 cm(无GPS作业);垄体宽度按农艺要求形成标准垄形,垄距误差不超过2 cm;起垄工作幅误差不超过5 cm,垄体一致,深度均匀,各铧入土深度误差不超过2 cm;垄高一致,垄体压实后,垄高不小于16 cm(大垄高不小于20 cm),各垄高度误差应不超过2 cm;垄形整齐,不起垡块,无凹心垄,原垄深松起垄时应包严残茬和肥料;地头整齐,垄到地边,地头误差小于10 cm。

(3)黄淮海地区。前茬一般为冬小麦,具备较好的整地基础。没有实行保护性耕作的地区,一般先撒施底肥,随即用圆盘耙灭茬2～3遍,耙深15～20 cm,然后用轻型钉齿耙浅耙一遍,耙细耙平,保障播种质量;实行保护性耕作的地区,也可无需整地,待墒情适宜时直接播种。

二、播种

1. 适期播种

东北地区要抓住地温早春回升的有利时机,耕层地温稳定通过5 ℃时,利用早春"返浆水"抢墒播种。

黄淮海地域要抓住麦收后土壤墒情较好的有利时机,抢墒早播。

在播种适期内,要根据品种类型、土壤墒情等条件确定具体播期。中晚熟品种应适当早播,以便保证霜前成熟;早熟品种应适当晚播,使其发棵壮苗;土壤墒情较差的地块,应当抢墒早播,播后及时镇压;土壤墒情好的地块,应根据大豆栽培的地理位置、气候条件、栽培制度及大豆生态类型具体分析,选定最佳播期。

2. 种植密度

播种密度依据品种、水肥条件、气候因素和种植方式等来确定。植株高大、分枝多的品种,适于低密度;植株矮小、分枝少的品种,适于较高密度。同一品种,水肥条件较好时,密度宜低些;反之,密度高些。东北地区,一般小垄保苗在2万株/亩为宜;大垄密和平作保苗在2.3万～2.4万株/亩为宜。黄淮海地域麦茬地窄行密植平作保苗在2万～2.3万株/亩为宜。

3. 播种质量

播种质量是实现大豆一次播种保全苗、高产、稳产、节本、增效的关键和前提。建议采用机械化精量播种技术，一次完成施肥、播种、覆土、镇压等作业环节。

参照中华人民共和国农业行业标准 NY/T 503—2002《中耕作物单粒（精密）播种机作业质量标准》，以覆土镇压后计算，黑土区播种深度 3～5 cm，白浆土及盐碱土区播种深度 3～4 cm，风沙土区播种深度 5～6 cm，确保种子播在湿土上。播种深度合格率≥75%，株距合格指数≥60%，重播指数≤30%，漏播指数≤15%，变异系数≤40%，机械破损率≤1.5%，各行施肥量偏差≤5%，行距一致性合格率≥90%，邻接行距合格率≥90%，垄上播种相对垄顶中心偏差≤3 cm，播行 50 m 直线性偏差≤5 cm，地头重（漏）播宽度≤5 cm，播后地表平整、镇压连续，晾籽率≤2%；地头无漏种、堆种现象，出苗率≥95%。实行保护性耕作的地块，播种时应避免播种带土壤与秸秆根茬混杂，确保种子与土壤接触良好。调整播量时，应考虑药剂拌种使种子质量增加的因素。

播种机在播种时，结合播种施种肥于种侧 3～5 cm、种下 5～8 cm 处。施肥深度合格指数≥75%，种肥间距合格指数≥80%，地头无漏肥、堆肥现象，切忌种肥同位。

随播种施肥随镇压，做到覆土严密，镇压适度（3～5 kg/cm^2），无漏无重，抗旱保墒。

4. 播种机具选用

根据当地农机装备市场实际情况和农艺技术要求，选用带有施肥、精量播种、覆土镇压等装置和种肥检测系统的多功能精少量播种机具，一次性完成播种、施肥、镇压等复式作业。夏播大豆可采用全秸秆覆盖少免耕精量播种机，少免耕播种机应具有较强的秸秆根茬防堵和种床整备功能，机具以不发生轻微堵塞为合格。一般施肥装置的排肥能力应达到 90 kg/亩以上，夏播大豆用机的排肥能力达到 60 kg/亩以上即可。提倡选用具有种床整备防堵、侧深施肥、精量播种、覆土镇压、喷施封闭除草剂、秸秆均匀覆盖和种肥检测功能的多功能精少量播种机具。

三、田间管理

（一）施肥

残茬全部还田，基肥、种肥和微肥接力施肥，防止大豆后期脱肥，种肥增氮、保磷、补钾三要素合理配比；根据具体情况，夏大豆的种肥和微肥接力施肥。提倡测土配方施肥和机械深施。

1. 底肥

生产AA级绿色大豆地块，施用绿色有机专用肥；生产A级优质大豆，施优质农家肥1 500～2 000 kg/亩，结合整地一次施入；一般大豆需施尿素4 kg/亩、二铵7 kg/亩、钾肥7 kg/亩左右，结合耕整地，采用整地机具深施于12～14 cm处。

2. 种肥

根据土壤有机质、速效养分含量、施肥实验测定结果、肥料供应水平、品种和前茬情况及栽培模式，确定各地区具体施肥量。在没有进行测土配方平衡施肥的地块，一般氮、磷、钾纯养分按1∶1.5∶1.2比例配用，肥料商品量种肥每亩尿素3 kg、二铵4.5 kg、钾肥4.5 kg左右。

3. 追肥

根据大豆需肥规律和长势情况，动态调剂肥料比例，追施适量营养元素。当氮、磷肥充足条件下应注意增加钾肥的用量。在花期喷施叶面肥，一般喷施两次，第一次在大豆初花期，第二次在结荚初期，可用尿素加磷酸二氢钾喷施，用量一般每公顷用尿素7.5～15 kg加磷酸二氢钾2.5～4.5 kg兑水750 kg。中小面积地块尽量选用喷雾质量和防漂移性能好的喷雾机(器)，使大豆叶片上下都有肥；大面积作业，推荐采用飞机航化作业方式。

（二）中耕除草

1. 中耕培土

垄作春大豆产区，一般中耕3～4次。在第一片复叶展开时，进行第一次中耕，耕深15～18 cm，或于垄沟深松18～20 cm，要求垄沟和垄帮有较厚的活土层；在株高25～30 cm时进行第二次中耕，耕深8～12 cm，中耕机需高速作业，提高拥土挤压苗间草效果；封垄前进行第三次中耕，耕深15～18 cm。次数和时间不固定，根据苗情、草情和天气等条件灵活掌握，低涝地应注意培高垄，以利于排涝。

平作密植春大豆和夏大豆少免耕产区，建议中耕1～3次。以行间深松为主，深度分别为18～20 cm，第2、第3次为8～12 cm，松土灭草。

推荐选用带有施肥装置的中耕机，结合中耕完成追肥作业。

2. 除草

采用机械、化学综合灭草原则，以播前土壤处理和播后苗前土壤处理为主，苗后处理为辅。

(1)机械除草。①封闭除草：在播种前用中耕机安装大鸭掌齿，配齐翼型齿，进行全面封闭浅耕除草。②耙地除草：即用轻型或中型钉齿耙进行苗前耙地除草，或者在发生严重草荒时，不得已进行苗后耙地除草。③苗间除草：在大豆苗期（一对真叶展开至第三复叶展开，即株高 10～15 cm 时），采用中耕苗间除草机，边中耕边除草，锄齿入土深度 2～4 cm。

(2)化学除草。根据当地草情，选择最佳药剂配方，重点选择杀草谱宽、持效期适中、无残效、对后茬作物无影响的除草剂，应用雾滴直径 250～400 μm 的机动喷雾机、背负式喷雾机、电动喷雾机、农业航空植保等机械实施化学除草作业，作业机具要满足压力、稳定性和安全施药技术规范等方面的要求。

（三）病虫害防治

采用种子包衣方法防治根腐病、胞囊线虫病和根蛆等地下病虫害，各地可根据病虫害种类选择不同的种衣剂拌种，防治地下病虫害与蓟马、跳甲等早期虫害。建议各地实施科学合理的轮作方法，从源头预防病虫害的发生。根据苗期病虫害发生情况选用适宜的药剂及用量，采用喷杆式喷雾机等植保机械，按照机械化植保技术操作规程进行防治作业。大豆生长中后期病虫害的防治，应根据植保部门的预测和预报，选择适宜的药剂，遵循安全施药技术规范要求，依据具体条件采用机动喷雾机、背负式喷雾喷粉机、电动喷雾机和农业航空植保等机具和设备，按照机械化植保技术操作规程进行防治作业。各地应加强植保机械化作业技术指导与服务，做到均匀喷洒、不漏喷、不重喷、无滴漏、低漂移，以防出现药害。

（四）化学调控

高肥地块大豆窄行密植由于群体大，大豆植株生长旺盛，要在初花期选用多效唑、三碘苯甲酸等化控剂进行调控，控制大豆徒长，防止后期倒伏；低肥力地块可在盛花、鼓粒期叶面喷施少量尿素、磷酸二氢钾和硼、锌微肥等，防止后期脱肥早衰。根据化控剂技术要求选用适宜的植保机械设备，按照机械化植保技术操作规程进行化控作业。

（五）排灌

根据气候与土壤墒情，播前抗涝、抗旱应结合整地进行，确保播种和出苗质量。生育期间干旱无雨，应及时灌溉；雨水较多、田间积水，应及时排水防涝；开花结荚、鼓粒期，适时适量灌溉，协调大豆水分需求，提高大豆品质和产量。提倡采用低压喷灌、微喷灌等节水灌溉技术。

四、收获

大豆机械化收获的时间要求严格，适宜收获期因收获方法不同而异。在完熟初期最佳时期用联合收割机直接收割的方式，此时大豆叶片全部脱落，植株呈现原有品种色泽，籽粒含水量降为18%以下；分段收获方式的最佳收获期为黄熟期，此时叶片脱落70%～80%，籽粒开始变黄，少部分豆荚变成原色，个别仍呈现青绿色。采用"深、窄、密"种植方式的地块，适宜采用直接收割方式收获。

大豆直接收获可用大豆联合收割机，也可借用小麦联合收割机。由于小麦联合收割机型号较多，各地可根据实际情况选用，但必须用大豆收获专用割台。一般滚筒转速为500～700转/min，应根据植株含水量、喂入量、破碎率、脱净率情况，调整滚筒转速。

分段收获采用割晒机割倒铺放，待晾干后，用安装拾禾器的联合收割机拾禾脱粒。割倒铺放的大豆植株应与机组前进方向呈30°角，并铺放在垄台上，豆枝与豆枝相互搭接。

收获时要求割茬不留底荚、不丢枝，田间损失率≤3%、收割综合损失率≤1.5%、破碎率≤3%、泥花脸≤5%。

五、注意事项

(1)驾驶、操作人员应取得农机监理部门颁发的驾驶证，加强驾驶操作人员的技术岗位培训，不断提高专业知识和技能水平。严禁驾驶、操作人员工作期间饮酒。

(2)驾驶操作前必须检查保证机具、设备技术状态的完好性，保证安全信号、旋转部件、防护装置和安全警示标志齐全，定期、规范实施维护保养。

(3)机具作业后要妥善处理残留药液、肥料，彻底清洗容器，防止污染环境。

(4)驾驶操作前必须认真阅读随机附带说明书。

项目六

甘蔗种苗生产技术

知识目标

1. 了解甘蔗的生殖系统和生物学特性；

2. 掌握甘蔗品种混杂退化及防杂保纯措施。

技能目标

1. 会进行甘蔗温水脱毒种苗的生产；

2. 能因地制宜，会用甘蔗种茎常规繁育方法生产种苗；

3. 学会无性系品种组织培养实验、实训常见仪器设备的使用，能规范操作及简单维护；

4. 对甘蔗种苗生产中的一些突发事件，能提出针对性的应对措施。

甘蔗种苗生产是指种茎、蔗苗的生产。它是甘蔗品种科学管理工作重要的组成部分，因为生产上不仅需要良种多样化，而且需要种苗数量足够的良种，只有这样，良种的增产作用才能得到保证。

经鉴定的自育新品种或外地引进的优良品种，尽快地加速繁殖和推广，是提高蔗糖产量经济有效的措施之一。但是，甘蔗是无性繁殖作物，用种量多，种苗体积大，不耐贮藏而且运输困难，繁殖系数较禾谷类作物低，通常一年只能繁殖一次，其繁殖系数只有 3～6 倍，若采取加速繁殖法，其繁殖数也仅达 30～40 倍。所以，加速繁殖推广甘蔗良种，对实现甘蔗生产良种化和达到持续大面积的增产稳产是不可缺少的重要环节。

一、甘蔗的生殖系统和生物学特性

1. 甘蔗的生殖系统

在植物分类学上，甘蔗属于禾本科甘蔗属植物，其形态特征与水稻、玉米等禾本科作物相似，由根、茎、叶、花、果实(种子)构成。其中根、茎、叶为营养器官，花和果实(种子)为生殖器官。

甘蔗花序为顶生圆锥花序，又称复总状花充，分枝多而密。花序长 50～90 cm，由主轴、支轴、小支轴和小穗组成(图 6-1)。甘蔗花的基本单位是小穗，小穗成对着生于小穗梗上。小穗有内、外颖各 1 片，雄蕊 3 枚、雌蕊 1 枚。每一花序有花药 10 000～15 000 朵，花为完全花。

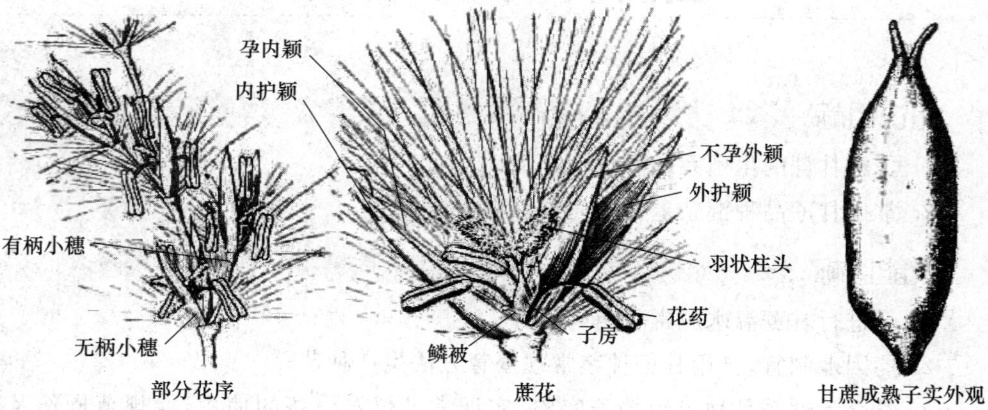

图 6-1　甘蔗部分花序和籽实

甘蔗的果实为颖果，多呈长卵形，很小，一般长约 1.5 mm，宽约 0.5 mm，未成熟时呈淡白色，成熟后呈棕褐色。甘蔗在热带能开花、结实，在温带一般不开花或花而不实。

2. 甘蔗的生物学特性

甘蔗是多年生热带禾本科甘蔗属植物，具有宿根的特性。甘蔗新植后，第一次收获的甘蔗称为新植蔗，以后收获的甘蔗称为宿根蔗。甘蔗能产生分蘖(图 6-2)，蔗茎上不产生分枝，株高 3～4 m 或更高，蔗茎直径可达 5 cm。蔗茎中积累有蔗糖分，以收获蔗茎为最终目的。无性繁殖器官为蔗茎(图 6-3)、梢头，富含大量的糖。在亚热带蔗区甘蔗植株由根、茎、叶(图 6-4)三部分组成；在热带蔗区的甘蔗可以开花结籽，所以甘蔗植株由根、茎、叶、花和种子五部分组成。开花结籽对杂交改良品种具有重要意义，开花穗枯死后引起侧芽萌发，消耗体内养分，影响蔗糖分的积累，因此，作为制糖原料栽培的甘蔗品种，开花是一种不良的性状。甘蔗多数品种在南北纬 10°～20°较易开花，随着纬度的增高，抽穗开花则减少。在广西南宁甘蔗一般不开花或开花不结实。所以长期以来生产上都采用梢部茎作繁殖材料，一年繁殖一次，繁殖系数 3～5 倍。

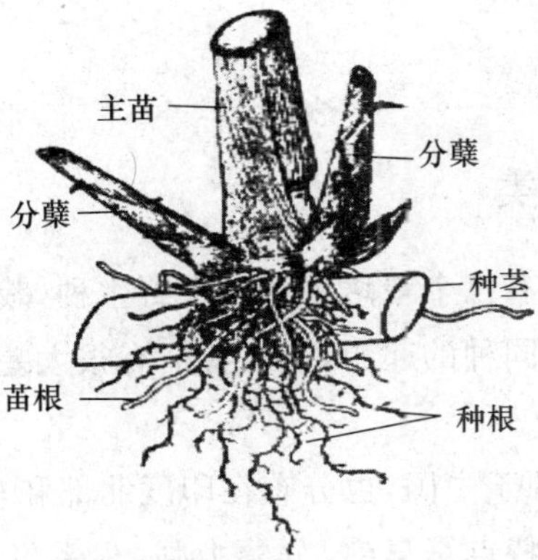

图 6-2　甘蔗的根与分蘖图示

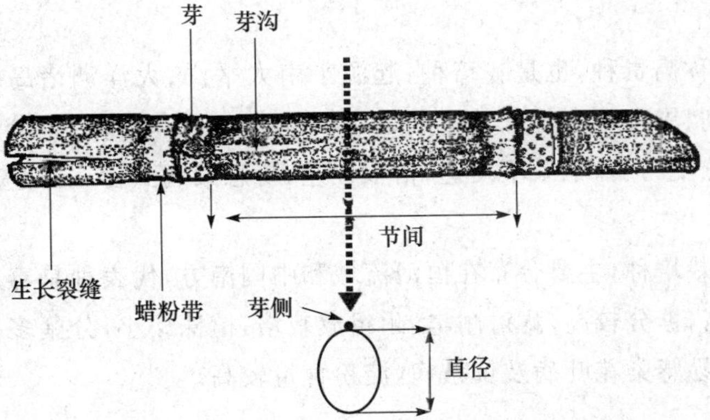

图 6-3　蔗茎

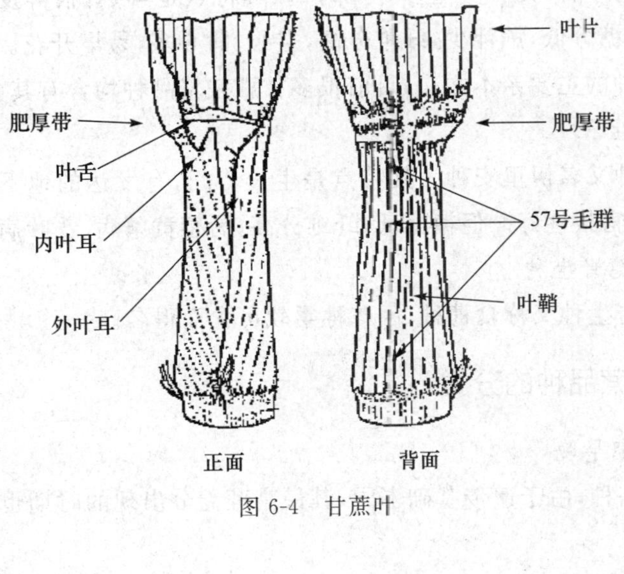

图 6-4　甘蔗叶

二、甘蔗种与品种

（一）甘蔗种的分类

分类学上甘蔗属植物有三个栽培种和多个野生种，栽培种用于制糖和鲜吃，野生种则用作育种材料。不同种的起源，形态特征有很大差异。

1. 中国种

中国种是栽培种，起源于中国，也分布在印度北部和马来西亚一带。代表种有竹蔗、芦蔗、罗汉蔗等。其特点是早熟，分蘖力强，根系发达，纤维分高，糖分较高，耐粗放栽培，宿根性好。但易抽侧芽及感染黑穗病和甘蔗棉蚜。

2. 热带种

热带种又称高贵种，也是栽培种，起源于南太平洋、大洋洲诸岛屿。代表种有拔地拉、黄加利、黑车利本等。其特点是高产高糖，株大茎粗，纤维分低，皮软汁多。但抗逆性差，分蘖力弱，根系不发达，宿根性差，易感染病虫害。

3. 印度种

印度种是栽培种，主要分布在恒河流域和中国南方，代表种是春尼。其特点是早熟，纤维分高，糖分较高，耐瘠耐旱、耐粗放栽培，植株矮小，分蘖多，宿根性好，能抗萎缩病。但易感染花叶病及黄条病，淀粉含量较高。

4. 割手密

割手密为野生种，该种类型多，分布广。其特点是早熟，根群发达，宿根性好，抗逆性特强，但糖分低，蔗汁少，纤维分高，空心、蒲心多，易早开花。它是世界上甘蔗有性杂交育种的主要亲本之一，目前很多甘蔗栽培品种均含有其血缘。

5. 大茎野生种

大茎野生种又名伊里安种。其特点是生长势旺，有发达的地下茎，茎硬，抗螟虫及抗风力强，宿根性好。但糖分低，纤维分高，易感黄条病、花叶病、根腐病等。

6. 肉质花穗野生种

肉质花穗野生种又称食穗种，因花穗柔软可食而得名。

（二）甘蔗品种的分类

1. 按成熟期早晚

不同甘蔗品种，由于遗传基础不同，其最高蔗糖分出现的时期也不同。根据糖厂压榨时间对原料蔗工艺品质的最佳要求，通常将甘蔗品种划分为早熟品种、中熟品种和迟（晚）熟品种。

早熟品种：指成熟早，早期蔗糖分较高，11 月上旬至中旬可达到加工工艺成熟，供糖厂开榨使用的品种。即某品种 11 月上旬至中旬的甘蔗蔗糖分，在华南蔗区达 14%，在华中和西南蔗区达 13%，原料蔗品质达到开榨的工艺要求，则该品种已经达到工艺成熟，定为早熟品种。但此时仍然不是该品种最高蔗糖分的成熟期。此类品种丰产潜力较小。

中熟品种：介于早熟品种和迟（晚）熟品种之间，一般在当年 12 月下旬至翌年 1 月，甘蔗蔗糖分在华南蔗区达 15%、华中蔗区达 14%，称为中熟品种。

迟（晚）熟品种：早期蔗糖分低，要到糖厂榨季后期（2 月份以后）蔗糖分才比较高，但丰产潜力较大。一般是指头年种植的甘蔗，第二年 2 月上旬甘蔗蔗糖分达 15%以上，再延长到 4 月，蔗糖分达 17%以上的甘蔗品种，都统称为晚熟品种。

2. 按蔗茎大小

通常根据甘蔗茎上、中、下三段的平均茎径（茎粗）大小，把甘蔗划分为大茎种、中茎种、小茎种三类。茎径在 2.5 cm 以下的品种为小茎种，2.5～3.0 cm 的品种为中茎种，3.0 cm 以上的品种为大茎种。大茎品种含热带种血缘较多，分蘖比较少，宿根性较差，一般为中、迟熟品种，适宜于水肥条件较好的蔗区栽培，丰产潜力大。中、小茎品种含印度种或野生种血缘较多，分蘖性和宿根性较好，也比较早熟，耐旱、耐瘠能力强，适于旱地、高旱地区栽培，稳产性能好。

3. 按蔗糖分含量高低

按蔗糖分含量高低把甘蔗品种分为高糖品种、中糖品种和低糖品种。高、中、低糖品种的划分是动态的，不同栽培历史时期要求有差别。目前推广的甘蔗良种其工艺成熟时的甘蔗蔗糖分一般都达到 15%～17%，高的达到 18%或更高。因此，高糖品种是指工艺成熟时甘蔗蔗糖分达到 17%～18%的品种；中糖品种是指工艺成熟时甘蔗蔗糖分达 16%～17%的甘蔗品种；工艺成熟时甘蔗蔗糖分在 15%以下的甘蔗品种属于低糖品种。

三、甘蔗良种的概念及作用

（一）甘蔗良种的概念

良种是优良品种的简称。甘蔗良种是指在某一地区、某一时期、某一栽培制度、某一生产力管理水平下，能获得单位面积最高蔗茎产量、最高甘蔗蔗糖分和最适宜纤维分，而且产量稳定，宿根性能和农艺性状好，工艺性状优良，适应性广，抗逆性强，抗病虫力高，受种植者欢迎。制糖工艺品质佳的甘蔗品种，在不同时期、不同地区、不同年份、不同生产条件、不同栽培制度下，对良种的理解和要求是不同的。良种的概念是动态的，是可以变更的。

目前，广西蔗区推广的甘蔗优良品种有 17 个。根据广西壮族自治区物价局、广西壮族自治区糖业发展办公室“关于 2018/2019 年榨季糖料蔗收购价格问题的通知”[桂价格(2018)110 号]，“继续实施糖料蔗优良品种加价政策。对桂糖 29 号、桂糖 31 号、桂糖 32 号、桂糖 36 号、桂糖 37 号、桂糖 40 号、桂糖 42 号、桂糖 43 号、桂糖 44 号、桂糖 45 号、桂糖 46 号、桂辐 98/296、桂柳 05136、桂柳 2 号、福农 39 号、粤糖 93/159、粤糖 00/236 17 个优良品种实行加价，加价水平为 30 元/t。”

（二）甘蔗良种的作用

甘蔗良种在生产上的作用概括起来主要有以下三方面：

1. 提高甘蔗产量，促进甘蔗生产发展

种植优良甘蔗品种，在同样的生产条件下，产蔗量可获得更高的单位面积，从而降低植蔗成本，提高种蔗的经济效益。另外，由于优良品种有更好的适应性，在生产上推广优良品种，可扩大甘蔗的种植范围，更好地促进甘蔗生产的发展。例如，广西积极推进甘蔗良种繁育基地建设，一些自育新品种如桂糖 42 号、桂糖 46 号等种植面积进一步扩大，比例已占全广西种植面积 30%，同比提高了 10%。2015 年种植面积 8.67 万 hm^2“双高”基地良种率已达 82.3%；新植蔗耕作全部实现机械化。2016—2017 年榨季，广西入榨甘蔗量 4 700 万 t 左右，产糖量约 570 万 t，同比分别增长 6%和 12%。可见优良品种不仅能提高甘蔗产量，而且能扩大甘蔗的种植而积。

2. 适应生态环境，促进耕作制度改革

甘蔗耕作制度改革往往能有效提高甘蔗产量，但要求有与之相适应的优良品种；反过来优良品种推广也会推动耕作制度改革。例如，我国秋植甘蔗的发展，大大提高了甘蔗的产量，由于秋植甘蔗生长期长，植株高大，防止倒伏是一个重要问题，因而秋植蔗要求一个高产而抗倒的良种，而粤糖 57/423 就是这个类型的良种。又如夏植蔗则要求一个在较短的生育期内能获得高产高糖的优良品种，而闽选 703 等优良品种就是早熟高糖。推广上述品种有利于因地制宜地发展夏植甘蔗。

又如，甘蔗生长周期长达1年以上，一年中任何季节干旱都可能对甘蔗生长造成不利影响，抗旱性弱的品种，出苗、生长或宿根发株等任何生长期受旱可能表现不佳而被生产所淘汰，而抗旱性强的品种可有效减轻干旱的影响.从而保证较高的产量和糖分。因此，优良品种不仅能适应甘蔗耕作制度的改革，也能促进耕作制度改革的发展。

3. 提高甘蔗产糖量，促进制糖工业发展

甘蔗是生产食糖的最主要作物，国家规划2015年全国糖料作物种植面积193.33万hm^2，其中甘蔗种植面积173.33万hm^2，占糖料作物种植面积的89.65%。提高甘蔗新良种蔗糖分含量是食糖高效生产的基础保障之一。

甘蔗良种的糖分含量是直接关系制糖企业出糖率的重要指标。对于生产食糖而言，提高出糖率与通过提高蔗茎产量增加含糖量相比较，前者的效率较后者高近1.8倍，改良甘蔗品种糖分较提高蔗茎单产更节约制糖成本。在世界几乎所有蔗糖生产国家，品种改良都起到至关重要的作用，其中提高蔗糖分含量一直是品种改良的重要目标之一。甘蔗出糖率最高的国家澳大利亚通过遗传改良年均提高0.03或0.04个百分点的商业糖含量。

近年来，云南省通过应用甘蔗新品种和新技术，使甘蔗含糖分从14.42%提高到14.81%，出糖率由12.3%提高到12.98%。实现了甘蔗品种的多系布局，实现了早、中、晚熟品种4∶4∶2的合理搭配，使云南品种结构处于全国最优水平，全省甘蔗出糖率连续3年位居全国第一。2012年，云南省种植粤糖93-159、粤糖00-236、云蔗99-91和云蔗03-103等高糖甘蔗品种占甘蔗种植面积的40%左右。高糖甘蔗品种的推广应用，对制糖企业提高出糖率起到了积极作用。

四、甘蔗品种混杂退化及防杂保纯措施

（一）甘蔗品种混杂退化的现象

品种混杂是指品种里混有非本品种的个体，造成品种纯度降低的现象。而品种退化是指品种在产量和品质方面生产力降低或丧失的一种现象。甘蔗品种退化，主要表现为以下五点：

(1)产量降低。与这些良种刚推广时比较，施同等肥料，蔗茎产量降低了，宿根蔗减产更多；或者是要获得与这些良种刚推广时同样的蔗茎产量，要比过去增加不

少肥料，宿根蔗要增加更多。

(2)蔗茎变细，出现空心、绵心。特别是一些腹胀形的品种，节间变成圆筒形，节间长度变短，叶片变窄、变硬，伸展角度变小。

(3)蔗糖分降低。这是由于生活力衰退，光合作用效能降低所引起。

(4)抗逆性下降。抗病力、耐病力减弱，病虫害发生多，适应能力降低，宿根性下降。

(5)生理改变。不易孕穗的品种变得较易孕穗、少孕穗的变得较多孕穗，较迟孕穗的变得较早孕穗等。

（二）甘蔗品种混杂退化的原因

(1)机械混杂。无性繁殖作物在收获、运输、贮藏、育苗、剪苗和栽插、补苗等各个环节中，同样也会产生机械混杂，使品种发生混杂。

(2)生物学混杂。无性繁殖作物品种虽然采用无性繁殖，但受环境影响，特别是长期在不良的栽培条件下，也会发生无性变异——芽变，若不注意选择就会使群体变杂变劣。

(3)营养状况变劣。甘蔗生长的环境，营养状况不能满足品种遗传本性的基本要求，从而引起体内生理代谢作用衰弱或紊乱。营养状况变劣的时间短，仅导致生活力的衰退。时间长了，如持续 10 年以上，可能由单纯的生活力衰退转化为遗传性的退化。

(4)病虫为害。不仅会造成当年减产，而且多数病虫还能随营养体传播到后代继续危害，使受害植株增多，群体性状变劣，尤其病毒危害更是导致种性退化变劣的主要原因。

某些病害如嵌纹病(亦称花叶病)、萎缩病等在一定的地点、条件下，也是引起某些甘蔗品种(包括新推广品种)退化的主要原因。有时这种退化，不像上面所述纯粹由于营养不良造成新陈代谢能力减弱所引起的退化速度那么慢，而是非常快的。因为这些病蔓延快，而且严重破坏这些品种的生理机能。这样的退化或衰退，在我国台湾地区和不少产蔗糖国家的甘蔗栽培史上曾多次发生。甘蔗蚜虫、粉介壳虫等会破坏蔗株的新陈代谢，引起蔗株的生活力衰退，但是这种情况多是局部的、短时间的。涝害、盐害、干旱、长期高热、土壤及大气有毒物质、杂草(特别是疳草)丛生、多年连作加上营养不良、阳光不足等，都可以引起甘蔗生活力衰退，进而可能引起遗传性的退化。

（三）甘蔗品种防杂保纯的措施

1. 优化品种种植结构

采取切实有效的措施，优化品种种植结构，逐渐降低退化品种的种植面积，直至淘汰退化品种，以增强甘蔗抵御自然灾害的能力。

2. 大力引进繁殖示范推广甘蔗优良新品种

加大力度从区内外引进繁殖示范甘蔗优良新品种，从中筛选出适应本蔗区推广种植的甘蔗优良新品种，并建立甘蔗良种繁殖示范基地，加快良种繁育，为甘蔗更新提供优质种源。

3. 采取有效措施，提高宿根蔗产量

(1)提纯复壮，延缓品种退化。通过株选的办法对现有种植多年的好品种进行集中提纯复壮，使之恢复种性，延缓其退化速度，是抑制品种退化的有效措施之一。这样，既可在生产上优化种源，又可延长这些优良品种种植推广年限。

(2)适当补苗，增加宿根蔗有效茎数。退化中的品种一般宿根性均下降，缺株断垄比较多，为此可在砍收前造时选留一些梢段(30～50 cm)作种苗，巡田检查，发现断垄 50 cm 以上的都要进行补种，并供给充足肥水，促进补种的种茎或种苗早生快长赶上大田苗，从而提高宿根蔗产量。

(3)破垄盖膜，提高宿根蔗出苗率。甘蔗砍收后要及时破垄松蔸，补苗施肥，并培土盖膜。为了保证盖膜质量，要小锄低砍，使蔗头不露出畦面，并将全部露出畦面的秋、冬笋入土低砍，以防蔗头和蔗笋刺破地膜，盖膜时要将地膜压实，避免通风漏气。

(4)防治病虫，减轻感染和为害。引进脱毒健康种苗进行繁殖推广，或采用温汤热处理技术，以降低宿根矮化病、花叶病等病虫害的发生。

五、甘蔗良种种芽快繁技术

甘蔗是无性繁殖作物，通常采用种芽繁殖，因甘蔗生育期较长，常规的繁殖速度仅为 3～6 倍。因繁殖速度较慢，在甘蔗品种审定后，通常需要几年才能推广到蔗农种植，在这期间病虫害已经积累达到一定的量，蔗农种植后良种服务甘蔗生产的实际年限较短，加速新育成良种的繁殖，有利于相对增加良种服务甘蔗生产的年限。在甘蔗良种繁殖过程中，与收获原料蔗为目的的种植措施相比较，种茎繁殖主要收获的是萌苗质量高的种茎，成熟后的甘蔗基部蔗芽作为种苗种植萌苗较差。

因此，甘蔗种芽大田繁殖通常结合熟前收获、稀植降低下种量充分发挥分蘖特性和提高成茎率，以及加强水肥管理等措施开展。使用甘蔗种茎繁殖较为成熟的方法有一年两采法和两年三采快速繁殖法、单(双芽)稀播快繁法、分蘖繁殖法、侧枝快繁法以及多次采苗法。

1. 一年两采或两年三采快速繁殖法

一年两采或两年三采法通常通过加强蔗园的田间管理，在蔗芽未老化前收获蔗茎，再次用于良种繁殖。

一年两采一般春季种植，秋季采种；秋季种植，春季采种繁殖。在气温较高，甘蔗生长较快的蔗区，也适宜采用温室大棚种植的甘蔗。早春季种植的甘蔗通过地膜覆盖促其早生快发，到 7 月下旬或 8 月上旬全茎采种进行秋植并留宿根。利用8～9 月高温多湿的有利条件，促使甘蔗快速生长。秋植春采利用秋季高温多湿的有利条件种植甘蔗，次年 3 月底前采苗并留宿根，一年两采可繁殖 40 倍以上。

两年三采为春季种植、秋季采苗；秋季种植，夏季采苗；夏季种植，春季采苗。即春植蔗 7～8 月全茎秋植，夏植蔗第 3 年 2～3 月全茎春植，秋植蔗到翌年 6～7 月全茎夏植，一般两年时间可以繁殖 300 倍左右。一年两采法或两年三采应该加强水肥投入，适当增加氮肥的施用量可促进蔗茎生长，加快繁殖速度(表 6-1)。

表 6-1　甘蔗两年三采法繁殖速度示意

春	秋	春	秋
春植 1 hm²	秋宿植 1 hm²	→春宿根 1 hm²	→秋宿根 6 hm²
		→春新植 5 亩	→秋新植 36 hm²
	秋新植 6 hm²	→春宿根 6 hm²	→秋宿根 36 hm²
		→春新植 30 hm²	→秋新植 216 hm²
1 hm²	7 hm²	42 hm²	294 hm²

2. 单(双芽)稀播快繁法

常规种植甘蔗采用双芽双行下种，下种量达 12～15 t/hm²。双芽单行种植的下种量约为常规种植下种量的一半，相同甘蔗种苗量可以种植双倍的土地面积；采用单芽下种，可减少下芽量 2/3～3/4，相同甘蔗种苗量可以种植更多的土地面积。减少下种量，降低种植密度，有利于甘蔗苗期光照促进分蘖，获得一定量的有效茎，同时降低种植成本。单(双芽)稀播快繁还应该结合繁殖甘蔗新品种的分蘖特性，分蘖性强的甘蔗品种可适当减少下种量，分蘖性一般的品种适当增加下种量。另外，采用单芽（双芽）稀播快繁，因为下种量较低，在苗期应注意观察萌苗情况，如果萌苗率较低，应该采用补苗的方式，降低蔗地缺塘断垄。同时，应该加强水肥管理和田间病虫害防治。

3. 分蘖繁殖法

甘蔗是无性繁殖作物，在良种繁殖过程中，含有蔗芽的细茎、梢头、侧枝、分蘖苗在一定的栽培条件下，均可以长成新的蔗茎，发挥种芽繁殖的作用并获得高产。利用甘蔗产生分蘖的特性，待甘蔗主茎苗生长到有5～6片可见叶时，保留主茎苗，把健壮的分蘖苗连根从母茎中分割出来。分割出的分蘖苗剪除少量叶片，先假植一段时间，待分蘖苗长出新根后，选择在阴天或雨天移植到苗圃做进一步繁殖，以保证分蘖苗的成活。分蘖繁殖法是利用移植分蘖苗再分蘖，保留的主茎苗同样再分蘖的原理，扩大了甘蔗的有效茎数，达到了甘蔗良种增殖的目的。

4. 侧枝快繁法

甘蔗生长过程中，蔗茎上侧芽萌发的激素水平受顶端优势控制。由蔗茎基部至顶部，抑制水平逐渐减弱，当蔗茎顶端优势被去除后，蔗茎上的侧芽即可萌发，并在蔗茎上成苗。对甘蔗及其侧芽苗反复去顶，使甘蔗及其侧枝不断生成侧芽（侧枝），实现良种苗量迅速增加，达到良种繁殖的目的。考虑降水、气温以及空气湿度，一般采用夏植母茎进行侧枝苗处理，可进行3次侧枝苗生产，提早假植，大田移栽可遇上雨季，有利于侧枝苗的成活与生长。在品种选择方面，一般甘蔗生长旺盛、根系发达、蔗茎粗壮、蔗芽壮大、野生血缘较近的品种有利于甘蔗侧枝苗的发生与生长。

5. 多次采苗法

在蔗茎有5～6个节时即可采苗繁殖，斩成单芽，经消毒、催芽后进行繁殖。此法一年可繁殖100倍以上。

在上述介绍的五种繁殖方法中，分蘖繁殖法和侧枝繁殖法均需要移栽，虽然繁殖系数较高，但苗的移栽也存在生根、成活难及种植成本高的问题，需要加强幼苗移栽管理。蔗农或较为基层的甘蔗技术推广部门，建议采用一年两采法或两年三采快速繁殖法和单（双芽）稀播快繁法，在适当加强田间管理、少量改变收种方案的前提下，即可获得较高的良种繁殖效益。

六、甘蔗温水脱毒健康种苗生产技术

甘蔗用蔗茎腋芽进行无性繁殖，由于多年反复种植，极易受到种苗传播病源、反复侵染(如宿根矮化病、花叶病和黑穗病等),造成产量和品质下降,宿根年限缩短以及种性退化。防止种苗带菌(毒)传播病害,最经济有效的措施就是生产、繁殖和推广脱毒种苗。

为解决甘蔗脱毒问题,研究实用高效的脱毒技术体系,云南甘蔗所在国家农业部、科技部和云南农业厅、科技厅支持下,针对我国蔗区病虫害为害普遍,特别是甘蔗种传病害危害日益严重的情况,借鉴国外先进的脱毒技术经验,研究开发甘蔗温水脱毒种苗工厂化生产技术,消化吸收了国际上最先进的健康种苗生产技术,形成温水脱毒的方法、工艺流程和甘蔗脱毒种苗快繁技术体系,建成中国第一家研发型甘蔗种苗脱毒处理车间,通过科技人员几年不懈努力,探索出一条适宜我国蔗区的温水脱毒生产健康种苗技术,2009 年获得了我国健康种苗核心发明专利,并同时申请了一批健康种苗繁育与检测专利技术。

温水脱毒技术最大特点是简单易行,操作简便,将甘蔗种苗在 50 ℃恒温水中浸泡两个小时,既能有效杀灭种苗携带的病菌,又能使种苗不受伤害。具体操作如下。

(一)样品采集及检测

调查不同生态蔗区甘蔗主栽品种和新品种宿根矮化病、花叶病等的发生和分布情况并采集样品。采样于甘蔗成熟期,选择具有代表性的主栽或主推品种。根据品种、植期分类,随机取样。每个样本取 6～10 条蔗茎,先用剪刀取幼嫩叶片装入样品采集袋,每条蔗茎再截取中下部茎节,用砍刀切成 7 cm 左右长,再用钳子挤压 25 mL 左右的甘蔗汁于 50 mL 离心管内混匀(每取一个样品后均用 70%的酒精消毒砍刀和钳子),放于－200 ℃冰箱保存待用。利用植物病原电镜(EM)、血清(ELISA)及 PCR 等检测技术对采集样品进行甘蔗宿根矮化病和甘蔗花叶病病原检测。根据调查检测结果,全面分析评估,明确甘蔗宿根矮化病菌、花叶病毒等的致病性及差异、田间发生分布及流行动态和不同品种发病情况,为应用推广甘蔗温水脱毒种苗提供科学依据。

(二)甘蔗种苗温水脱毒处理

为保证温水处理甘蔗种苗的发芽率,应仔细选择生长健壮的成熟中下部蔗茎,先去除蔗叶避免阻塞水流循环系统,再将甘蔗种苗砍成带有 2～3 个芽段,然后将砍好的甘蔗种苗装入网袋堆放于处理吊篮内。在流动冷水中浸泡 48 h 之后,采用甘蔗温水处理设备进行温水(50±0.20)℃脱毒处理 2 h,计时从甘蔗种苗放入处理池开始。如果处理超过 2 h 意味着发芽率的降低，保持处理温度在(50±0.20)℃对脱除病毒和发芽率都是必要的。

处理时先将处理池水温加热到 51～52 ℃，放入装有甘蔗种苗的吊篮，使其完全浸没。装有甘蔗种苗的吊篮放入处理池时，池内温度下降很快可到 50 ℃。温度自控器实时监测池内温度并反馈信号给加热器以确保池温在(50±0.2)℃。巡检仪监测池内上、中、下部各层的温差。

甘蔗种苗从处理池吊出后，先喷洒冷水尽快冷至环境温度，再用 50%多菌灵 800 倍液浸种 5～10 min 以避免胚芽腐烂。

处理后的甘蔗种苗芽胚质软应尽量避免触碰，甘蔗种苗冷却后可立即种植，也可摆放 1～2 天等胚芽硬化后种植。

（三）甘蔗温水脱毒种苗繁殖

在工厂化生产甘蔗温水脱毒种苗的基础上，建立无病种苗圃——三级苗圃制。温水脱毒甘蔗种苗通过一级、二级、三级专用种苗圃扩繁，由三级专用种苗圃直接为大面积生产提供无病种苗。

(1)一级专用种苗圃扩繁。一级苗圃是三级苗圃制中最重要的苗圃，专用于繁殖经温水处理的脱毒种苗(提供脱毒种苗原种)。脱毒种苗摆放 1～2 天待胚芽硬化后种植，每公顷下种量为 12 万～15 万芽，双行接顶摆放，每公顷施普钙 750 kg，覆土灌水3～5 天后喷除草剂盖膜，田间施肥及栽培管理按常规生产方法进行。一级苗圃应位于交通和管理都比较方便的地方，最好设在糖厂附近。一级苗圃需严格保护以免受病虫害侵染，各种操作和保护要由经过培训的技术人员担任。一旦发现染病蔗株，应尽快拔除以防止再次侵染。

(2)二级专用种苗圃扩繁。第二年大量繁殖从一级苗圃收获的蔗种。蔗种不用再进行热处理，但必须保证防止再次侵染的其他条件。二级苗圃从下种开始直至收获，都必须加强田间管理和严格的保护，定期检查病害发生情况。

(3)三级专用种苗圃扩繁。第三年对从二级苗圃中得到的蔗种进行再扩繁。可不进行热处理，但必须对蔗田进行定期的病害检查。三级苗圃收获的蔗种即为无病虫种苗，可提供蔗农种植。

在上述各级苗圃的栽培管理中，必须注重病虫害监测、种苗纯度检测，在种苗砍收和种植过程中，加强蔗刀等砍收耕作工具的隔离和消毒，防止病害交叉感染。实行轮作，可使有寄主专化性的病原物得不到适宜于生长和繁殖的寄主植物，从而减少病原物的数量；在种苗区采取及时剥除枯叶，清除田间杂草，做好蔗田的排灌系统和合理施肥等措施，以确保种苗的质量。

（四）甘蔗温水脱毒种苗配套高产综合栽培技术

由于甘蔗是一种栽培用种量较大的作物，每公顷用种量高达 12 万～15 万芽，繁殖速度慢，严重影响了甘蔗脱毒种苗的繁殖推广。在无病种苗圃繁殖过程中，配套以地膜覆盖、配方施肥、化学除草、病虫害综合防治等高产综合技术栽培，可提高甘蔗脱毒种苗繁殖倍数和增产效能、降低生产成本，加快推广应用。

1. 精细整地

整地要求深耕细耙，精细整地，为甘蔗创造一个"深、松、细、平、肥"的良好土壤环境。犁耙深度要达 40 cm 以上，土壤要求松而不散、软而不硬、细而不粉，这样的土壤有利于协调水分和空气矛盾，施肥效果好，能持续、均匀地供应甘蔗所需养分。

2. 开挖蔗沟

植蔗沟深度一般为 25～35 cm，沟底宽 20～25 cm，排水不良、地下水位较高蔗区可适当浅一些，土层深厚，排水良好蔗区可深些。蔗沟之间的行距在 90～110 cm，在年平均气温高于 20 ℃以上的蔗区，甘蔗萌芽快，分蘖多，伸长期长，选择 100～110 cm 的行距较为适宜，在年平均气温 18～19.9 ℃的南亚热带蔗区，选择 90～100 cm 的行距为宜。

3. 施足底肥、防治地下害虫

开挖好后的蔗沟，下种前施入底肥，每公顷底肥使用细碎有机肥 22 500 kg，加尿素 225～300 kg、普钙 750～900 kg、硫酸钾（或氯化钾）300 kg 拌和均匀撒施于植沟，再用锄头锄沟底，使土、肥混合。结合施底肥，选用一些长效有机农药，与基肥混合均匀撒施于植蔗沟内，防治苗期螟害和地下害虫。

4. 种苗消毒、浸种处理砍种

2～3 个芽一段，沿蔗茎横切面进行，上短下长，切忌砍成斜面。砍出的蔗种选用 2%～3%石灰水浸种 12～24 h 或 50%多菌灵可湿性粉剂、70%甲基托布津可湿性粉剂 800～1 000 倍液浸种 3～5 min，以减少病虫害和提高蔗种发芽率。

5. 下种栽培

以 2～4 月春植下种和 8～10 月秋植下种为佳，充分利用蔗区自然资源优势，提高种苗的萌发出苗率。下种密度根据行距而定，行距 100～110 cm 的蔗地以

10.5 万芽/hm^2 为宜,90～100 cm 行距以 12 万芽/hm^2 为宜。根据下种量可采取双行接顶或双行对空下种,蔗种平植于蔗沟,芽朝两侧,两行种苗保持 10 cm 的距离,覆土 3～5 cm。

6. 适时喷施除草剂和覆盖地膜

甘蔗栽种灌出苗水 3～5 天后,每公顷选用 40%莠去津胶悬剂 3 000～3 750 mL、80%阿灭净可湿性粉剂 1 500～1 950 g 或 80%敌草隆可湿性粉剂 1 500～1 950 g 等草剂,兑水 750～900 kg,均匀喷施于种植沟土壤表面进行土壤处理芽前除草。喷施除草剂后,选择幅宽 40 cm 的普通农用地膜进行地膜覆盖,地膜要求拉紧铺平,紧贴土面,用细土沿膜边缘压紧、压实,保持地膜透光面幅宽 20 cm 左右。

7. 加强田间管理

(1)壮苗促蘖。一是追施壮苗肥,每公顷使用尿素 225～300 kg,有螟虫、蔗龟等地下害虫为害的蔗地,在小培土时采用高效中低毒杀虫剂与追肥混合均匀,撒施于蔗根基部,进行施肥培土;二是在分蘖期水分上要注意“促控结合”,促进根系发育。

(2)甘蔗进入伸长期,管理上要充分利用夏秋高温、强光、多雨等有利条件,重施攻茎肥,结合大培土、排灌和病虫草害防治,最大限度地促进甘蔗生长。

①及时重施攻茎肥并大培土。每公顷施用尿素 600～750 kg、普钙 600 kg,并进行大培土。

②因时因地,做好排灌。

③及时防治甘蔗病虫草害。大培土后,每公顷选用 40%莠去津胶悬剂 3 000～3 750 mL、80%阿灭净可湿性粉剂 1 500～1 950 g、80%敌草隆可湿性粉剂 1 500～1 950 g 等土壤处理除草剂,兑水 750～900 kg,均匀喷雾蔗沟土壤表面进行芽前除草。6～7 月份要重点防治好甘蔗棉蚜、蓟马。选用 48%乐斯本乳油、20%丁硫克百威乳油、10%吡虫啉可湿性粉剂 1 000～1 500 倍液加 90%杀虫单原粉 500 倍液喷雾。在病害防治上,加强水肥管理,防治蔗田积水,及时剥除枯老脚叶,间去无效弱病株,使田间通风透气,降低田间湿度,减少病害发生;在施肥上,要多施磷、钾肥,避免重施氮肥。对发病严重的地块,选用 50%多菌灵、50%苯来特、75%百菌清等可湿性粉剂 500～600 倍液或 1%波尔多液喷雾,每隔 7 天喷一次,连续喷施 2～3 次即可控制。

8. 适时采种,快锄低砍

选择“立春”后收砍较好,可避免 1 月份蔗区低温和霜冻对宿根蔗萌芽的影响;

收砍时采用快锄，入土 2～5 cm，有利于当年甘蔗高产，还利于第二年宿根甘蔗的萌发，为甘蔗的持续高产、延长宿根年限打下一个良好的基础。

（五）甘蔗温水脱毒注意事项

甘蔗温水处理脱毒种苗生产，首先要有符合先进技术标准的温水处理设备能够保持水体循环、温度自控(50±0.2)℃和相应的脱毒方法、工艺流程等，否则水温过高、处理时间过长易使种芽烫伤失去发芽能力，水温过低、处理时间过短起不到脱毒效果。其次为确保脱毒种苗的发芽率，应选择生长健壮的成熟蔗茎中下部茎段处理，处理后的脱毒种苗先喷洒杀菌剂（多菌灵）以避免胚芽腐烂，再摆放 1～2 天等胚芽硬化后种植。

七、甘蔗组培脱毒加速繁殖技术

甘蔗组织培养繁殖技术是采用甘蔗梢部的心叶、生长点为材料，在适当的培养基中进行组织培养分化出幼苗，是进行甘蔗良种加速繁殖的有效方法，也称甘蔗组培快繁技术。植物组织培养流程示意见图 6-5。

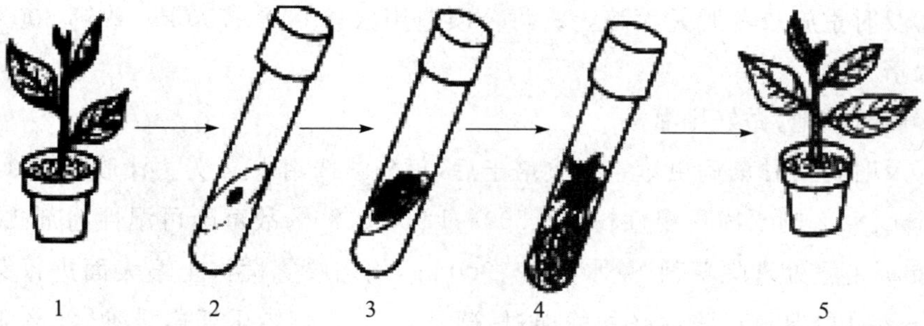

图 6-5　植物组织培养流程示意图

1. 外植体来源　2. 外植体培养　3. 愈伤组织　4. 再生小植株　5. 再生植株

1970 年，我国科学工作者采用嫩叶为材料诱导愈伤组织，对利用愈伤组织分化植株做了大量研究，并有效而大量地繁殖良种，取得了良好的经济效益和社会效益。1980 年，发展了芽培养工厂化生产技术，使甘蔗良种快速繁殖更为有效。如广东农科院对 RCO10 进行生长点培养 189 天，平均每个生长点材料繁殖 2 143 条幼苗，大大加快了甘蔗良种的繁殖速度。

(一)嫩叶培养技术

此项技术是诱导嫩叶外植体产生愈伤组织,由愈伤组织分化成植株。培养技术操作如下:

1. 取样与消毒

选用生长点以上 3~5 cm 的嫩叶梢,按无菌操作程序切成 1~2 mm 的圆薄片。

2. 愈伤组织的诱导

将切成的圆薄片接种于愈伤组织诱导培养基(MS 或 N6 培养基,附加 2,4-D 2~3 mg/L,蔗糖 3%,琼脂 0.7%上(表 6-2)。在 27~30 ℃下培养 20~30 天,将带有愈伤组织的圆片切成若干小块,接种到增补水解(酶解)酪(乳)蛋白 500 mg/L 的同样培养基上。同样条件下培养 20~30 天,挑选淡黄色粒状、坚实的胚性愈伤组织,置于同样条件下进行继代培养。

表 6-2　甘蔗组织培养的 MS 和 N6 培养基的成分　mg/L

成分	MS	N6
大量元素		
$(NH_4)_2SO_4$	—	463
KNO_3	1 900	2 830
KH_2PO_4	170	400
$MgSO_4 \cdot 7H_2O$	370	180
$CaCl_2 \cdot 2H_2O$	440	166
NH_4NO_3	1650	—
微量元素		
$MnSO_4 \cdot 4H_2O$	22.3	4.4
$ZnSO_4 \cdot 7H_2O$	8.6	1.5
H_3BO_3	6.2	1.6
KI	0.83	0.8
$Na_2MO_4 \cdot 2H_2O$	0.25	
$CuSO_4 \cdot 5H_2O$	0.025	
$CoCl_2 \cdot 6H_2O$	0.025	

续表 6-2

成分	MS	N6
维生素及有机物		
甘氨酸	2.0	2.0
盐酸硫胺素(维生素 B_1)	1.0	1.0
盐酸吡多素(维生素 B_6)	0.5	0.5
菸酸	0.5	0.5
生长调节素		
2,4-D	0.1～5.6	0.1—5.8
IAA	0.1～1	0.1～5
NAA	0.1～1	0.1～1
IBA	0.1～1	
K_T	0.1～2	
其他		
Na. RDTA	37.3	37.3
$FeSO_4 \cdot 7H_2O$	27.8	27.8
蔗糖	30 000	30 000
琼脂	6 000	6 000
pH	5.8	5.8

3. 小苗分化培养

当愈伤组织繁殖到一定数量后,将愈伤组织移到不含 2,4-D 而加入 KT 1 mg/L 的培养基中,在光照条件下培养、诱导芽分化。

分化芽后,有些品种长出根。若无根长出的,则将芽移至含 NAA 1 mg/L、IBA 0.5 mg/L 的培养基中促进根的生长。

4. 试管苗的种植与管理

当试管苗高 4～5 cm,根系发育健壮后,便可移出瓶种植。由于试管苗是在瓶内无菌条件下生产出来的一般都比较纤弱,为使其对室外环境有一个适应过程,移栽通常分两步进行,即先假植,再定植。

(二)芽繁技术

此项技术是培养茎顶生长点附近的芽,使之大量分蘖成丛芽,繁殖到一定数量后，诱导芽长出根，形成完整植株。培养技术操作如下：

1. 茎尖无菌培养

用无病植株茎的顶端作外植体，小心去除叶鞘，不伤害茎顶附近的芽。取顶端2 cm处的茎部，放置于0.1%的氯化汞溶液中浸泡12 min，然后在无菌水中洗4次。切去顶端生长点和下端，修整成一个节，将带有1个完好芽的外植体接种于培养瓶中，培养基为1/2MS+6-BA 0.2 mg/L+活性炭1 g/L培养液，静置培养，温度27～30 ℃，提供光照条件。7～15天后芽开始长出。

2. 丛芽繁殖体培养

待芽长出3～4 cm后，吸去原培养液，加入含6-BA 0.5～3 mg/L、NAA 0.2 mg/L的培养液，培养液浸至芽的基部，静置培养。20天左右更换培养液1次，30天后侧芽开始长出，更换培养液继续培养，直至长成丛芽。

3. 芽的检疫

从丛芽中抽出一枝进行病毒病的检疫，如证实不带病毒的，余下的用于繁殖。

4. 芽的增殖

在培养瓶中央设置1个高约2 cm，直径1.5～2.5 cm的塑料环（可用塑料自来水管自制），放入培养基，经灭菌后将丛芽自然分开成单株或多株，接种于环中。培养基含6-BA 0.5～3 mg/L。单株长成丛芽，能直立后除去塑料环，自然分成4～6株为一丛进行接种，20天左右更换培养基1次。为使其迅速增殖，应根据生长情况调节生长调节剂的用量。通常每月有4～10倍的增殖速度。培养时必须有充足的光照，但温度不能超过32 ℃。总继代次数控制在十二代左右。不同基因型的甘蔗对6-BA的反应不同，在培养中要加以观察，及时调整。

5. 促根

移至MS培养基，蔗糖增至4～6 g/L，NAA 5 mg/L，IBA 2 mg/L，进行促根培养1～2次。由于6-BA的长期作用，有些品种要进行两次才出根。但经过上述处理的试管苗，不管是否有可见的根，在移栽时只要注意温度和湿度都可以成活。

6. 试管苗的种植与管理

当试管苗高4～5 cm，根系发育健壮后便可移出瓶种植。由于试管苗是在瓶内无菌条件下生产出来的一般都比较纤弱，为使其对室外环境有一个适应过程，移栽通常分两步进行，即先假植，再定植。

通过组培快繁技术，不但能快速繁殖甘蔗种苗，而且还利于生产出不带病毒的优质种茎，即甘蔗脱毒苗。

经脱毒处理的甘蔗在株高、生产速度、质量等方面均优于未脱毒，在投入成本不变的情况下，种植甘蔗脱毒健康种苗，每公顷可为蔗农增加 3 000 多元的经济收入，增产增收效果十分显著。

（三）甘蔗组织培养的培养基的配制

通常先将培养基所需元素按用量及其性质成分分别配成“母液”置冰箱保存备用，在配制培养基时逐个按量吸取扩大倍数，这样既省时又准确。母液有五种：

(1)大量元素混合母液。含 N、P、K、Ca 和 S 等用量较大的元素混合溶液。可配成每配 1 000 mL 培养基吸取 100 mL 的浓度的母液，(即在培养基配方上乘上 10 即得母液称药量)母液定溶于 1 000 mL 即可。用时配 1 L 培养基，吸母液 100 mL，扩大 10 倍母液可配 1 万 mL 培养基。根据药品的化学性质，配制母液过程注意以下三点：

①各药品必须分开溶解。

②待充分溶解后，才能按以下先后顺序混合：硫酸铵溶液＋硝酸钾溶液＋硫酸镁＋……＋氯化钙溶液，要将钙离子(Ca^{+})与硫酸根离子(SO_4^{-})、磷酸根离子(HPO_4)错开，避免产生化合物沉淀。

③混合时应边搅拌边混合，不宜过快。

(2)微量元素母液。指 B、Mn、Cu、Zn、Mo、C1、Co、I 等用药量较小的元素。一般配成 100 倍母液，即按每配 1 L 培养基吸 10 mL 母液。配制过程注意如上所述。

(3)铁盐母液。避免铁盐与其他元素生成化合物沉淀，故宜单独配制母液，通常以硫酸亚铁和乙二胺四乙酸二钠(Na_2EDTA)配成馨合铁形式。一般按扩大 100 倍，以 1 L 培养基吸母液 10 mL。

(4)维生素母液。主要含维生素 B_1、维生素 B_6、甘氨酸、肌醇等成分，配成扩大 100 倍母液定容 100 mL 即可，每升培养基吸 10 mL 母液。

(5)生长调节素母液。激素母液用量较小，而且通常因不同需要而改变。一般是配成 0.1 mg/mL 的母液。如：50 mg 吲哚乙酸(IAA)＋少量无水乙醇溶解后用无离子水定溶于 500 mL 的量瓶中，即为含量 0.1 mg/mL 吲哚乙酸母液通常按下列公式计算母液的配制数量：

$$1\text{ L 培养基吸取母液的需要量(mL)}=\frac{\text{母液体积(mL)}}{\text{扩大倍数}}$$

技能训练一　甘蔗形态特征观察和主要良种识别

一、目的要求

通过观察甘蔗形态特征来识别甘蔗品种。

二、材料用具

当地2～3个甘蔗优良品种，甘蔗植株，放大镜，米尺等。

三、方法步骤

1. 观察甘蔗形态特征

选取代表性植株，分别观察各部位。

(1)根。蔗根由于生长部位和时间不同分为种根和苗根，有时也可能发生气根(气根是一种不良的经济性状)。观察蔗根分布范围、入土深浅、颜色与地表所成的角度。

(2)茎和芽。观察茎高，茎基部与顶部粗度比较，节间形态，节的组成(根带、根点、芽和生长带等)，蜡粉分布部位和厚薄，生长裂缝、木栓裂缝和芽沟的有无、长短和深浅，芽的形态结构(包括芽鳞、芽翼和芽孔)等。

(3)叶。叶片长、宽、厚、薄和颜色，叶缘锯齿稀密，叶鞘厚薄、颜色，蜡粉与茸毛多少，肥厚带大小与形态，叶与主茎所成角度(披散、弯曲、斜立、挺直等)，叶舌、叶耳着生部位、形状和颜色。

2. 识别当地主要优良品种

选当地主要甘蔗良种，观察下列项目。

(1)节间形状。分圆筒形、圆锥形、倒圆锥形、腰鼓形、弯曲形和细腰形等。

(2)茎色。分黄绿、紫红、黄铜和青绿等。

(3)茎径。用游标卡尺测量甘蔗茎中部节间的茎径，比较各品种茎径属于哪一种类型的品种。

(4)蜡粉。比较各品种节间蜡粉带的蜡粉厚薄和多少。

(5)芽沟。芽沟有无和深浅。

(6)芽的形状。分为卵圆形、椭圆形、倒卵形、圆形、五角形和菱形等。

(7)叶片着生姿态。分披散、弯曲、斜立、挺直等。

(8)叶鞘茸毛。茸毛有无及多少。

四、考核

将甘蔗不同品种的形态特征观察结果填入表6-3,并进行比较。

表6-3　甘蔗良种形态特征观察结果及比较

项目	品种名称			备注
节间形状				
茎色				
茎径				
蜡粉				
芽沟				
芽的形状				
叶片着生姿态				
叶鞘茸毛				

技能训练二　甘蔗成熟度测定

一、目的要求

学习并初步掌握甘蔗成熟期的形态特征及成熟度的锤度测定法。

二、材料用具

甘蔗植株、手持折光仪、蔗汁钻子、蒸馏水、药用棉花、擦镜纸、吸管、铅笔、记录本等。

三、方法步骤

1. 观察甘蔗成熟期的形态特征

甘蔗工艺成熟期的形态特征主要表现为梢部节间逐渐缩短,生长缓慢以至停止。大部分蔗茎的中下部叶片枯黄或干枯，全株青叶减至6～7张(正常时青叶保持8～10片)，茎上蜡粉脱落，茎光滑，茎色变为品种固有色。

2. 甘蔗成熟度测定

(1)选取样点。在田间按对角线5点取样法选取5个有代表性的取样点，每样点选取代表性蔗茎5株作测定对象。

(2)清洁和检查手持折光仪。翻开盖板，用蒸馏水冲洗干净后用药棉抹干，滴2滴蒸馏水于折光镜面上，盖上盖板进行观察，检查镜中视野标尺，观看明暗分界线是否在0线上，如未对0线，则用小解锥调整到0，对0后用药棉抹干。

(3)钻取蔗汁。用蔗汁钻子分次钻取样品茎的基部节间(地面上第一节间)和上部节间(倒数第6全出叶下一个节间)的蔗汁，把钻子取出的蔗汁滴于手持折光仪的折光镜面上，盖好盖板。

(4)对光观察。左手持镜筒，眼睛对准目镜，对光观察，右手调旋目镜调节焦距，以看清表尺读数为准，迅速读出数字，该数字即为锤度数据，将数据记入记载表。

(5)计算平均锤度。把全部样品茎的上部节间和基部节间锤度测出后，算出平均值，即为各节间的平均锤度。

(6)计算成熟度。成熟度＝上部节间平均锤度/基部节间平均锤度。当比值在0.90以下为工艺未熟，0.91～0.95为工艺成熟，0.96～1.00为工艺完熟，大于1.00为工艺过熟。

四、考核

1. 测定结果填入表6-4，进行相关计算，判断被测定甘蔗品种的成熟度是否达到压榨制糖适期?

2. 你是否掌握了手持折光仪的使用方法？应注意什么事项?

表6-4　甘蔗成熟度测定记载表

品种：　　　　　　　　　　　　　　　　　　　　**测定日期：**

测定编号	基部节间锤度	上部节间锤度	成熟度
平均值			
成熟度			

技能训练三　甘蔗田间测产

一、目的要求

学习并初步掌握田间测产技术。

二、材料用具

成熟的蔗田、皮尺、米尺、游标卡尺、称等。

三、方法步骤

(1)选取样点。在田间按对角线5点取样法选取5个有代表性的取样点。

(2)调查有效茎数。在每个样点选有代表性的蔗畦,用皮尺测量畦长10 m,数其有效茎数,求出平均每米有效茎数。

(3)调查行距。在蔗田一端用皮尺测量10个行距,求平均行距,以m表示。

(4)计算公顷有效茎。按下式计算

$$有效茎(条/hm^2)=每米平均有效茎(条)\times 10\,000\ m^2/平均行距(m)$$

(5)调查茎长(高)。每样点选有代表性的蔗茎10条,用米尺分别测量其长度,从茎基部起量到最高肥厚带向下30 cm处为茎长,求出平均茎长,用cm表示。

(6)调查茎粗(茎径)。用游标卡尺测量每样点选定的10条蔗茎的上、中、下部节间的茎径,求平均茎径,用cm表示。

(7)计算平均单茎重。按下式计算

$$单茎重(kg)=0.785\,4\times 茎长(cm)\times 茎径(cm^2)\times 0.001$$

或取20株蔗茎称重,算出平均单茎重。

(8)计算单位面积理论产量。

$$甘蔗理论产量(kg/hm^2)=每公顷有效茎数(条/hm^2)\times 平均单茎重(kg/条)$$

四、考核

把调查结果填入表6-5,并进行相关计算。根据测定和计算结果,从产量构成因素分析高产或低产的原因。

表 6-5　甘蔗田间测产记载表

调查编号	品种	行距/（m/行）	有效茎/（条/m）	茎长/（cm/条）	茎粗/（cm/茎）	单茎重/kg	理论产量/（kg/hm²）	备注

问题与思考

1. 试述甘蔗温水脱毒健康种苗生产技术要点。
2. 甘蔗种茎常规繁育方法有哪些？

项目七

甘薯种薯（苗）生产技术

项目目标

1. 了解甘薯脱毒种薯的基本概念；
2. 能叙述甘薯茎尖组织培养技术步骤；
3. 熟记甘薯种薯混杂退化的原因及防治措施。

技能目标

1. 掌握影响甘薯茎尖培养成苗及脱毒效果的解决措施；
2. 学会甘薯脱毒苗试管快繁主要技术；
3. 掌握甘薯种苗繁育技术。

任务7　甘薯种(苗)生产的基本知识

一、甘薯种子的概念及良种生产的意义

（一）甘薯脱毒种薯的基本概念

“种薯”是指那些作为种子用的薯块。“脱毒种薯”是指甘薯种薯经过一系列的物理、化学、生物或其他技术措施清除薯块体内的病毒，获得的经检测无病毒或极少有病毒侵染的种薯，也是从繁殖脱毒苗开始，经逐代繁殖增加种薯数量的种薯生产体系生产出来的符合质量标准的各级种薯。脱毒种薯是甘薯脱毒快繁及种薯生产体系中各种级别种薯的通称，它分为“茎尖苗”“原原种”“原种”“良种”四个级别。

1. 茎尖苗

茎尖苗是由甘薯茎尖分生组织培养诱导而成的再生小苗。茎尖苗有的已经去

除了病毒，但有的仍然含有病毒。

高级脱毒试管苗，即经过严格病毒检测确认不含病毒，且经过株系评选而中选的优良试管苗以及用它离体快繁或防蚜虫条件下快繁后得到的甘薯苗。

2. 原原种

原原种即在防蚜虫网棚内无病原土壤上栽种高级脱毒试管苗生产的种薯。用原原种种薯育出的薯苗叫原原种苗。

3. 原种

原种即利用原原种苗在具备 500 m 以上隔离条件（即 500 m 内没有种植普通带毒甘薯）而且土壤无病原的田块生产的种薯。由原种育出的薯苗叫原种苗。

4. 良种

良种又称一级生产种。即利用原种苗在普通无病留种田块生产的种薯。良种育出的苗叫良种苗。

在生产实际中，用良种种苗在普通无病留种田块生产种薯以供大田生产应用，这个称为二级生产种。

（二）甘薯良种生产与推广的意义

甘薯是高产稳产作物，具有适应性广，抗逆性强，耐旱、耐瘠薄的特点。我国除高寒地区外均有种植，常年种植面积达 600 万 hm^2 以上，仅次于水稻和玉米，居第四位。甘薯既是粮食作物，又是饲料和工业原料作物，其生产在我国国民经济中占有重要地位。

甘薯优良品种是育种家采取不同的育种手段选育出的新品种，选用甘薯良种是甘薯生产上的一项经济有效的措施，可达到以下作用：增加产量，优良品种比普通品种一般可增产 10%以上；降低成本，优良品种经过定向选择，一般具有较强的抗逆性，选用优良品种可减少防治病虫的成本，如徐薯 18 的选育推广控制了甘薯根腐病的蔓延。满足综合利用的需求，据调研企业产品质量和效益的提高在很大程度上依赖于品种的改良，加工特色的产品需要特定的品种。

二、甘薯种薯混杂退化及防治

（一）甘薯的混杂退化现象

甘薯良种随着种植年代的增加会出现植株变小、分枝减少、叶片皱缩、羽状斑纹、生长势衰退、块根变小、产量品质明显下降、甚至丧失生产利用价值，这种现象叫作年甘薯种性退化。甘薯种性退化是长期以来普遍存在严重影响甘薯生产发展的一个重大问题，一般减产高达30%以上。

（二）甘薯种薯混杂退化的原因

1. 基因劣变

甘薯本是遗传上的杂合体，异质性强，突变率高，虽然采用无性繁殖，也会因为环境影响发生芽变，不良的芽变在良种内繁殖滋生，必然降低其应用价值，这是品种退化的内因。如短蔓品种发生长薯变异，红肉品种发生浅色变异等。

2. 机械混杂

在收获、运输、保存、育苗、栽种等环节中，由于不注意选种、留种，常使用不同品种或劣变个体混入其中，随着生产不断扩大，造成品种繁殖混杂。如将徐薯18长蔓品种与胜南短蔓品种根据水肥要求分别种植，两品种都能发挥高产性能，如两品种混播，徐薯18长蔓品种对胜南短蔓品种的植株产生隐蔽，二者都不能满足丰产性要求。

3. 病毒病影响

甘薯在无性繁殖过程中，病毒在体内不断积累，使得甘薯表现出生长势减弱，薯块表面粗糙、裂纹，柴根增多，叶片皱缩变黄，生命力降低，产量下降。

（三）防杂保纯技术

1. 严格技术操作规程，避免发生机械混杂

必须严格遵守甘薯种薯生产技术操作规程，认真核实各级别种薯的接受和发放手续，严格技术操作规程，杜绝机械混杂发生。

2. 去杂提纯

从育苗、栽植、收获到贮藏全过程中，及时剔除杂薯、杂苗，并留意选好纯种纯苗，作为第二年苗床育苗的用种。芽苗出土后，要根据品种芽苗的特征进行间拔杂苗。薯苗出圃前再次进行除杂去劣，之后剪苗供应大田生产。经过反复2～3次的去杂提纯，可以一定程度上减少因混杂引起的种性退化。

3. 选优复壮

良种去杂提纯后，种性初步得到提高，为进一步提高纯度和种性，必须采月株选留种，株系鉴定，混系繁殖原种的方法。

(1)株选留种。在大田封畦前进行田间株选，主要通过目测比较法，选出具有

本品种特点的优良单株若干，挂牌标记。一般每亩选 200～300 株，收获前再根据原品种地上茎叶生长和病虫害发生情况等重复观察，并检查 1～2 次，凡是不合格的除去标记不予入选。收获时先割掉薯藤，然后依次挖出，之后根据品种特性和单株生产力进行精心挑选，一般选择早薯株重 1 500 g 左右，晚薯株重 1 000 g 左右，大薯率高、结薯 3～5 个，薯型长、薯蒂细小弯曲、薯尾短小的单株，将入选单株进行编号，分别贮藏留种。

(2)株系鉴定。每个单株结的种薯为一个株系，分系进行温床育苗。育苗前淘汰贮藏期失水干瘪、受冻害的薯块。苗期及时淘汰杂株或病毒苗，如发现病毒苗应将单株的薯苗与薯块全部拔除。建立采薯圃，并采用适当密植、幼苗打顶等措施，以促进分枝，培育足够的蔓头苗。扦插后进行田间株系的观察、鉴定和比较，主要是封垄前鉴定地上部特征、植株生长势和整齐度。收获时鉴定地下部特征特性和结薯习性。经过两次鉴定综合评选，淘汰劣系，表现突出的株系再进行单系留种。

(3)混系繁殖原种。将上年入选混合的株行圃种薯育苗，并设采苗圃繁苗，北方在夏季、南方在秋季栽种原种圃繁殖原种。原种圃也分别在封垄前和收藏期根据原品种地上、地下部特征特性，除杂去劣，并拔除病株。原种圃中选出生产性能好、品质优良、表现一致的优良株系混合在一起，作为留种田的原种。

(4)茎尖组织培育脱毒甘薯苗。甘薯病毒病的防治，目前生产中主要是通过茎尖组织培养脱毒甘薯苗乃至脱毒薯的方法来解决。甘薯脱毒技术是种薯生产技术上的一个核心，必须在建立脱毒种薯和脱毒薯苗生产基地和监测机构的前提下，加强推广应用。

三、甘薯种薯脱毒的基本方法

（一）甘薯脱毒的意义

1. 甘薯病毒病的危害

甘薯病毒病广泛存在于世界各甘薯产区。我国于 20 世纪 50 年代首次报道了甘薯病毒病的发生，以后陆续有甘薯病毒病发生和危害情况的报道。据山东、江苏、安徽、北京等省市的调查，由病毒病造成的甘薯产量损失一般达 20%～30%，严重的可在 50%以上。虽然不同品种间病情严重度存在差异，但没有发现抗病的品种，说明甘薯病毒病已成为甘薯生产的主要限制因子之一。

甘薯在整个生育期均可受到病毒的侵染，甘薯感病后可使植株的正常生理功能受到影响，植株生长势衰退，叶片出现羽状斑、紫斑、紫环斑和黄斑以及黄化、花叶、明脉、皱缩等症状，由于制造养分的器官被病毒干扰和破坏，植株生长失常，造成大幅度减产。甘薯是无性繁殖作物，一旦感染上病毒病，病毒就会在甘薯体内不断增殖、积累，代代相传，使病害逐代加重。导致甘薯种性退化，产量降低和品质变劣，对甘薯生产造成严重危害。

2. 甘薯脱毒的意义

甘薯病毒病广泛存在于世界各甘薯产区，在我国发病率达 60%～90%，有些品种可达 90%以上。甘薯感病后正常的生理功能受到影响，植株生长势衰退，叶片出现羽状斑、紫斑、紫环斑和黄斑以及黄化、花叶、明脉、皱缩等症状，由于制造养分的器官被病毒干扰和破坏，地下部分结薯少，薯块小，薯皮色淡，粗糙且有龟裂，造成大幅度减产。一般减产 20%～40%，严重时丧失结薯能力。甘薯病毒病已经是导致甘薯种性退化、产量降低和品质变劣的重要原因。

甘薯在整个生育期均可受到病毒的侵染(主要由蚜虫等昆虫传播)，已报道的侵染甘薯的病毒有 10 余种。加之甘薯是无性繁殖作物，如感染上病毒病，就会在甘薯体内不断增殖、使病害加重。

脱毒是目前防治甘薯病毒病的最好方法，可以通过培育、推广脱毒甘薯来防治病毒病、提高甘薯产量和品质。

(二)甘薯脱毒的基本方法

1. 物理学脱毒法

热处理脱毒又称高温处理或热疗法，主要有热水浸渍处理和热风(热空气)处理两种，后者比前者不易损伤植物材料，是目前较为常用的热处理脱毒方法。

(1)热水浸渍处理。热水浸渍处理也叫作温汤处理，是将材料置于 50 ℃左右热水中浸数分钟至几小时，可使病毒失活。这种方法简便易行，适于离体材料和休眠器官的处理，但是值得注意的是在热水浸渍处理过程中，材料处理温度不宜超过 55 ℃，多数植物材料在此温度下易被烫坏死。如用 37.5 ℃的高温处理患有卷叶病毒的甘薯块茎 25 天，种植后不能出现卷叶病。茎尖培养前对发芽的块茎采取 32～35 ℃的高温处理，32 天可脱去 X 病毒和 S 病毒，并且处理的天数越多脱毒率越高。另外，采用高温处理不适用于纺锤块茎病毒，因高温适合类病毒的繁殖。

热处理初期温度宜从低向高逐渐升至设定温度，使处理植物材料有个适应过程；热处理结合变温处理有助于脱除病毒，减缓对处理材料的物理损伤；不同品种、不同器官、不同生长阶段的待脱材料热处理所需温度范围及高温处理时间不尽相同。

(2)热风(热空气)处理。热风处理也叫热空气处理，将生长的或盆栽植物移入温室内或人工培养箱中，使其在35～40 ℃温度范围内生长数天至数月不等，取其高温处理开始后新长出枝条上的茎尖嫁接在无毒砧木上。培育获取无病毒苗。如甘薯以37 ℃处理20天就可脱去卷叶病毒(PLRV)。过高温度会造成伤害。采用变温处理则可消除病毒且不伤及外植体，如以每天40 ℃的温度4 h与16～20 ℃的温度20 h交替变温处理甘薯块茎，既清除了芽眼中的叶片病毒，又保持了芽的活力。

在热处理脱毒法中，主要的影响因素是温度和时间。通常温度越高，时间越长，脱毒效果就越好，但是同时植物的生存率却呈下降趋势，所以温度选择应考虑脱毒效果和植物耐性两个方面。一般情况下热处理中，一是恒温处理，即温度控制在35～38 ℃；二是变温处理，温度为32 ℃和38 ℃，每隔8 h变换1次，研究结果表明，变温处理比恒温处理的植株死亡率低，脱毒效果好。

2. 热处理结合茎尖培养脱毒法

尽管分生组织常常不带病毒，但不能把它看成是一种普遍现象，许多研究证明一种原因是某些病毒实际上也能侵染正在生长中的茎尖分生区域，或者甘薯品种经严格的茎尖脱毒培养后仍然带毒，并不是操作不严或后期感染所致，而是因为某些病毒也能侵染茎尖分生区域，如PVX和PVS；另一种原因是品种同时感染了两种病毒。这两种情况都不能仅仅通过茎尖培养来消除病毒。据Morel(1968)报道，茎尖组织培养脱除PVY和PVA的成功率达85%～90%，而PVX和PVS的脱毒率却小于1%。因此，有时将热处理和茎尖培养结合，才能更有效地清除病毒，达到脱毒的目的。

任务2 甘薯脱毒种薯生产技术

一、甘薯脱毒原原种生产技术

(一)甘薯原原种的概念与质量标准

1. 概念

脱毒试管苗具有该品种的典型性，遗传性稳定，品种纯度为100%，生长健壮，不带病毒和其他病害。用高级脱毒试管苗在防蚜虫网棚内无病原土壤上生产的种薯即原原种。

2. 质量标准

具有该品种的典型性，遗传性稳定，品种纯度为100%，薯块整齐度(指单块重100～400 g占总重的百分比，下同)不低于90%，不完整薯率(指机械损伤、虫鼠伤和自然开裂、畸形薯块占总重的百分比，下同)低于1%，不带病毒和其他病害。

(二)原原种生产关键技术

1. 生产条件

脱毒甘薯原原种的繁育要求非常严格，必须具备3个条件：

第一，栽种的必须是高级脱毒试管苗。

第二，必须要在防虫网棚内生产原原种。防虫网棚是繁育原原种的重要条件之一，而且所用防虫网的网眼必须在40目以上，这样蚜虫就不能通过，可以大大减少蚜虫传播病毒的机会。

第三，所用地块必须是无病原土壤，最好选用多年未栽种过甘薯的土壤。另外，还要经常喷洒杀虫药剂，防治蚜虫，以免产生病毒再侵染。

2. 关键技术

原原种繁殖在防虫网棚内进行，网棚内光照较弱，通风透气性较差，很容易造成旺长。因此，繁殖原原种时，栽插密度不易太高，一般以每亩栽植4 000株为宜。

在管理方面应注意少施氮肥，多施磷、钾肥，注意控温、控水、控湿，既要防止茎叶徒长，又要促进多结薯块。如果脱毒甘薯长势偏旺，可采用提蔓方法或每亩用0.2 kg磷酸二钾兑水50 kg，叶面喷施2～3遍，促使薯块膨大和地上部稳长。如果发生了徒长，秧蔓深达40 cm以上则可以使用打群顶或用75～150 g多效唑兑水40～70 kg叶面喷洒，喷1～2次。

在繁殖原原种时，要始终贯穿防止病毒再侵染的意识。在网棚内要种植一些指示植物，每1～2个星期喷洒1次防治蚜虫的药剂。防蚜虫时最好多种药剂轮换使用，以免蚜虫产生抗药性，达不到防治效果。

原原种收获时要逐株观察是否有病毒症状，一旦发现病株要坚决拔除，以确保原原种质量。如果网棚内所种植的指示植物表现病毒症状，整个棚内所繁殖的种薯应降级使用。

原原种薯在无病温网室内种植生产的种苗叫脱毒原原种苗，在繁殖脱毒原原种苗时要注意以苗繁苗，加大繁殖系数，提高栽插密度，可采用建立采苗圃扩繁。

二、脱毒原种生产技术

（一）种的概念与质量标准

1. 概念

用原原种苗(即原原种种薯育出的薯苗)在500 m以上空间隔离条件下生产的薯块为原种。

2. 质量标准

具有该品种的典型性，遗传性稳定，品种纯度不低于99%，薯块整齐度不低于85%，不完整薯率低于3%，带病毒率不超过10%，黑斑病、根腐病和软腐病低于0.5%，不带茎线虫病和根结线虫病。

（二）脱毒原种生产关键技术

生产条件：原种的繁殖必须用薯苗为原原种苗，必须具有500 m内无普通带毒甘薯种植的空间隔离条件；必须所用田块至少3年以上没种过普通带毒甘薯，且为无病田。

脱毒原原种苗结出的种薯叫原种薯，利用原种薯在具备防虫条件下种植生产的种苗叫脱毒原种苗。在田间集中连片大量繁殖脱毒原种苗时要进行隔离，隔离方法可采用四周500 m内无带毒甘薯种植的空间隔离，也可用高秆作物(高粱、玉米)进行屏障隔离。在繁殖田块内也要种植少量的指示作物，观察其是否有毒源存在和发生过蚜虫传播，若有应及时拔除或降级使用。

（三）原原种苗快繁的方法

一般来讲，原原种的数量比较少，而且价格比较贵。繁育原种时最好尽早育苗，以苗繁苗，以扩大繁殖面积，降低生产成本。原原种苗快繁的方法有很多种，但以加温育苗法、采苗圃育苗法和单、双叶节繁殖法最为常用。

1. 加温多级育苗法

为了满足甘薯喜温、无休眠和连续生长的特点，利用早春或冬季提前育苗方法，通过人为创造适宜的温、湿度条件，争取时间促进薯块早出苗。

在冬季或早春(2月上旬)利用火炕、电热温末、双层塑料薄膜覆盖温床或加温塑料大棚等提早排种,加强管理,促进薯苗早发快长。薯苗长出后,分批剪插到其他面积较大的温床或塑料大棚中,加强肥水管理,长成后再剪插到面积更大的温室或塑料大棚中,促进幼苗生长,并继续用苗繁殖。当露地气温适宜时,不断剪苗栽入采苗圃,最后定植到留种田。

2. 采苗圃育苗法

采苗圃育苗法是以苗繁苗方法中不易老化、无病、粗壮苗最为可靠的方法,也是做好甘薯良种繁育的关键措施。可以加大繁殖系数,培育壮苗。采苗圃要加强肥水管理,勤松土,消灭病、草害,使茎蔓生长迅速,分枝多,粗壮。

3. 单、双叶节繁殖法

利用单、双叶节栽插是高倍繁殖的一种有效措施,这种繁殖方法又可以分成两种。一种是把采苗圃培育的壮苗剪成短节苗,直接栽到原种繁殖田;另一种是在春季育苗阶段,采用单双叶节的一级或多级育成苗,再从采苗圃剪长苗栽到原种繁殖田。

除采用 500 m 以内无普通带毒甘薯种植的空间隔离办法防止蚜虫传毒再侵染外,原种繁殖的其他生产条件和环境与普通甘薯生产基本相同。因此,原种繁殖田的栽培管理同普通甘薯基本一样。但繁殖原种时栽插期不宜过早,最好在 6 月下旬以后栽种。另外,脱毒甘薯茎叶生长比较旺盛,要注意控水控肥,防止旺长。

原种繁殖时要密切注意防止病毒再侵染。繁殖田周围 500 m 内不能有普通带毒甘薯种植,所用田块必须 3 年以上未种过普通带毒甘薯,且无茎线虫病、根腐病、黑斑病等。要在繁殖田内种植一些指示植物,并定期喷洒防蚜虫药剂。收获前要观察病毒发病情况,及时拔去病株。收获时严把质量关,不符合质量要求的薯块坚决不入窖。

三、甘薯脱毒良种生产技术

(一)甘薯脱毒良种的概念与质量标准

1. 概念

用原种苗(即原种薯块育苗长出的芽苗)在普通大田条件下生产的薯块称为良种,又叫生产种,即直接供给薯农栽种的脱毒薯种。脱毒原种苗结出的种薯是良种一代薯,用良种一代种薯育的苗叫脱毒良种一代苗,用脱毒良种一代苗在普通无病田块上种植夏薯,收获的种薯为良种二代种薯,第二年大田生产的夏薯为良种三代种薯，第四代为纯商品薯，不能再作种薯，因此良种一般在生产上连续使用2～3年，第4年即进行更新换代。

2. 质量标准

具有该品种典型性，遗传性相对稳定，品种纯度不低于96%，不完整薯率低于6%，带病毒率不超过2%，黑斑病、根腐病低于1%，软腐病低于2%，不带茎线虫病和根结线虫病。

（二）甘薯脱毒良种生产关键技术

良种繁殖田的种植、栽培管理同普通甘薯一样，但所用田块应为无病留种田，管理上要防止旺长。如果夏薯栽后40天、春薯栽后60天，甘薯茎叶生长过猛，蔓尖上举且过长、色淡，节间和叶柄很长，叶片大而薄，封垄过早，叶面积系数达到3.5以上；或到甘薯生长中期叶片大，叶色浓绿，叶柄特别长且超过叶片最大宽度的2.5倍，叶层很厚，郁闭不透气，叶面积系数大于5，则视为发生了旺长。

具体防范措施有：

(1)打顶：在分枝期、封垄期和茎叶生长盛期各打顶1次。

(2)喷多效唑：封垄后每亩喷施多效唑(75 g兑水50 kg)1～2次。

(3)提蔓：发现旺长立即提蔓1～2次，每次可以延缓生长7天左右。

脱毒甘薯连续在生产上利用2年后病毒再感染严重，增产效果下降，最好能够2年更换1次新种薯。

四、种薯收获贮藏技术

（一）脱毒种薯的收获

1. 选无病地块留种，防止薯块带病入窖

从采苗圃剪蔓的夏薯留种很少带病，不能用春薯和炕苗、温床苗栽的夏薯留种，受水淹的地块也不宜留种。

2. 适时收刨，防止窖外冻害

如果在田间受冻害，在贮藏前(入窖20天左右)就会腐烂。收刨种薯最好在10月中旬开始，霜降前收完。选晴暖天气上午收刨，当天下午入窖，这样经过中午晾晒，能减轻破皮。如不能当天入窖，必须注意覆盖防冻。若留种田遭受霜冻，要剔除露出地面受冻的薯块。

3. 实行“四轻”，防止破皮

防破伤：收刨时要做到轻刨、轻装、轻运、轻放，严格剔除破伤薯块，直接入窖堆放。

4. 留足单放，防止侵染

留种数量，一般每栽一亩春薯要留种 60 kg。单窖单放或单堆单放，不可与食用甘薯混放，不同品种也要分别存放。

（二）脱毒种薯的安全贮藏

1. 因地制宜选择贮藏窖

常用的有井窖、棚窖、崖头窖和永久大窖，只要将窖管理好，都能安全贮藏。

2. 做好入窖工作

甘薯收刨入窖时，每一薯块都会有不同程度的创伤，这是甘薯黑斑病菌侵入危害的关键时期，因此除了剔除田间病薯不入窖外，对入窖鲜薯必须进行药剂处理，以防病菌侵入。入窖前，旧窖要清扫消毒，井窖、崖头窖要刮去一层田土，也可用硫黄点燃后盖严窖口、气眼熏蒸消毒（1 m^3 用硫黄 100 g），入窖时轻拿轻放，堆放整齐，贮量一般占薯窖空间 2/3 为宜。

对于初霜后收获的甘薯，一定要把露出地面的薯块剔除不入窖，因露出地面的薯块往往已经受冻，入窖后会发生软腐病。另外，一个薯窖入窖的甘薯量不能太多，因为入窖甘薯量过多，甘薯呼吸会放出大量的热，使窖温提高；同时甘薯占据薯窖空间过大，甘薯在窖中会形成无氧呼吸，使甘薯生活力降低，容易腐烂。且入窖取薯时，如不注意也会窒息死亡，造成悲剧。因此，一个薯窖的入窖甘薯量应为薯窖容量的 1/2～2/3 为宜。

3. 保证贮藏的适宜温度

一般入窖初期温度可能高些，应开窖口和气眼，散热排湿，待窖温基本稳定在 14～15 ℃时适时关闭窖口、气眼，防窖温急剧下降。在贮藏中期，为保证窖温不低于 10 ℃，除关窖门及气眼外，还可加厚窖顶盖土或垛草，薯堆上也可盖草，薯堆外垛草墙、窖旁设置挡风障等。贮藏后期天气转暖，也要注意寒流。

4. 防止贮藏期湿窖

窖内湿度过大，若保暖不好，常会产生凝结的气流水附在薯块表面，引起烂窖。防治方法是在薯堆上盖一层草或草苫吸水汽，草湿了可再换干的。

5. 适当通风，防止闷窖腐烂

闷窖腐烂现象多发生在深井窖，在封窖早、装得满、窖温高、薯块破伤多的情况下发生。要注意在晴暖天气适当打开窖口通风，防止闷窖腐烂。

（三）种薯烂窖的原因及防治措施

1. 种薯烂窖的原因

(1)冷害。温度在 10 ℃以下时，薯块的细胞原生质活动停滞，正常生理活动受破坏。冷害轻的，发生硬心，味还带甜；严重的味苦，也有硬心。薯块维管束附近出现红褐色，后变为深褐色，俗称黑筋，品质下降。温度在 −2 ℃时，薯块的间隙结冰，引起组织破坏，发生冻害。温度升高，引起烂薯。

(2)病害。甘薯贮藏期间的主要病害是软腐病、黑斑病和茎线虫病。薯块带病入窖，在高温条件下，受病感染并蔓延。

(3)湿害。湿害发生在入窖初期。窖温较高，常出现呼吸高峰，薯块内水汽多，湿度大，表面遇冷气凝结成水珠，形成发汗。

(4)干害。窖内湿度过低，薯块的细胞原生质失水过多，造成生理萎缩，引起酶活力失常，呼吸强度加强，有机物分解，形成溃烂、糠心。

(5)缺氧。贮藏初期，气温较高，呼吸强度大，窖内氧气耗量较多，如果封窖过早或装放薯块过满，致使窖内二氧化碳浓度过高，发生烂窖。

2. 预防甘薯烂窖的措施

(1)贮藏前(入窖前 10～15 天)的管理。甘薯收获后体内水分含量较高，加之在田间病菌的侵入，容易发生各种病害，造成贮藏期烂窖，因此做好贮藏前的防病措施，具有十分重要的意义。甘薯收获后 10～15 天，挑选无病、虫、伤的薯块，用 40％多菌灵可湿性粉剂 800 倍液或甲基托布津可湿性粉剂 1 000 倍液处理，以薯块全部被浸为准，淋去多余水，干后入窖。

(2)贮藏初期(入窖至入窖后 30 天)的管理。因为甘薯呼吸强度大，窖内温度高，湿度大，易发芽、糠心。所以，此时应以通风、降温、散湿为中心，降温控制在 15 ℃以下，以 12～13 ℃为宜。由于温度高、湿度大，常发生“发汗”现象，使薯块造成湿害。在薯堆表面覆盖一层干草可防止湿害。窖内湿度应保持在 85％左右。

(3)贮藏中期(入窖后 30 天至立春前后)的管理。这个阶段气温低，易受冷害。要以保温、防冻害、防湿为中心，将窖温要控制在 12～14 ℃，不低于 10 ℃。相对湿度应保持在 90％～95％，薯堆盖草、围草的保温效果较好。

(4)贮藏后期(立春至出窖前)的管理。此时气温逐渐回升,但常有寒流,甘薯呼吸作用微弱,抵抗不良环境的能力较弱。管理时要以稳定窖温、加强通风换气为中心。注意天气变化,保持窖温12 ℃,相对湿度不低于80%。烂窖如果发生在堆内,不易贮藏,此时不可倒窖,应及早处理全窖;烂在薯堆表面,可及早将腐烂甘薯取出。

任务3　繁育甘薯种苗

一、甘薯种苗繁育方式

(一)塑料大棚育苗

1. 大棚多级育苗(适合专业育苗户脱毒良种快速繁育)

(1)一级地下加温式大棚育苗。选择土层厚、背风向阳处建长10 m、宽6 m的大棚,后墙高1.2 m、两山墙高1.8~2 m,前沿插上3个0.6 m高的木桩搭成木架支撑,后坡盖草苫,前坡搭放塑料薄膜(单或双层均可),或建成半面坡大棚。薄膜四周压牢,中间用木棍固定成架或铁丝固定,两山墙要各留1个30 cm见方的通气窗,后墙留3个长40 cm、宽24 cm的通风窗。山墙上留1个1.5 m高、宽80 cm的门,悬挂2个草苫。门下筑一高20 cm门槛防风。薄膜上用铁丝或用绳把塑料薄膜网捆紧以防风刮。在山墙外的管理室内距墙0.5 m处,挖1个1.6 m深的1.3 m见方的烧火坑。

(2)二级大棚育苗(以苗繁苗用)。建造同一级大棚,不同之处是数量为一级大棚的3~5倍,床土厚25~30 cm。从一级棚上剪苗按15 cm×5 cm栽,每亩种植8.9万株。40天以后,一亩苗床可采苗30万~35万株。

(3)三级苗床。同冷床育苗床主要以育苗为主,加盖薄膜,大田栽前10~15天,先浇透水,再按5 cm×5 cm栽植。

2. 地上加温式大棚育苗(适合商品苗基地专业户用)

地上加温式大棚与地下加温式大棚不同之处是在地上用土坯或机瓦垒成40 cm见方的绕前墙、绕山墙和后墙的火道,火道下用楞砖架起,在烧火一端后墙出烟口处设170~200 cm高的烟囱。棚外砌火灶、火膛与头道相接处坡度为45°,棚内烧火处砌一大锅,煮水增加棚内湿度与温度。排薯时烧大火,当床土温度上升到33 ℃时封火,待土温回升到35~37 ℃,保持3~4天,床温下降到35~33 ℃时,保持3

天。温度降到 31～30 ℃时，保持 5～7 天。当苗高 6 cm 时，温度下降到 28～26 ℃。剪苗前温度下降到 24～22 ℃。

3. 一般大棚育苗（适合商品苗基地专业户用）

为了节省燃料、省工也可以利用塑料大棚的结构不建加温设施，一种是为提前育苗，改为在大棚内地面上设小拱棚，再加上地膜覆盖，大棚＋小拱棚＋地膜式；另一种是大棚＋地膜式，也可提前育苗，实现早栽。以上两种形式再加上傍晚盖层草苫保温更好。

（二）三道沟火炕育苗（适合北方寒冷春薯区农户用）

炕长 4.5～6 m，宽 1.5～2 m，一般长为宽的 3 倍。往地下挖 10 cm，将土建成炕墙。墙厚 30 cm，顺炕的方向中间挖一条宽 40 cm 的"丁"字主火道。通灶口处深为 53 cm，炕尾深 30 cm，横火道沟在墙角处深为 20 cm，烟道沟在炕首处深为 18 cm。从火道沟中间向下挖 25 cm 见方的火道。于炕首外侧挖烧火坑并建炉灶，在墙外先挖一个 1.3 m 见方，1.6 m 深的火坑，距炕边 50 cm 处砌一个炉灶。炉顶部略低于火道底部。每炕用煤约 100 kg。灶顶要低于火道底部，使其与火道有较大的坡度。主火道挖好后，即可在火道沟上密铺秸秆抹泥，在火道 100 cm 内应铺 3 层秸秆抹 3 层泥，100～160 cm 可减为各 2 层，以后为各 1 层。主火道盖好后再挖横火道和回烟道，并在墙外回烟道修好烟囱。然后松土，填床土整平即可，再生火升温，排薯。出苗后，火炕上再搭塑料薄膜。

（三）塑料薄膜盖温床育苗（适合春薯区农户用）

苗床东西长 6～7 m、宽 1.5～2 m、深 0.5 m，床中央略高呈鱼脊形，挖出的土筑墙用，北墙高 40 cm，南墙高 7 cm，呈斜坡形，床墙四周留一条 17～20 cm 见方的通气沟，距墙 13 cm，两头床墙留一个通气口与床内通气沟相通，在通气沟上横铺秸秆或树枝，上面填酿热物，5 份秸秆（铡短浸温）1 份骡马粪。如用土、牛粪适当增加用量，堆放发热后填入床内踩实，厚度不少于 25 cm。上铺 10 cm 肥床土、备用。

（四）冷床双膜育苗法（适合广大农户在春夏薯区、烟薯套或两薯套或麦薯套种区应用）

所谓"双膜"育苗，是指出苗前除了在苗床上边搭斜坡或小拱棚所需用的一层塑料薄膜外，苗床上再盖一层地膜或常用膜，用以增加床温的一种育苗方法。苗床选用水肥地，施足基肥，整好地。建畦宽 1 m，长不限，在出齐苗时揭去床苗地膜，其他不变，用这种方法一般提早出苗 3～5 天，增加 20%～30%的出苗量，为了提早育苗。这种方法也适用于在塑料大棚内应用。应用时应注意两点：一是在苗床上撒些作物秸秆再盖地膜，四周不宜压实，以免缺氧烂种影响出苗；二是在齐苗时及时揭去地膜，以防“烧芽”，并且要注意适时两端通风，棚内气温不超过 35 ℃。在上述育苗方法中，无论采用哪种方式，关键是如何保证苗床有一个较高温度环境，并注意平摆、稀摆薯，低温炼苗，早出壮苗。

（五）地膜覆盖夏薯采苗圃

为夺取夏薯高产及早栽上秧头苗，于夏薯栽前 45 天左右，（河南省中部到“谷雨”时），从苗床上剪取壮苗，栽好采苗圃，注意选择水肥地，施足肥料，整好地。

1. 畦栽

畦面宽 1 m，长 10 m，先浇透水，后覆膜，再按一畦 6 行，株距 17～20 cm，每亩 1.6 万～2 万株栽插。注意栽苗时做到根土密接，薄膜四周压实。

2. 垄栽

按宽 50 cm，高 10 cm 起成垄，先按一垄双行，株距 15 cm 栽苗，后覆膜，四周压紧，然后放水浇透垄土。

3. 管理

注意适时打顶，勤浇水、分枝长到 25 cm 长可以采苗，采苗后如需继续采苗可待叶片无露水时施肥浇水。

二、甘薯种苗繁育技术

甘薯育苗是甘薯生产中的重要环节，是甘薯高产的关键。甘薯种苗繁育栽培目标为苗早、苗足和苗壮。近年来，脱毒甘薯是甘薯育苗的发展方向。脱毒甘薯具有比同品种普通苗表现萌发性好、出苗早、长势旺、结薯早、膨大快、提高薯苗抗性等特点，采用脱毒甘薯苗，可为甘薯高产栽培打下坚实的基础。在生产中，脱毒甘薯普遍应用的是薯块育苗繁殖，具体繁育栽培技术如下。

（一）选地

床址选择在背风向阳，地势较高，排水良好和管理方便的地方。

（二）整畦

经深翻耕，把畦的规格定为苗床宽 1.2～1.3 m，苗床深 40 cm 左右，长度视地形及需要而定。采用酿热温床覆盖薄膜育苗。酿热物要晒干搞碎，秸秆切成 6～10 cm 小段，与畜粪配合使用，二者分层填放，先畜粪后秸秆，厚度为 25～30 cm，再在其上铺 4～5 cm 细土，并覆盖薄膜增温。待床温升至 33～35 ℃，即可排放种薯。

（三）排种

1. 用种量

用种量与育苗方法、栽植密度及品种萌芽特性有关。一般春薯每亩田用种量 75 kg，需苗床面积 3.5～4.5 m^2。

2. 排种时间

排种时间根据育苗方法和栽插时期而定。可适当提前排种，一般在 1 月中旬至 2 月下旬。

3. 排种密度

排种密度与培育壮苗有关。用斜排式，密度以前后头尾略为相压为度。排种时薯块头部及阳面朝上，尾部及阴面朝下。大薯发芽慢，宜排在苗床中部，排放深些，小薯发芽快，放于四周，并排放浅些，做到上齐下不齐，使盖土深浅一致和出苗整齐。排种后用细土填满间隙，再泼浇净水和营养土或细土盖没种薯。

（四）苗床管理

1. 排种至齐苗阶段

排种至齐苗阶段以催为主，床温保持 30～35 ℃，高温下催芽萌发快。在床温不高时，晴天应揭去膜上的草苫等覆盖物，使阳光直射提高床温，晚间再盖好覆盖物保温。保持床土相对湿度 80%左右，如干燥，可在晴天中午适当浇水，还要注意苗床的通气性。

2. 齐苗至剪苗前阶段

齐苗至剪苗前阶段为幼苗生长阶段，苗床管理仍以催为主，催中有炼，催苗生长培育壮苗。保持较适床温(24～28 ℃)，使薯苗稳健生长。随着薯苗生长耗水渐增，苗床浇水量应适当加多，保持床土相对湿度为 70%～80%。

3. 炼苗与剪苗阶段

苗高 25 cm 左右且具有 6～7 个节时，应转为炼苗，停止浇水，揭开薄膜等覆盖物，使薯苗充分见光，经 3 天锻炼后即可剪苗栽插。剪、拔苗后，苗床管理转为催苗为主。促使小苗快长，应再升高床温和适当增加浇水量，但剪苗后当天不浇水，以利创口愈合和防止病菌侵染，第二天浇一次大水，并结合追施速效性氮肥或稀薄人粪尿。当苗高达到采苗要求时，再转为降温炼苗过程。

问题与思考

1. 简述甘薯的主要育苗方式及适用范围。
2. 简述甘薯种苗繁育流程。
3. 简述甘薯苗床管理技术要点。
4. 简述甘薯壮苗标准。
5. 如何防止甘薯烂床？

知识链接

甘薯茎尖组织培养脱毒技术

病毒主要通过维管输导组织传播，茎尖分生组织未形成维管束，病毒主要通过细胞间连丝扩散，传播速度很慢。茎尖分生组织新陈代谢活动十分旺盛，生长激素浓度较高，病毒的复制受到很大抑制，因此茎尖顶部分生组织不带或很少携带病毒。在无菌条件下切取甘薯茎尖分生组织，在特定的培养基上进行离体培养，就能够再生出可能不带有病毒的茎尖脱毒苗。

一、器具条件

除了高压灭菌锅、超净工作台、镊子、解剖针、长柄刀片等植株组织培养所需的一般工具外，由于须剥离只带 1～2 个叶原基的茎尖分生组织，大小只有 0.2～0.4 mm，所以，还需要准备 1 台双目解剖镜。

二、培养基的配制

甘薯茎尖分生组织培养目前常用的为 MS 培养基，由于在茎尖培养及试管微繁中需要经常配制培养基，为方便起见，一般将培养基组分先配成比所需浓度高的母液，配制培养基时只要按比例量取即可。

母液配制好后分别贴上标签，标明母液号、倍数、取量及配制日期，置于冰箱备用。生长调节物质也如上所述分别制成一定浓度的母液备用。

配制培养基时先称取 6 g/L 琼脂粉加水溶解，并煮沸，以避免浓度不匀，然后按母液顺序依次量取规定的量后加入已溶解的琼脂中，最后加入 30 g/L 蔗糖，定容至所配制体积。甘薯茎尖培养以 pH5.8 为宜，可用氢氧化钠或盐酸调节，然后用 pH 试纸或酸度计进行 pH 测试。

培养基趁热分注后进行高压灭菌，20 min 既可达到灭菌效果，培养基也不受破坏。蒸馏水和器具消毒以 30 min 为宜。

三、外植体取材与消毒

甘薯外植体取自苗床、大田植株或人工控制条件下薯块产生的幼芽均可，以生长健壮为宜，过弱不易剥取茎尖，茎尖接种后也不易成活。外植体进行消毒的原则是既要达到良好的消毒效果，又要将对外植体的毒害限制在最低限度，保持较高的成活率。具体方法如下：

剪取 2～3 cm 长的芽段，去除较大叶片后，对顶芽进行表面消毒。先将芽段置于烧杯中，加入少量洗衣粉、洗涤剂振荡洗涤数分钟，然后用清水冲洗干净，置超净工作台备用。在超净工作台上，选用 70%酒精浸泡 30 s（酒精有很强的穿透力，切记时间不可过长），然后用 2%次氯酸钠溶液浸泡 10 min 或 0.1%氯化汞浸泡 6 min，其间要不断振荡，最后用无菌水冲洗 3～4 遍。次氯酸钠能分解产生具有杀菌作用的氯气而挥发掉，相对比较安全，副作用小。氯化汞较难去除，且毒力很强，易对外植体产生毒害，处理时间不宜过长。

在实际操作中，由于茎尖分生组织有彼此重叠的叶原基严密保护，消毒方法可视外植体的来源灵活掌握，如人工控制条件下薯块产生的幼芽比从大田所取外植体杂菌污染机会要少，只要操作仔细即可避免接种茎尖发生污染。

四、茎尖剥离与接种

在超净工作台上，把幼芽置于解剖镜下，一手用一把短镊子将其固定，另一手用解剖针剥离包被茎尖的叶片及叶原基，当半透明状的顶端分生组织充分暴露之后，用长柄手术刀片将带 1～2 个叶原基，长 0.2～0.4 mm 的茎尖切下，接种于培养基上。

在剥取茎尖时应注意茎尖暴露在空气中的时间不宜长，否则由于超净工作台上气流及酒精灯火焰等原因易使茎尖变干，丧失活力。解剖刀、解剖针、镊子等要浸于70%的消毒酒精中，并用火焰灼烧消毒，最好准备两套刀片与解剖针，交替使用，以防灼烧过热伤及茎尖。另外，所切取的茎尖不要与芽的较老部分或解剖台、镊子等接触，为保证这一点在切取茎尖时可从一侧切至仅与另一侧有少许连接，然后用刀片从另一侧轻轻一挑将茎尖置于刀片上，迅速接种于培养基。

茎尖接种20天以后，待茎尖明显膨大、变绿，基本可辨出伸长的茎尖及叶原基，即可转到分化成苗培养基上，随后茎尖明显生长，并有根系形成，之后1～2个月可长成具5～6片叶的小植株，经继代即可提供病毒检测之用。

影响甘薯茎尖培养成苗及脱毒效果的因素如下：

(1)培养基成分。甘薯离体茎尖能否分化成苗关键在于基本培养基的成分，国际上流行的组织培养基有数十种，综合国内外有关甘薯茎尖离体培养的研究报道，MS培养基是甘薯较适合的培养基。

(2)茎尖大小。在适宜的培养条件下，甘薯茎尖的大小直接影响其成苗率和脱毒效果。切取的茎尖越大，植株再生的概率越高，脱毒率越低。脱毒率的高低与茎尖大小呈显著负相关。一般切取0.2～0.4 mm的茎尖进行培养，带1～2个叶原基可兼顾到成苗率及脱毒率。

(3)转第二培养基时间。茎尖分生组织细胞只有在一定的培养条件下才能表现其全能性，从而发育成完整的植株，激素在其中起着关键作用，转第二培养基的时间，实际上决定了激素作用时间的长短，因此明显影响成苗率的高低。

(4)温光条件。茎尖分生组织在试管中的生长与植物大田栽培一样，同样受到温度、光照等各种物理环境条件的影响。培养温度是影响甘薯茎尖分生组织再生成苗的重要外在因素，最适温度一般为(26±2)℃；低温生长缓慢，以至停滞；当温度高于30℃时，随着时间的延长，茎尖分生组织逐渐变褐，最后死亡。光照不仅影响植株的形态，而且对其生长也起重要作用。有研究指出，光照通过影响激素的作用从而影响培养物的生长。光照强度1 600～4 000 lx，光照时数每天以不低于16 h为宜，黑暗条件下易形成愈伤组织。

(5)基因型。由于不同甘薯基因型的内源激素水平不同，对外源激素的反应也有所不同，有些基因型需通过调整培养基中的激素含量和配比，才能促进成苗，不同基因型品种，茎尖分生组织的分化成苗率有明显差异。

(6)高温预处理及病毒钝化剂的应用。为提高茎尖分生组织培养脱毒效果，有时在剥离茎尖分生组织前，将植株材料进行短时的高温预处理，以期抑制病毒的增殖。热处理也阻碍外植体的代谢，影响分生组织的生长状况，因此须根据不同的基因型及植株生长状况掌握好热处理的温度及持续时间，以保证高温下分生组织能正常发育为前提，最大限度地提高脱毒率。据研究，在剥离茎尖前，植株以38 ℃/16 h或32 ℃/8 h处理能提高脱毒率。

化学药剂虽尚未应用于防治大田甘薯病毒，但应用于提高茎尖培养脱毒率有一定效果。有研究表明，在茎尖培养的培养基中，添加适量的病毒钝化剂 1.5% TS，可以提高脱毒率，但也抑制了茎尖的生长发育，成苗率有所降低。

(7)甘薯离体茎尖的生长类型及其调节。甘薯茎尖培养过程中会出现以下3种生长类型，应根据具体情况对培养基、培养条件等进行及时调整，以保证茎尖苗的正常生长。

①正常生长类型。茎尖接种后7～10天稍膨大，转为淡绿，而后逐渐变绿，30天左右可辨明显伸长的叶原基及茎尖。茎尖基部无或仅有少量愈伤组织形成，此属正常生长情况，说明各种培养条件比较合适，这时转入无激素培养基继续培养，茎尖继续伸长，根系生长，最后发育成完整的小植株。

②愈伤化类型。接种茎尖基部逐渐产生大量愈伤组织，黄绿色，茎尖包埋于愈伤组织之中。这种情况有可能是由于培养基中生长素浓度较高，或光照不够，温度过高，虽然这种情况下仍有可能是包埋于愈伤组织中的茎尖成苗，而不是愈伤组织分化成苗，但成苗速度明显减慢。可转入生长素浓度较低的培养基中，或提高光强度、光照时数，降低温度，以高速茎尖生长状态，促进成苗。

③缓慢生长类型。茎尖接种后最初类似正常生长情况，稍有膨大，变淡绿，而后一直保持绿点状况，停滞生长，可能是生长素浓度不够，或培养温度偏低所致，应提高生长素浓度或温度继续培养。

五、甘薯病毒的检测方法

1. 目测法

目测法是根据甘薯叶片和薯块上出现的典型症状判断甘薯是否感染病毒。甘薯病毒病的症状主要包括：

①叶斑型。主要有紫色羽状斑、紫斑、紫环斑、黄色斑或者枯斑。

②花叶型。苗期感病后，初期叶脉呈网状透明，后沿叶脉出现不规则黄绿相间的花叶斑纹。

③卷叶型。叶片边缘上卷，严重者可形成杯状。

④叶片皱缩型。病苗叶片较小，皱缩，叶缘不整齐，甚至扭曲畸形。

⑤叶片黄化型。包括叶片黄化及网状黄脉。薯块上的症状主要是产生黑褐色或黄褐色龟裂纹。病毒病的症状可因病毒种类、甘薯品种以及环境条件等因素的影响而改变,因此根据症状只能做初步判断。另外,目测法还应注意区分甘薯品种特性以及生理病害与病毒病症状的差异。

2. 指示植物嫁接法

常用巴西牵牛做指示植物,几乎所有侵染甘薯的病毒都能感染巴西牵牛,因此可从巴西牵牛的显症情况判断薯苗是否带毒。具体嫁接方法是:以薯苗芽尖作接穗,将芽尖削成楔形。另将具3～4片真叶的巴西牵牛作砧木,在其茎中部切一斜口把楔形接穗插入,用封口膜扎住,置防虫网室内遮阳保湿3～4天,然后在自然光照下观察记载牵牛的显症情况,一般嫁接后25～30天开始出现症状,显症初期新生叶出现系统性明脉,以后发展为花叶或皱缩等症状。

3. 甘薯病毒的血清学检测

常用的血清学检测方法为酶联免疫吸附法或在此基础上改进的斑点酶联免疫吸附法等。斑点酶联免疫吸附法具有快速和能检测大量样品的特点,在大量检测样品时较常应用。具体检测方法如下:

(1)样品处理。取直径约为1 cm的样品叶片(约0.1 g),加入1 ml抽提缓冲液,迅速研磨,置小离心管中,取上清液供检测用。

(2)点样。将硝酸纤维素膜在TBS缓冲中充分湿润,然后放在一张干燥滤纸上,让其稍事干燥,用铅笔做好记号,用微量取样器进行点样,点样后让硝酸纤维素膜自然干燥。

(3)反应。

①封闭。将点样后的硝酸纤维素膜转入封闭液(TBST+5%脱脂奶粉)中封闭1 h或4 ℃封闭过夜。

②第一抗体反应。封闭后的硝酸纤维素膜用TBST漂洗2～3次,每次5～10 min,加入用TEST稀释的病毒专化抗血清37 ℃保温1 h,再用TBST洗膜3次,每次5～10 min。

③第二抗体反应。

④显色。

4. 分子生物学方法检测

近年来,随着分子病毒学的发展,一些甘薯病毒的苷酸序列已经清楚,根据已知的核酸序列,设计特异引物,利用RT-PCR可快速检测甘薯病毒和病毒的不同株系。也可利用核酸探针，通过核酸杂交的方法检测病毒的存在。

六、甘薯脱毒试管苗快繁技术

（一）脱毒苗试管快繁

利用茎尖分生组织培养获得脱毒苗后，要获得大田生产利用的足够脱毒苗，快速繁殖技术起着决定性作用。脱毒甘薯茎尖苗的大量繁殖，可以采用试管苗单叶节快繁或温网棚繁殖两种方式来完成。二者在速度、成本等方面互有优势。

1. 脱毒苗试管快繁的优越性

(1)繁殖速度快。在合适的培养条件下(温度 25 ℃，每天光照 18 h)，1 个茎节 1 个月内即可长成具 5～6 片叶的小植株，以继代 1 次增殖 5 株计算，其繁殖系数为 5。

(2)免病毒再侵染。脱毒苗的试管快繁是在严格的无菌条件下进行的，即没有病毒源也没有传播媒介。

(3)继代繁殖成活率高。除极少数由于操作不慎造成试管苗污染外，单茎叶成苗率达 100％。

(4)不受季节、气候和空间限制，可以进行工厂化生产。目前脱毒苗快繁方法有两种：一种为液体振荡培养，将单茎节置于液体培养基中，进行 80 转/min 全振动；另一种为固体培养。前者优点是繁殖迅速，15～20 天可得到 20 个节左右，但因需配备摇床，成本较高，因此一般多采用固体培养。

2. 脱毒苗试管快繁技术

茎尖苗试管快繁培养基：一般采用不加任何激素的 1/2 MS 培养基。试验表明，全量 MS 培养基能够给试管苗提供较充分的营养成分，从而能够保持试管苗较旺盛的生长活力，是理想的培养基。但从试管快繁的角度看，在保证正常生长的情况下，繁殖系数的高低主要取决于叶片数及株高 2 个指标，1/2 MS 培养基中试管苗的生长虽不及全量 MS 培养基中的旺盛，但上述两个指标仍能达到快繁的要求，也为较理想的培养基。为降低成本，可用食用白糖代替分析纯蔗糖，有些有机成分也可以减去。

试管快繁的光照条件：光照时间长短对甘薯试管苗发育的意义，不仅在于茎叶形态发育的需要，而且对其生长也有显著影响。在暗培养条件下，甘薯脱毒苗节段有叶的分化及茎的伸长，但呈黄化状态，叶片不伸展或生长，茎细弱。甘薯脱毒试管苗的株高、叶片数及鲜重随光照时数的延长而提高，延长光照时数对试管苗茎叶的分化及生长均为有利，较长的光照有利于提高试管苗繁殖系数，获得健壮的脱毒试管苗。

另外，在不同的光照时数下，甘薯脱毒试管苗的平均节间长度差异不显著，因为试管苗切段为单叶节快繁，节间无须过长，在一定的节间长度下，叶片数增加，则繁殖系数呈几何级数增加。延长光照时数，伴随株高的增加，只增加叶片数而不显著增加节间长度，正适合于试管苗单叶节快繁的需要。

（二）高级脱毒苗田间快繁

1. 防蚜虫塑料大棚速繁

在 3 月中旬将 5～7 片叶的脱毒试管苗打开瓶口，室温下加光照炼苗 5～7 天。栽前头天下午在棚内苗圃上撒上用 100 g 40%乐果乳油加水 2.5～5 kg 稀释后与 15～25 kg 干饵料拌成的毒饵，以消灭地下害虫。然后按 5 cm×5 cm 株距栽种在覆盖防虫网的塑料大棚内，浇足水后加盖一层小拱棚，把温度控制在 25 ℃左右。待苗长至 15～20 cm 时剪下蔓头继续栽种、快繁。采用这种双膜育苗方法繁殖系数可以达到 100 倍以上。但要注意小水勤浇，通风透气，保证温度既不能低于 10 ℃，也不能高于 30 ℃。

2. 防蚜虫网棚速繁

在 4 月下旬或 5 月初将经过锻炼的 5～7 片叶的脱毒试管苗，按每亩 10 000 株的密度栽种在防蚜虫大棚内，勤施肥水，待苗长 15 cm 左右时摘心，促进分枝。以后待分枝苗长至 5 片叶时继续剪苗栽种速繁，或直接用于繁殖原原种。

3. 防蚜冬暖大棚越冬快繁

9 月底 10 月初将脱毒试管苗移栽在外加 40 目防虫网的冬暖式大棚内。11 月上旬盖塑料膜，12 月上中旬加盖草帘子，使棚内温度保持在 10～30 ℃。注意及时防治蚜虫。到 4 月中下旬采苗移至苗圃进行扩繁。这种方法脱毒苗在外暴露过长，重新感染病毒的机会较大，一般用得较少。

需要特别强制的是，甘薯病毒主要靠桃蚜、棉蚜和萝卜蚜以非持久方式进行传播。因此，无论采用何种速繁方法，都要切记采取隔离措施(40 目防虫网、500 m 以内无普通带毒甘薯空间隔离等)和定期喷洒防治蚜虫的药剂来防止蚜虫传毒再侵染。

问题与思考

1. 简述甘薯茎尖组织培养技术步骤。

2. 影响甘薯茎尖培养成苗及脱毒效果的因素有哪些？

3. 甘薯脱毒苗试管快繁有哪些优点？

4. 简述甘薯脱毒苗试管快繁方法简介。

5. 生产脱毒甘薯原原种必须具备哪三个条件？

6. 脱毒甘薯原种的繁育必须具备什么条件？

7. 甘薯原原种苗快繁的方法有哪些？

8. 甘薯栽植时应注意什么问题？

9. 简述甘薯良种繁育田间管理技术要点。

10. 防止甘薯旺长的措施有哪些？

11. 甘薯脱毒种薯收获时应注意什么问题？

12. 如何防止甘薯烂窖？

13. 试述甘薯种苗繁育技术的要点。

项目八

马铃薯种薯生产技术

知识目标

1. 能够说出马铃薯各种繁殖方式的优缺点；
2. 掌握马铃薯种薯混杂退化及防杂保纯措施；
3. 理解马铃薯脱毒种薯（苗）生产中常用的基本概念。

技能目标

1. 能初步会马铃薯脱毒种薯的生产操作流程；
2. 能熟识马铃薯脱毒种薯良种繁育体系；
3. 具有吃苦耐劳、团结合作、诚实守信的职业素质。

布置任务

学习小组在课下进行自主学习，并根据教师提供的参考书、网络资源、学习情境实施方案、任务单、工作记录表、考核单等资料，研讨制定出马铃薯脱毒种薯的生产操作方案。具体要求：

1. 了解脱毒种薯（苗）生产中常用的基本概念；
2. 知道马铃薯种薯混杂退化原因及防止措施；
3. 能够熟练进行马铃薯种薯常规繁育；
4. 基本熟识马铃薯脱毒种薯三级良种繁育体系；
5. 提交马铃薯种薯生产技术总结。

知识准备

马铃薯是一种全球性的重要作物，适应性广，营养价值高，耐贮藏运输，成为一种重要的粮食作物之一，也是一种调节市场供应的重要蔬菜。马铃薯主要使用块茎种薯作播种材料进行无性繁殖，年全国用种量 350 万 t 左右，是无性繁殖作物中用种量最大的作物之一。因此，种薯生产的技术水平，种薯质量的优劣，直接影响马铃薯生产的发展。马铃薯除了可以无性繁殖，也可以有性繁殖。它属于自花授粉作物，异花授粉率在0.5%左右，授粉后产生浆果，浆果中的种子称为马铃薯实生种子。马铃薯实生种子休眠期长、种子很小，一般千粒重只有0.5～0.6 g。因使用马铃薯实生种子繁殖种薯，必须育苗移栽，费时费工，而且出苗率低、苗不均匀，还容易导致后代群体性状分离大，所以目前生产上极少采用有性繁殖方式生产种薯。

一、马铃薯种薯退化的原因及防止途径

1. 马铃薯退化现象

在无性繁殖作物中，马铃薯的退化现象最明显并在世界各地普遍存在。表现为从寒冷北方或当地山地调运的种薯、一级脱毒种薯，当年种植，产量很高。留种连续种植，产量逐年下降。表现叶片花叶、皱缩、失绿、叶面卷曲，植株束顶、矮小、坏死，退化严重植株已无能力结薯。种薯完全失去了种用价值。

2. 马铃薯种薯退化的原因

病毒侵染是引起马铃薯种薯退化的根本原因。病毒是传染性病害，病害在田间靠昆虫（特别是蚜虫）和叶片摩擦接触而传播。马铃薯在种植过程中极易感染病毒，在适宜条件（例如高温），病毒会迅速在植株内繁殖，并可运转和积累于所结块茎中。由于无性繁殖，种薯中病毒可世代传递，带毒浓度逐年增加，病毒危害逐年加重，产量逐年下降，品种退化愈演愈烈，种薯已不能再用了。

品种退化的速度与品种的抗病性、传毒媒介（主要是蚜虫）的活动、病毒在体内增殖的条件等有关。抗病毒品种，切断毒源或减轻蚜虫传毒机会，冷凉气候条件限制病毒在植株内繁殖速度和向块茎运转速度，都能减轻病毒的危害，延滞退化速度。高纬、冷凉地区，马铃薯退化程度轻，退化速度慢，这些地区马铃薯种植面积大，种薯质量好，自然而然地成为种薯生产基地。

侵染马铃薯的病毒有18种，类病毒有1种。危害较重的有重花叶病毒病，主要靠蚜虫传毒的马铃薯卷叶病，马铃薯纺锤块茎病，病原为类病毒（PSTV）。PSTV所引起的纺锤块茎病危害十分严重，表现植株矮化、束顶、块茎变小、变尖、变形呈纺锤状，更可怕的是类病毒PSTV可以通过种子传毒。

3. 防止种薯退化的途径

马铃薯退化是普遍现象，但由于目前尚无消除病毒的有效药剂，除通过栽培措

施预防外，主要是通过培育无病毒种苗，栽培无病毒苗木来实现。病毒种苗生产的技术路径：一是避毒，例如在低温冷凉环境中进行种薯生产；二是种子繁殖；三是脱毒，国内外普遍采用茎尖组织培养生产脱毒种薯技术及配套的良种繁育体系来解决马铃薯退化问题。

二、茎尖培养生产脱毒种苗技术

（一）基本概念

脱毒：应用基尖分生组织培养技术，除去主要危害马铃薯的病毒及类病毒。

脱毒试管苗（脱毒苗）：脱毒苗经检测确认不带马铃薯X病毒（PVX）、马铃薯Y病毒（PVY）、马铃薯S病毒（PVS）、马铃薯卷叶病毒（PLRV）和马铃薯纺锤块茎类病毒（PSTVd）的试管苗。

脱毒种薯：脱毒试管生产苗的试管薯、微型薯、网室生产的原原种和继代生产供于大田用的种薯。脱毒种薯分为基础种薯和合格种薯两类。

基础种薯：指用于生产合格种薯的原原种和原种，分三级，原原种、一级原种、二级原种。

合格种薯：指用于生产商品薯的种薯，分二级：一级种薯、二级种薯。

原原种：用试管苗在容器内生产的微型薯和在防虫网室生产出符合质量标准的种薯。

一级原种：用原原种生产出符合一级原种质量标准的种薯。

二级原种：用一级原种生产出符合二级原种质量标准的种薯。

一级种薯；用二级原种作种薯，在隔离条件下生产出的符合质量标准的种薯。

二级种薯：用一级种薯作种薯，在隔离条件下生产出的符合质量标准的种薯。

（二）茎尖组织培养生产脱毒种苗

由茎尖培养脱毒种薯的原理是病毒在马铃薯植株中分布不均匀，病毒侵染速度慢于幼嫩组织生长的速度。因而在代谢活跃、生长较快的分生组织中没有病毒或很少病毒，特别是靠近茎尖端处的分生组织中没有病毒，因此利用茎尖作为外植体经组织培养可得到无病毒植株。茎尖培养生产脱毒种薯技术可参见图8-1。具体技术措施如下。

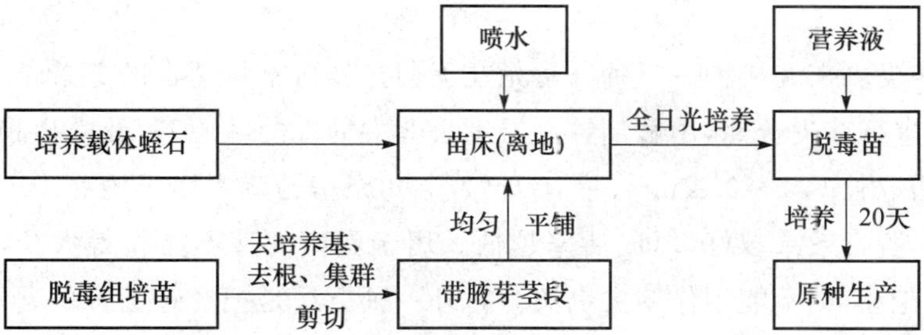

图 8-1　脱毒苗快繁与微型薯生产示意图

1. 脱毒材料的选择

由于不同的品种或同一品种不同个体之间在产量和病毒感染程度上有很大差异，因此品种脱毒之前，应进行严格选择，以保证脱毒复壮的马铃薯品种或材料能在生产上大面积使用。主要从以下四点去选择：

(1)选择适销对路的品种作为脱毒材料。

(2)在肥力中等的田间选择具有本品种典型性的植株，包括株型、叶型、花色及成熟期等农艺性状。

对准备脱毒的马铃薯品种，要选择具有本品种特征特性、生长势强、田间表现作为茎尖脱毒的基础材料。

(3)植株生长健壮，无明显的病毒性、真菌性、细菌性病害症状。

(4)收获后再选择符合品种特性的薯块，包括皮色、肉色、薯型、芽眼、无病斑、无虫蛀和机械创伤的大薯块。通过选择得到了生育正常并无病毒病的单株或块茎作为茎尖脱毒的基础材料，以提高脱毒效果。

2. 脱毒材料病毒检测

由于 PSTV 是目前最难脱除的类病毒，所以在进行脱毒前，还要对入选的单株进行 PSTV 检测，淘汰带有 PSTV 病毒的单株。鉴定方法有田间观察、指示植物(如番茄幼苗等)接种鉴定、聚丙烯酰胺凝胶电泳等方法。无 PSTV 病毒的典型块茎用 1%硫脲+5 mg/L 赤霉素浸种 5 min 可打破休眠，在 37 ℃恒温培养箱中干热处理 30 天后作茎尖剥离。

3. 茎尖剥离与培养

(1)消毒。用经过消毒的刀片将发芽块茎的茎尖切下 1～2 cm，清水漂洗，剥去外面叶片，进行表面消毒。方法是先将茎尖在 75%酒精中迅速蘸一下，随后用饱和漂白粉上清液或 5%～7%次氯酸钠溶液浸 20 min，再用无菌水冲洗 3～

4 次。

(2)茎尖剥离和接种。一种方法是在无菌操作台上将消毒的芽置于 30～40 倍解剖镜下进行茎尖分离,用解剖针逐层剥去茎尖周围的叶原基,暴露出顶端圆滑的生长点,切取长 0.1～0.4 mm、带有 1～2 个叶原基的茎尖用于培养。一般切取的茎尖越小,脱毒效果越好,但成活率越低。用于剥离的芽不能长得太长,如茎尖已经分化成花芽,则不能用作茎尖剥离。另外一种方法是把经过消毒的薯芽,直接插入培养基中,生根长成苗后,再做剥离,成活率高,效果好。剥离茎尖时,应尽快接种,茎尖暴露的时间应当越短越好,以防茎尖变干。

(3)茎尖培养。将接种于试管中的茎尖放在培养室内培养,培养基以 MS 培养基较为理想,马铃薯茎尖培养的成分见表 8-1 至表 8-3。培养温度 18～25 ℃,光照强度 2 000 lx,每日光照 10 h,培养诱导 4～5 个月可长成 3～4 个叶片的小植株,将其按单节切段,接种于有培养基的三角瓶或试管中进行扩繁。30 天后再按单节切段,分别接种于 3 个三角瓶或试管中,成苗后其中一瓶苗保留(基础苗),另外两瓶苗用于病毒鉴定。保存基础苗用的一般是 MS 培养基,不需要添加激素和有机物。所保留的基础苗应每隔一段时间进行切段继续繁殖。基础苗的培养条件温度为 10～15 ℃,16h/天的光照,1 500～2 000 lx 的光照强度。

表 8-1　马铃薯茎尖培养基的成分(大量元素)　mg/L

成分	MS 培养基	FAO 推荐的培养基
硝酸铵	1650	1650
硝酸钾	1900	1900
氯化钙	440	440
硫酸镁	370	500
磷酸二氢钾	170	170
硝酸钙	—	—
氯化钾	—	—
硫酸铵	—	—
硫酸亚铁	27.8	27.8
乙二胺四乙酸钠	37.3	38.0

表 8-2　马铃薯茎尖培养基的成分(微量元素)　　mg/L

成分	MS 培养基	FAO 推荐的培养基
硼酸	6.2	1.0
硫酸锰	22.3	0.5
碘化钾	—	0.01
硫酸铜	0.025	0.03
硫酸锌	8.6	1.0
氯化铝	—	0.03
氯化镍	—	0.03
氯化钴	0.025	—
氯化铁	—	—

表 8-3　马铃薯茎尖培养基的成分(有机成分)

成分	MS 培养基	FAO 推荐的培养基①
烟酸	0.5 mg/L	1.0 mg/L
维生素 B_1	0.1 mg/L	1.0 mg/L
泛酸钙	—	0.5 mg/L
核黄酸①	—	0.1 mg/L
对氨基苯甲酸	—	1.0 mg/L
叶酸	—	0.1 mg/L
生物素	—	0.2 mg/L
吲哚丁酸	—	0.2 mg/L
硫酸盐腺嘌呤	—	80 mg/L
肌醇	100 mg/L	100 mg/L
甘氨酸	2.0 mg/L	—
吲哚乙酸	1～30 mg/L	—
激动素	0.04～10 mg/L	—
维生素 B_6	0.5 mg/L	1.0 mg/L
萘乙酸②	—	—
蔗糖	30 g/L	20 g/L
琼脂	6～8 g/L	8 g/L
pH	5.7	5.3～5.5

①1986 年 FAO Plant production and pretection paper71 页；②1988 年园艺种苗产销技术研讨会专集 41～68 页；此表引自孙慧生主编《马铃薯育种学》367 页

(4)病毒鉴定。病毒在马铃薯体内只是在很小的分生组织部分才不存在,但实际切取时,茎尖往往过大,可能带有病毒,因此必须经过鉴定,才能确定病毒是否脱除。以单株为系进行扩繁,苗数达150～200株时,随机抽取3～4个样本,每个样本为10～15株,进行病毒检测。常用的病毒检测方法有指示植物检测法、抗血清法即酶联免疫吸附法、免疫吸附电子显微镜检测和现代分子生物学技术检测等方法。通过鉴定把带有病毒的植株淘汰掉,不带病毒的植株转入基础苗的扩繁,供生产脱毒微型薯使用。

4. 脱毒试管苗快繁技术

试管苗快速繁殖是脱毒马铃薯种薯繁殖的第一步,只有繁殖出足够的试管苗,才能保证繁殖出足够的脱毒微型薯。试管苗快繁过程如下。

(1)培养基。快速繁殖中可使用固体培养基,也可使用液体培养基,生产中大多是移栽前的一次培养采用液体培养基,而在此之前的扩繁培养都是采用固体培养基。如果完全采用液体培养基,容易出现"玻璃苗"现象,也容易增加污染机会。两种培养基的成分基本一样,只是液体培养基中不加琼脂。培养基成分是MS大量元素、微量元素、铁盐、20 g/L蔗糖、pH为5.6,一般不加有机物和植物激素。有时为使试管苗长得更健壮,可采用1.5～2.0倍MS大量元素。每个培养瓶(容积100～150 mL)加液体培养基5 mL,灭菌后备用。

(2)切段繁殖方法。第一次快速繁殖时,利用保存的基础苗进行切段繁殖,在以后的连续切繁时,就直接用上一次的快繁苗来切段。切段繁殖是在无菌条件下的超净工作台上进行的,方法步骤如下。

①瓶体消毒。利用70%～75%的酒精棉球,将待繁基础苗瓶表面(包括封口膜)擦拭一遍,以杀死瓶体外所带的各种细菌,防止造成污染。

②无菌室及工作台消毒。无菌室不经常使用时,在使用前应进行一次彻底消毒。可采用熏蒸法(甲醛和高锰酸钾法),即在一广口容器内加入50 g左右高锰酸钾,然后倒入适量甲醛,迅速离开,并关严门窗,2～3 s后就可释放出大量烟雾。密封24 h后,排出室内气体,隔1天后方可入室操作。在切段繁殖期间,还应每天保持无菌室清洁无菌。平常每隔2～3天用甲酚皂液(来苏儿水)擦洗地面,每天用70%～75%酒精擦拭工作台面。

③切段增殖。切段前将所需剪刀、镊子等器具用酒精灯灼烧灭菌,冷却后使用。同时将基础苗瓶口和待放切段瓶口也用酒精灯灼烧灭菌。然后将待切苗从三角瓶中夹出,用手术剪按单节切段并置于新三角瓶内的培养基上,每瓶放10～13

个节段(罐头瓶可多放),均匀平放于培养基上,也可将节段基部向下扦插在培养基内,腋芽要露在培养基外,最后放在培养室中培养。

④培养条件。培养室保持温度 23～27 ℃,光照强度 2 000～3 000 lx,每天光照时间 16 h。一般培养 3～4 天,茎节切段就能从叶腋内长出新芽,茎节上长出新根,15～20 天就可移栽。

(三)马铃薯脱毒种薯生产技术

由马铃薯脱毒试管苗生产的试管薯、微型薯、网室生产的原原种和继代生产供于大田用的种薯都称为脱毒种薯。

1. 脱毒微型薯(原原种)快繁

将脱毒试管苗移栽到防虫温室、网室中,或用脱毒试管苗在温室、网室中切段扦插生产微型薯,而切段扦插繁殖是经济有效的繁殖方法,具体步骤如下:

(1)培养基础苗。快速切繁的脱毒试管苗用来培养基础苗。在无菌条件下,将脱毒试管苗切成带有一个芽的茎段,接入生根培养基中培养,常用微型薯生产用营养液配方见表 8-4。10 天后长成带有 4～5 片叶及 3～4 条小根的小苗,打开培养瓶封口置于温室锻炼 2 天后,就可以往温室中经过消毒的苗床上移栽,为提高幼苗成活率和繁殖系数,一般是将试管苗移栽至防虫、无毒的基质中,移栽后要遮阳,生根后要除去遮阳材料,还要注意浇水和喷营养液。移栽 10 天后,幼苗长出新根,20 天后苗长至 5～8 片叶时,即可进行第一次剪切。剪切时要对所有用具及操作人员进行严格消毒,剪苗时要剪下带有 1～2 片叶的茎尖或带有 2～3 片叶的茎段。每次剪切后都要对基础苗加强管理,提高温湿度,喷施营养液,促进腋芽萌发增加繁苗数量,以后每隔 20 天可剪切一次。

表 8-4　常用马铃薯微型薯生产用营养液配方　　mg/L

试剂	营养液			
	日本通用	IVF	KS	改良 KS
$Ca(NO_3)_2$	950	680	—	100
KNO_3	810	350	1034	1034
$MgSO_4$	500	250	490	490
$NH_4H_2PO_4$	155	—	—	—
$KHPO_4$	—	200	348	348
$(NH_4)_2SO_4$	—	—	170	170
$CaCl_2$	—	—	150	150

续表 8-4

试剂	营养液			
	日本通用	IVF	KS	改良 KS
EDTA-Na_2	—	14.7	37.25	37.25
$FeSO_4$	—	10.99	27.85	27.85
$CuSO_4$	—	—	—	100
KCl	—	170	—	—
H_3BO_3	—	2.43	—	—
$ZnSO_4$	2.8	—	—	—
$(NH_4)_2MoO_4$	—	1.28	—	—

注：IVF，中国农业科学园蔬菜花卉研究所配方；KS，四川省江津地区农业科学研究所配方；改良 Ks，内蒙古农业科学院马铃薯小作物所配方

(2)扦插繁殖脱毒小薯(原原种)。上述剪切苗用于定植，在温、网室内繁殖脱毒小薯。将从基础苗上剪下的茎段在生根液中浸泡 5～10 min，然后扦插于苗床上，扦插用的苗床基质和扦插后的初期管理与基础苗移栽时相同。一般扦插后 60 天左右即可收获微型薯(原原种)。

(3)微型薯收获、贮藏及催芽。马铃薯种苗生育后期，营养和水分逐渐减少，营养生长减缓，扦插苗生长 45～60 天种苗变黄，微型薯长到 2～5 g 即可开始收获。收获时先将植株拔起，摘下微型薯，然后将苗床中的基质过筛，收获全部微型薯。每次收获 400～500 粒/m^2，一年生产 4～5 批，共可以收获微型薯 1 600～2 000 粒，折合每产 80 万～100 万粒/亩。

新收获的微型薯含有较高的水分，需放在盘子里于阴凉处晾干，按 1 g 以下、1～5 g、5～10 g 以及 10 g 以上分成 4 个级别装入透气的容器中，如布袋、尼龙袋等分别贮藏。

微型薯的休眠期因品种不同而异，一般约 110 天。贮藏期发现微型薯萌芽时，应将微型薯从容器中取出，在室内摊开用散射光抑制芽徒长。在贮藏期间，为使微型薯受光均匀，应翻倒几次。微型薯也可在 4 ℃的低温条件下贮藏，播种前 1～2 个月从冰箱中取出，在室温下促进萌芽。休眠微型薯可用低浓度的赤霉素处理打破休眠。新收获的微型薯可用 10～20 mg/L 赤霉素液浸泡 5～10 min，促进发芽。

2. 脱毒种薯原种和良种生产

由于原原种数量有限，必须经过几个无性世代的扩繁，才能用于生产。原种包

括一级原种和二级原种，良种包括一级良种和二级良种。在扩繁期间，防止病毒的再侵染是首要问题，生产中通过选择适宜的生产基地和促进植株成龄抗性形成的早熟栽培技术来解决。成龄抗性是指病毒易感染幼龄植株，增殖运转速度快，随着株龄的增加，病毒运转速度减慢。因此，应采取促进早熟的栽培管理措施。具体注意事项如下：

①生产基地选择。原种生产基地的选择与建设对种薯生产十分重要，直接关系到扩繁种薯质量，原种基地应备的条件是在高纬度、高海、风速大、气候寒冷的地区；离条件好，种薯生产地 500 m 之内不种高代马铃薯和十字花科作物，该地区诱到蚜虫的量不超过 100 头。生产基地要交通方便，便于调种。

②播前种薯催芽。催芽后播种可以提前出苗 7～15 天，而且苗齐、苗壮，增加每株主茎数，促进早发、早结薯，以促进早熟。催芽的方法根多，有条件的地方薯块放在催芽盘中，催芽盘分层放在有光和具有一定温度的室内架子上，利用太阳散射光，也可以补充人工光照进行催芽。还可以在室外避风向阳处挖一个 0.5 m 左右的深坑，坑底放一层马粪，盖一层熟土，上面堆放几层薯块，顶上再放一层马粪和熟土，然后覆盖塑料薄膜，四周用土压紧，经 7～10 天能产生豆粒大的黄化芽，即可播种。

③播种。30～50 g 小整薯直播，50 g 以上块茎切种，单块重 25～30 g，每块带 1～2 个芽眼，刀用高锰酸钾溶液消毒。

④播期。10 cm 地温稳定在 5 ℃为适宜播期，播种深度为 9～10 cm。

⑤播种密度。早熟品种，5 000～5 500 株/亩，中晚熟品种 4 000～4 500 株/亩。

播种后覆盖地膜可以显著提高地温促进早出苗、早结薯，也使马铃薯及早形成成龄抗性，减少病毒增殖和积累。

⑥施肥。按设计产量施氮、磷，钾配方肥。

⑦田间管理。全生育期中耕一次，培土两次。浇水和追肥，田间土壤持水量 60%～70%，现蕾期追尿素 10～15 kg/亩。及时的除杂去劣，拔除病株。现蕾至盛花期，两次拔除混杂植株与块茎，发现病毒株应立即将全部病毒株及其新生块茎和母薯拔除，装入塑料袋中带出地外烧毁或深埋。

⑧病虫害防治。首先病毒病是控制的重点，其次晚疫病、蚜虫也是综合防治的对象。出苗后 40 天每隔 7 天喷杀虫剂和杀菌剂一次，不同种类的农药交替喷施。蚜虫也可以用黄皿诱虫器进行测报或在田间设置黄色薄膜涂上机油诱杀，也可以用银灰色塑料薄膜驱蚜。

（四）马铃薯脱毒种薯良种繁育体系

1. 建立规范的三级良种繁育体系

防止病毒侵染是马铃薯种薯生产技术的核心。马铃薯种薯的生产和使用有两个最大的特点，一是种薯的体积大、水分含量高、调运贮藏量大。一般单位面积用种量为 1 500～2 250 kg/hm^2，贮运压力大；二是脱毒种薯的生产和使用与玉米、水稻的杂交种子的生产和使用一样，种薯生产需要严格的隔离条件，生产用种薯只应使用一代，即二级种生产的块茎只能作为商品薯，不能再用作种薯。因此，脱毒马铃薯种薯的扩繁一定要建立规范的三级良种繁育体系。如黑龙江省大兴安岭地区马铃薯科研中心的实践就是一个典型。

在马铃薯脱毒种薯繁育体系中（图 8-2），一般把从防虫温、网室中繁育出来的脱毒小薯叫作原原种；把原原种播种后生产出来的种薯叫原种或原种一代；把原种播种后生产出来的种薯叫一级种或原种二代；把一级种播种后生产出来的种薯叫二级种或良种一代。图 8-2 中的良种二代就是商品薯，但也可再作一次种薯使用，产量和品质会有所下降。

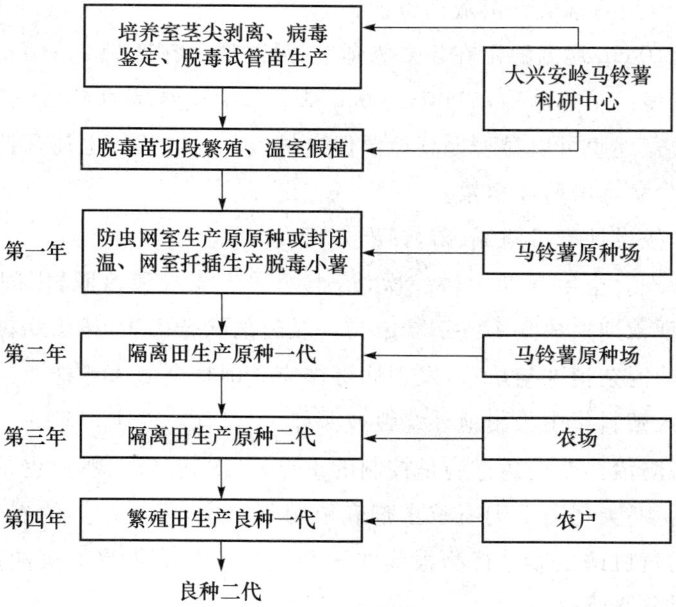

图 8-2　脱毒种薯繁殖程序

原原种由于个体较小，成本较高，不宜直接用作生产用种。因而，需在高海拔、生态条件冷凉区域建立脱毒马铃薯种薯的三级良繁体系。所谓种薯的三级良繁体系，即是指原种、一级种、二级种的良种繁育体系.从种薯繁殖程序的第二年开始进入三级良繁体系。

原种繁育基地一般选择在高海拔、生态条件冷凉又无蚜虫传播的地区。要求隔离条件好，无病毒重新侵染的机会，从而保证生产的原种基本无病毒侵染。由于原原种的生产力较低，因而原种的生产量只能供繁殖一级种使用。

一级种繁育基地应按马铃薯主产区的用种方向设置，尽量选择在高海拔、生态条件冷凉区域。在种薯生产过程中要进行除杂去劣、喷农药防蚜虫、隔离收获等防病毒侵染措施，保证生产出来的一级种无退化表现，少病毒侵染。

二级种繁育基地必须按马铃薯主产区的用种需求设置。其繁育方法完全同一级种要求，只是繁育条件已无法完全满足高海拔、生态条件冷凉区域的要求。但种薯田应设在生育期间气候凉爽的地区，要求肥力较好、土壤松软、排水良好。周围500 m内不允许种植桃树、茄科植物和马铃薯。种薯田必须实行3年以上没有茄科作物的轮作。生产的种薯无退化表现或退化很轻，直接用于大田生产商品薯。

2. 建立完整的留种体系，有效减轻马铃薯退化

在现有生产条件下，由于马铃薯种薯生产和使用的两大特点，农村经济和交通运输等发展的不平衡，农民长期形成的习惯心理，还不能完全实现用上述脱毒种薯的三级良繁体系来生产和使用脱毒马铃薯种薯。在这种情况下，采用建立完整的留种体系，结合一系列防止病毒再侵染的措施，以保持种薯的良种性，延长品种的使用年限，也是防止马铃薯退化的可行措施。具体做法是：

(1)一季作地区的留种方法。北方一季作地区的无霜期较短，一般采取秋播留种，即在当地初霜期前70～80天播种的措施，使马铃薯的结薯期进入冷凉的秋季，避开有利于病毒侵染、增殖和积累的高温条件。这种方法的留种程序如图8-3所示。

秋播留种：第一，应选用脱毒的一级种或二级种作种薯，利用麦茬、豆茬或其他作物茬进行播种。切忌用茄科作物或马铃薯为前茬进行播种。第二，要适时播种，这是秋播留种防止退化的关键。播种过早、结薯期温度高、蚜虫多，容易传染和积累病毒，达不到防止退化的目的；播种过晚，产量低，经济效益差。第三，喷药灭虫，主要是消灭蚜虫。第四，拔除退化病株，减少毒源和传毒途径。第五，加强田间管理，提高种薯产量。据山西省农业科学院高寒作物研究所试验研究，用这种方法防止马铃薯退化的效果十分显著，连续留种4年，退化株率和退化指数无明显增加。

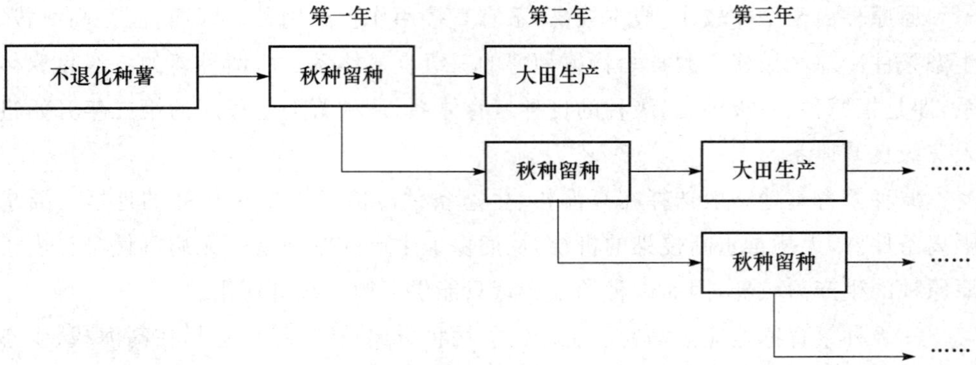

图 8-3　马铃薯秋播留种示意图

(2)两季作地区的留种方法。在两季作地区，如河南、山东等地不具备高纬度或高海拔的留种条件。可采用两季留种——春留秋繁的方法繁殖种薯，即用无病毒种薯于早春催芽播种，于 6 月中旬左右收获，避开蚜虫迁飞期。收获后经短期贮藏，进行秋播繁殖，为来年春季提供大田用种薯。这种方法能有效防止病毒再侵染，延缓种薯退化，其留种程序如图 8-4 所示。

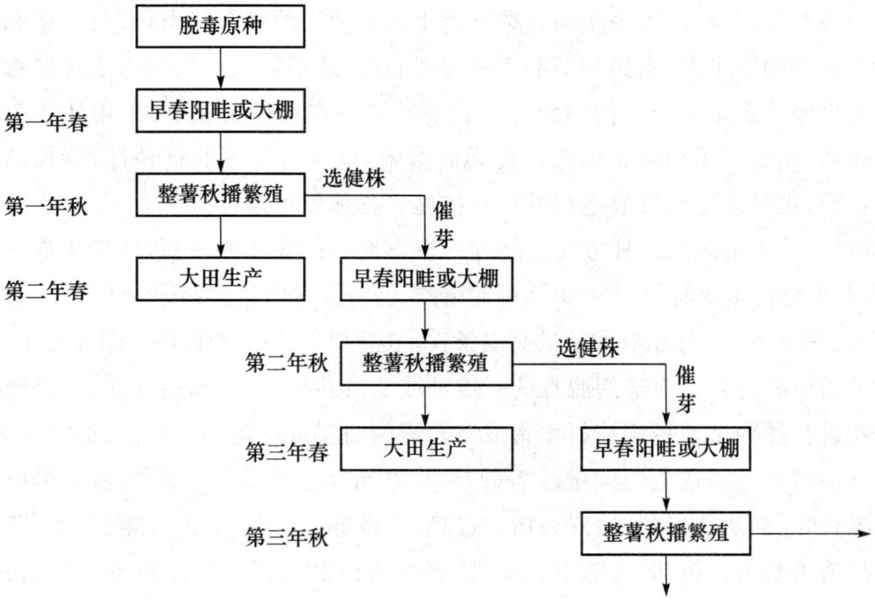

图 8-4　两季作地区春留秋繁示意图

两季留种关键技术环节如下：

①要求选用的品种具有早熟、抗病、丰产的特点。

②掌握“两早两晚”，即第一季种植要做到早种早收，关键是收获期要早；第二季种植要做到晚种晚收，关键是播种期要晚。只有这样，才能使马铃薯处于最适宜的凉爽条件下生长，获得健康、无退化表现的种薯。

③做好种薯催芽。第一季种植用的种薯一般是上年秋播留种的幼嫩薯块，早春播种时尚未打破休眠期。因此，播种前必须进行催芽处理。第二季种植用的种薯是刚收获不久、仍处于休眠状态的春薯。因此，播种前也必须进行催芽处理。此外，第二季秋播时一定要保证土壤墒情良好，以确保催芽效果的充分发挥，避免造成严重缺苗。

④合理密植，喷药灭蚜，加强管理，夺取高产。

3. 防止病毒再侵染

马铃薯种薯生产采用块茎繁殖，其繁殖系数低，生产速度较慢，而且在繁殖过程中很容易受到病毒和其他真菌、细菌的再侵染。因此，在加代扩繁时要配合农业技术措施，防止病毒再侵染，以保证原种和各级种薯的质量。

(1)早熟栽培促进植株成龄抗性形成。成龄抗性是指病毒易感染幼龄植株，病毒在幼龄植株内增殖和运转速度快，随着株龄的增加，病毒的增殖运转速度减慢。成龄抗性在块茎开始成龄时2～3周内完成，此时病毒不易侵染植株，也很难向块茎中运转和积累。具体措施如下：

①种薯催芽与早播可提前出苗、苗齐、苗壮，促进早结薯和成龄抗性的形成。催芽方法同一般大田生产。春播播期尽量提早，二季作地区秋播播期适当推后，尽可能避开夏季高温的不利影响及蚜虫发生期和传毒高峰期。

②播种后覆盖地膜可显著提高地温，促进早出苗、早结薯。

③适当加大种植密度可收获更多的小薯块。

④切块播种时，必须严格进行切刀消毒。

⑤合理施肥应以充分腐熟的有机肥为主，适当增施磷、钾肥，可增强植株抗病毒能力，促进早结薯。避免过量施氮肥，以防茎叶徒长而延迟结薯和成龄抗性的形成。

(2)及时拔除病株和防蚜灭蚜。拔除病株是消灭病毒侵染源，防止病毒扩大蔓延的主要措施。在种薯生长期间应经常深入田间拔除病株，拔除病株在苗齐后蚜虫发生就应开始，逐垄检查，发现病株要及时、彻底拔除地上植株和地下母薯及新生块茎，小心装入密封袋中，防止蚜虫抖落或迁飞，将袋运出种薯田外深埋处理。从蚜虫出现开始，每隔7～10天喷施一次灭蚜药，以不同种类的农药交替喷施，效果更好。

(3)适期早收和灭秧。适期早收可避免病毒传到块茎。收获前毁灭茎叶在一定程度上可阻止晚疫病菌和已感染的病毒传到块茎。灭秧的方法有拔秧、割秧、化学药剂杀秧等。

(4)其他途径。在中原二季作和南方二季作地区采用秋、冬留种，西南混作区采用高山留种等措施，对减轻马铃薯病毒病害也有一定效果。在两季作地区，如河南、山东等地不具备高纬度或高海拔的留种条件，可采用两季留种——春留秋繁的方法繁殖种薯，即用无病毒种薯于早春催芽播种，于6月中旬左右收获，避开蚜虫迁飞期。收获后短期贮藏，进行秋播繁殖，为来年春季提供大田用种薯。这种方法能有效防止病毒再侵染，延缓种薯退化。

实施方案

以学习(工作)小组为单位，在教师指导下获取与马铃薯脱毒种薯生产的相关信息后，研讨并制定马铃薯脱毒种薯(苗)生产操作方案。具体内容要求与实施建议如下(表8-5)：

(1)制订马铃薯种薯常规繁育工作计划；

(2)能够正确选择基地并适期播种；

(3)能熟练地进行田间管理；

(4)能正确去劣及质量检查记录与管理；

(5)制定马铃薯脱毒种薯(苗)生产操作方案。

表8-5 马铃薯种薯(苗)生产项目教学实施建议

工作过程	教学步骤	训练要求与标准	训练方法	参考时间
资讯和计划	下达生产任务，设计、讨论	能提出正确的、明确的原种生产关键技术操作要求	以小组为单位查阅文献资料(主要在课外完成)，讨论方案，抽查5个小组的方案进行答辩	30 min
决策	确定马铃薯种薯(苗)常规繁育土地准备和播种方案，准备各种生产资料	按计划列出生产所需的生产工具和资料并做好准备	主要在课外完成，上课时提交生产工具和资料清单	10 min

续表 8-5

工作过程	教学步骤	训练要求与标准	训练方法	参考时间
实施	马铃薯种薯（苗）常规繁育操作演练（蔗种处理、种植安排在课内）	按操作规程要求进行，能独立正确操作。其他田间管理工作利用课余时间或与别的项目交叉进行	按小组为单位进行生产操作。	80 min
检查	马铃薯种薯（苗）常规繁育田块种植结果展示与评价	蔗种处理正确、种植规格符合规范到位（种植沟、种植株行距符合要求）	各小组展示结果（实训地块），进行评分（填写评分表）	10 min
总结	撰写技术报告	技术操作规程、生产体会（包括生产中存在的问题以及解决的办法）	教师提出设计、技术报告撰写要求，每位学生独立完成	课外
评估	归纳总结	生产中存在的问题以及解决的办法	各小组进行体会交流、归纳分析总结	40 min

检查评价

现场操作检查：学生自检、教师检查任务完成情况（表 8-6）。检查结果可分为 4 个等级：优（≥90 分）、良（80—90 分）、中（70—80 分）、差（0—60 分）。

表 8-6　马铃薯种薯（苗）生产项目完成情况评价表

考核要点			技术操作要点	分值安排	评定得分
考核标准	态度与表现		学习（实训）态度与课堂表现	10	
	技能操作部分	种植（播种）	施足底肥、墒情合适、土地细碎平整	10	
			种要求达到适时播种、种植质量好、出苗率高	15	
		蔗种处理	切种方法正确	5	
			消毒药剂浓度适当，时间合适	10	
		产品评价	实训田块薯苗生长各时期长势长相良好，综合管理到位，产量较高	30	
	撰写技术报告		马铃薯脱毒种薯（苗）生产操作流程正确，文字简洁通顺，表达正确	20	
总　分				100	

问题与思考

1. 试述马铃薯种薯混杂退化的主要原因及其采取的防杂保纯措施有哪些?

2. 试述马铃薯茎尖培养生产脱毒种薯的程序及关键技术。

3. 试述马铃薯脱毒种薯三级良种繁育体系。

知识拓展

马铃薯实生种子

一、马铃薯实生种子的意义

马铃薯生产上普遍存在的退化是因病毒系统侵染所致。世界上危害马铃薯病毒的有20多种,我国已经分离和鉴定的病毒有9种。此外,真菌性和细菌性病害有10多种,也都能侵染马铃薯。目前,世界上已发现纺锤块茎类病毒(PSTV)、马铃薯T病毒(PTV)和安第斯马铃薯潜隐病毒(APLV)三种病毒能侵染马铃薯种子。我国只发现纺锤块茎类病毒一种。

植物病毒能系统侵染植物的各个营养器官,包括根、茎、叶、块茎,但很少侵入花粉、卵和种胚。因此,各种病毒(除PSTV外)和病害都不能侵染马铃薯实生种子。要获得不带病毒的实生种子,需特别注意亲本和种薯均应是无毒的,严禁利用感染纺锤块茎类病毒的病株进行杂交或从病株上采收浆果。

由这种不带病毒的植株产生的实生种子,其实生苗就不带病毒。因此,可以生产出无病无毒的健康马铃薯原原种。品种间杂交种、自交系间的单交种的杂交种子中,不仅能生产无毒种薯,还具有杂种优势,在其生活力、抗逆性、生产力等方面显著优于亲本,再通过实生块茎的无性繁殖,很容易将这些特性稳定下来。

用实生种子生产马铃薯能实现就地留种,节约种薯,便于运输,便于贮藏,脱毒防病效果好,节省劳力、能源和费用,降低生产成本。

二、实生种子的采收和保存

1. 实生种子的采收

马铃薯小花梗在正常受精后7天内即向下弯曲。未受精的小花梗经4~5天即脱落。在受精后15天左右,直径可达1.0~1.5 cm。浆果发育30天左右常自然脱落。因此,在受精后2~3周内即用纱布袋将浆果套于茎枝上,以免落果混杂(杂交果）。如果进行大量天然果采收时，可在制种田利用禾谷类作物将各不同亲本进行隔离或分区插牌，植株不用套袋。当浆果变白、变软时，即可按组合或品种采收。在晚疫病发生的年份，一些不抗病品种的浆果也极易感病，浆果感病后变黑、腐烂，影响种子发育。因此，在采收浆果时，切忌采收植株带有真菌病害的浆果和带有纺锤块茎类病毒的浆果。一般马铃薯花受精后 15 天左右。种子即具有发芽能力，30～40 天充分成熟。因此，为了得到成熟的种子，收获的浆果可按其成熟度和质量进行分级，然后放置在通风阴凉处，后熟 30 天左右，使未成熟或半成熟的种子达到充分成熟，使其具有正常的发芽能力。

采收的浆果应按照亲本或杂交组合分别漂洗。量少的先将浆果置于水盆内，用手指捏碎，然后将汁液、果皮和种子一起倒在孔径略小于种子的筛子上，放于水盆内，多次漂洗，直至将果皮、杂质冲完洗净为止，然后将种子倒在吸水纸上晾干。把晾干的种子装入种子袋内，并注明品种名称、组合名称、种子数量、采收年月日和采收单位，然后放置阴凉干燥处保存。

采收大量的天然浆果，可利用粉碎机将后熟的浆果搅碎，但不能损伤种子。然后盛于水缸内发酵 2～5 天，以分解果胶层使种子与果肉分离。再盛于大盆内，用筛子过滤果肉和种子，再用水冲洗数次，直至种子黏液洗净为止。将洗净的种子在避风向阳处晾晒或置于 25％烘箱内烘干，待种子干后，将其装入铝制种子盒内或种子瓶内，注明品种或组合名称、采种年月日、数量、采种单位和地点。

2. 实生种子的保存

马铃薯实生种子存放在密闭、低温、干燥条件下可以保存 10 年以上。贮藏 3～5 年的实生种子还具有降低纺锤块茎类病毒的作用。因此，在适于马铃薯开花结实的年份可大量进行杂交或采收天然果，以备贮用。

马铃薯实生种子的休眠期较长，一般 6 个月以上才能通过休眠。因而，当年采收的种子发芽率较低，而贮藏 2～3 年的种子发芽率最高。准备出售的大量天然实生种子，应事先进行种子标准化检验，检验指标为采收时间应为 2～3 年，发芽率 90％以上，种子纯度 100％，种子净度 95％，含水量 5％以下。

晾干的种子应密封于 3 种规格的布袋或纸袋内，即 500 g、50 g、5 g 装。种子袋外边应印有名称、采种时间、采种地点和单位、发芽率、种子纯度、种子净度、含水量、出售单位和采种人。

马铃薯三代种薯繁育体系

一、三代种薯繁育体系的概念

鉴于我国种薯生产的现有条件(包括微型薯生产的设施、设备、生产技术和生产能力,开放条件下种薯生产的环境条件等)有了很大改进,建议将种薯分为三代,分别为一代种薯(G1 种薯)、二代种薯(G2 种薯)和三代种薯(G3 种薯)。

1. 一代种薯(G1 种薯)

一代种薯指在人工隔离条件下生产出的微型薯种薯,重量在 1 g 以上 20 g 以下,再次种植时不需要进行切块。可以是利用组培苗或试管苗在无病害基质中得到的微型薯,也可以是利用组培苗或试管薯在无基质条件下得到的微型薯;还可以是组培苗直接移栽到人工隔离条件下生产的小块茎。目前最经济有效的方法是用脱毒苗在温(网)室中切段扦插,其优点是节省投资,繁殖速度快,方法简单。无论何种方式生产出来的微型薯,都必须保证不带任何病害,即不带任何病毒、真菌和细菌病害。

2. 二代种薯(G2 种薯或称原种)

二代种薯指在自然条件好、天然隔离条件较好、周边 800 m 内无其他级别种薯或商品薯等条件下,利用第一代种薯生产出来的种薯,大小控制在每块 75 g 以下,不带各种真菌、细菌病害,田间病毒株率 PLRV、PYX、PVY、PVS 不超过 1%的种薯。

3. 三代种薯(G3 种薯,又称合格种薯或生产用种)

用原种生产的种薯为合格种薯,即指在自然条件较好,海拔较高、蚜虫较少、气候较冷凉、天然隔离条件较好、周边 800 m 内无商品薯等条件下,利用原种(G2 种薯)生产出来的、块茎大小在 50～100 g 以下的种薯,不带各种真菌、细菌病害,田间病毒株率 PLRV、PYX、PVY、PVS 不超过 5%的种薯。

二、我国建立三代种薯繁育体系的必要性

1. 符合我国种薯生产实际,有利于迅速提高种薯质量水平

中国是世界上最大的马铃薯生产国,种植面积和产量分别占世界的 25%和 20%左右。虽然中原二作区和南方冬作区基本上是从外省调运种薯,但这部分地区马铃薯种植面积只占全国种植面积的 15%左右。马铃薯种植面积占全国 85%左右的北方一作区和西南混作区,一般都是重要的种薯生产地区,同时也是重要的

商品薯生产地区。在这两个重要的马铃薯生产大区，种薯生产和商品薯生产没有严格的区域布局，也没有规范的种薯生产、质量控制和管理体系。种薯生产基本上还处于一种无序的状态。在某些马铃薯生产大县，由于马铃薯种植面积较大，常常出现倒茬困难的状况。即使可以倒茬，也常常出现与不同级别种薯、甚至商品薯交错分布的状况，这些因素造成我国种薯质量难以提高。在一些地区尝试着将少量微型薯分发至农户，即所谓的“脱毒种薯一步到位法”，结果并没有得到预期的效果，其中重要原因之一就是受周边环境影响，加速了病毒和其他病害对微型薯的影响，使种薯质量难以保证。为了迅速提高我国的种薯质量，我们只能缩短种薯繁育周期，将现在的五代种薯体系（原原种、一级原种、二级原种、一级合格种薯和二级合格种薯）缩短至三代，保证种薯在尚未严重退化前（病毒株率低于5%）就用于商品薯生产。

2. 种薯生产过程简化，便于质量监督与控制

按照GB 18133—2000规定的种薯生产程序，从试管苗到二级合格种薯最少需要5代，这期间都有很多环节需要进行质量控制，例如试管苗生产至少需要对基础苗进行质量检测，试管苗移栽前需要进行质量检测，原原种生产过程中需要进行至少两次现场质量抽检，原原种收获后还需要进行抽样检测，其他各级种薯生产过程中需要进行质量跟踪检测。质量监控的工作量相当大，而目前我国从事马铃薯质量控制的部门和人员根本不能满足质量控制的要求，因此种薯质量几乎无法全程控制。

采用三代种薯体系，可以简化生产过程，只需要重点对基础苗、试管苗和G1种薯质量进行严格控制，就能显著提高我国的种薯质量。对G2种薯和G3种薯的质量控制，主要通过田间检验人员的目测进行，简便易行。如果近期内能将种薯的病毒株率控制在5%以下，我国马铃薯种薯的质量将有一个质的飞跃。只要采取严格的质量控制措施，一定能将G2种薯的病毒株率控制在1%以下。G3种薯的病毒株率控制在5%以下。这样我国马铃薯种薯质量不但能有较大的提高，而且质量与国际同类标准相当，可大大增强我国种薯的国际竞争力。

3. 分级简单明了，质量要求并不降低

虽然以上要求与现行的国家标准“马铃薯脱毒种薯（GB 18133—2000）”有一定的出入，但相对简单明了，且质量与国外类似级别的种薯质量相当。只要采取严格的质量控制措施，真正能将G2种薯的病毒株率控制在1%以下，G3种薯的病毒株

率控制在5%以下,我国的种薯质量不但能较大地提高,而且也会有一定的国际竞争力。

4. 我国微型薯生产规模和生产技术为三代种薯体系提供了保障

近些年,农业部投资建设了大量的脱毒快繁中心,在重要的马铃薯生产地区都至少有一个投资500万元以上、生产能力3 000万粒以上的脱毒快繁中心。加上各地区自己投资兴建及企业自投资金兴建的各类脱毒快繁设施,到2010年我国微型薯的生产能力达到了15亿~20亿粒的规模。由于组培快繁技术的普及,如果需要可很快兴建更多的脱毒快繁中心,迅速增加一代种薯的生产量,保证三代种薯体系的实施。

5. 种薯补贴政策有利于推动三代种薯体系的发展

从2009年开始,农业部开始在重要马铃薯生产省区进行了良种补贴试点。实行三代种薯体系,更便于政府决策部门制定和实行种薯补贴政策。通过各级政府实施的马铃薯种薯生产补贴,可降低种薯生产者的成本,增加优质种薯的数量和提高优质种薯的质量。

6. 一代种薯(微型薯)用量大,增加了种薯生产的成本

由于缩短了种薯的繁殖年限,对组培苗和一代种薯(微型薯)的需要量大大增加,由于各地快繁技术的进步,试管苗和微型薯繁殖效率大大提高,因此种薯生产的成本将会有一定的增加,但增加幅度不会太大。而且有利于政府实施对良种的补贴,最终不会增加种植者太多的负担,综合效益将大大提高。

三、实施三代种薯繁育体系的要求

建立完善的种薯繁育体系是马铃薯产业健康发展的基础,没有健全的种薯繁育体系和种薯质量管理制度,就没有大幅度提高产量和产品质量的潜力,就不能保证马铃薯生产的持续发展。我国在种薯生产上基本还处于一种自发的无序状态,没有权威部门组织和管理,种薯质量差异巨大。国外普遍采用的注册种薯生产制度还没有在我国实施,商品薯和种薯生产没有严格区分。各级种薯生产都没有经过权威机构的检测和监督,种薯合格率低,市场上真正合格的脱毒种薯很少。同时,我国的脱毒马铃薯标准化生产体系又很不完善。因此,建立完善的脱毒马铃薯繁育体系是提高马铃薯种薯和商品薯产量和质量的关键,使脱毒马铃薯种薯生产标准化、规范化。

附 录

种子生产档案

<table>
<tr><td>生产单位</td><td colspan="2"></td><td>基地名称</td><td colspan="3"></td></tr>
<tr><td>基地面积/亩</td><td></td><td>技术负责人</td><td colspan="2"></td><td>品种名称</td><td></td></tr>
<tr><td rowspan="2">亲本来源</td><td colspan="2">父本：</td><td rowspan="2" colspan="2">亲本纯度</td><td colspan="2">父本 %</td></tr>
<tr><td colspan="2">母本：</td><td colspan="2">母本 %</td></tr>
<tr><td rowspan="2">播种日期</td><td colspan="2">父本： 年 月 日</td><td rowspan="2" colspan="2">秧田前作</td><td colspan="2">父本：</td></tr>
<tr><td colspan="2">母本： 年 月 日</td><td colspan="2">母本：</td></tr>
<tr><td rowspan="2">移栽期</td><td colspan="2">父本： 年 月 日</td><td rowspan="2" colspan="2">抽穗期</td><td colspan="2">父本： 年 月 日</td></tr>
<tr><td colspan="2">母本： 年 月 日</td><td colspan="2">母本： 年 月 日</td></tr>
<tr><td colspan="7">隔离区内同类作物抽穗扬花期：</td></tr>
<tr><td colspan="7">总体隔离情况：</td></tr>
<tr><td colspan="7">分 户 具 体 情 况(共 页)</td></tr>
</table>

户 名	面积/亩	本田前作	隔离情况	结 论

注：1. 本档案每个基地每个品种各填一本。

2. 分户面积之和应等于基地面积。

种子生产档案

分　户　具　体　情　况(共　页)				
户　名	面积/亩	本田前作	隔离情况	结论

注:本页不够可加页。

种子生产档案

检查隔离情况时所发现的问题及所采取措施的记录	
检查时期	发现的问题及所采取措施的记录
移栽前	基地技术负责人签名： 年　月　日
抽穗前	基地技术负责人签名： 年　月　日
抽穗扬花期	基地技术负责人签名： 年　月　日

种子生产档案

基地第一次田间花期检查情况

检查时间　　年　　月　　日

农户姓名	生育时期	面积/亩	母本											父本										综合评定	备注
			总穗数	杂穗数	杂穗率/%	其中								总穗数	杂穗数	杂穗率%	其中						割除时间		
						保持穗		变异穗		异品种		杂穗散粉					异品种		变异穗		杂穗散粉				
						穗	%	穗	%	穗	%	穗	%				穗	%	穗	%	穗	%			
合计																									
注：生育时期按始穗期、齐穗期、盛花期、终花期、灌浆期、黄熟期、收获前等填写（本表不够可加页）																									

调查人员：

种子生产档案

第一次田间花期检查发现的问题及所采取措施的记录
基地技术负责人签名： 年　月　日

种子生产档案

基地第二次田间花期检查情况

检查时间　　年　　月　　日

农户姓名	生育时期	面积/亩	母本											父本										综合评定	备注
			总穗数	杂穗数	杂穗率/%	其中								总穗数	杂穗数	杂穗率/%	其中						割除时间		
						保持穗		变异穗		异品种		杂穗散粉					异品种		变异穗		杂穗散粉				
						穗	%	穗	%	穗	%	穗	%				穗	%	穗	%	穗	%			
合计																									

注：生育时期按、始穗期、齐穗期、盛花期、终花期、灌浆期、黄熟期、收获前等填写(本表不够可加页)

调查人员：

种子生产档案

第二次田间花期检查发现的问题及所采取措施的记录
   基地技术负责人签名： 年　月　日

种子生产档案

种子生产田间的病、虫、草害情况记录
基地技术负责人签名： 年　月　日

种子生产档案

<table>
<tr><td>基地检验总体结论（包括隔离是否符合要求，有无影响种子质量的插花田，田间除杂去劣等是否全面彻底，田间花期检查是否符合标准等）</td><td colspan="5">基地技术负责人签名：
年　月　日</td></tr>
<tr><td colspan="6">种子收获入库情况</td></tr>
<tr><td>收获日期</td><td></td><td>入库时间</td><td></td><td>所用的加工机械</td><td></td></tr>
<tr><td>所用包装材料及规格</td><td colspan="5"></td></tr>
<tr><td colspan="6">分户具体入库情况（共　页）</td></tr>
<tr><td>农户姓名</td><td>面积/亩</td><td>入库数量/kg</td><td>农户姓名</td><td>面积/亩</td><td>入库数量/kg</td></tr>
<tr><td></td><td></td><td></td><td></td><td></td><td></td></tr>
<tr><td></td><td></td><td></td><td></td><td></td><td></td></tr>
<tr><td></td><td></td><td></td><td></td><td></td><td></td></tr>
<tr><td></td><td></td><td></td><td></td><td></td><td></td></tr>
<tr><td></td><td></td><td></td><td></td><td></td><td></td></tr>
<tr><td></td><td></td><td></td><td></td><td></td><td></td></tr>
<tr><td></td><td></td><td></td><td></td><td></td><td></td></tr>
<tr><td></td><td></td><td></td><td></td><td></td><td></td></tr>
<tr><td></td><td></td><td></td><td></td><td></td><td></td></tr>
<tr><td></td><td></td><td></td><td></td><td></td><td></td></tr>
<tr><td></td><td></td><td></td><td></td><td></td><td></td></tr>
<tr><td></td><td></td><td></td><td></td><td></td><td></td></tr>
<tr><td></td><td></td><td></td><td></td><td></td><td></td></tr>
<tr><td></td><td></td><td></td><td></td><td></td><td></td></tr>
</table>

种子生产档案

分户具体入库情况（共　页）					
农户姓名	面积/亩	入库数量/kg	农户姓名	面积/亩	入库数量/kg
合　计			合　计		

注：本页不够可以加页。

种子生产档案

<table>
<tr><td rowspan="2">入库后种子批划分情况</td><td colspan="2">入库总数量/kg</td><td colspan="4"></td></tr>
<tr><td colspan="2">划分种子批个数</td><td colspan="4"></td></tr>
<tr><td rowspan="6">每个种子批的数量及室内检验结果</td><td>批号</td><td>数量/kg</td><td>纯度/%</td><td>净度/%</td><td>发芽率/%</td><td>水分/%</td></tr>
<tr><td></td><td></td><td></td><td></td><td></td><td></td></tr>
<tr><td></td><td></td><td></td><td></td><td></td><td></td></tr>
<tr><td></td><td></td><td></td><td></td><td></td><td></td></tr>
<tr><td></td><td></td><td></td><td></td><td></td><td></td></tr>
<tr><td></td><td></td><td></td><td></td><td></td><td></td></tr>
<tr><td colspan="7">检验后种子处理依据及处理记录(含种子流向)</td></tr>
<tr><td colspan="7"></td></tr>
</table>

注:1. 分户具体入库数量之和应等于入库总数量。

2. 每个种子批的数量之和应等于入库总数量。

参 考 文 献

[1] 颜启传. 种子学. 北京：中国农业出版社，2001.

[2] 谷茂，杜红. 作物种子生产与管理. 2版. 北京：中国农业出版社，2010.

[3] 王建华，张春庆，种子生产学. 北京：高等教育出版社，2006.

[4] 付宗华，钱晓刚，彭义. 农作物种子学. 贵阳：贵州科技出版社，2003.

[5] 刘纪麟. 玉米育种学. 北京：中国农业出版社，2002.

[6] 郃连春. 玉米栽培技术. 北京：中国农业出版社，2011.

[7] 祁显涛，杨海龙，谢传晓. 玉米雄性不育机制及其产业化应用研究进展. 作物杂志，2014，6.

[8] 闫米格，武岩军，任丽萍，等. 利用雄性不育系培育玉米新品种. 山西农业科学，2011，39(6).

[9] 张小玲，胡伟民. 种子学基础. 北京：中国农业大学出版社. 2016.

[10] 袁隆平. 两系杂交水稻研究论文集. 北京：农业出版社. 1992.

[11] 侯文平，王成瑗，赵磊. 收获时期对水稻制种产量的影响. 研究报告. 2014，44(6)：8-11.

[12] 牟同敏. 中国两系法杂交水稻研究进展和展望. 科学通报. 2016，31(35)：3761-3769.

[13] 袁俊，石天宝，吴嘉垲. 温敏核不育系株1S原原种冷灌繁殖技术. 杂交水稻. 2017，32(4)：33-35.

[14] 杨烨，陈立云. 水稻两用核不育系研究进展. 作物研究. 2008，22(5)：328-332.

[15] 罗孝和，夏石头，罗珊. 两用核不育系及其超级稻研究. 第1届中国杂交水稻大会论文集. 2010，9：59-63.

[16] 廖亦龙，王丰，邹新华. 水稻光温敏核不育系GD-1S冷灌繁殖高产技术. 杂交水稻. 2005，20(1)：29-31.

[17] 韦美英. 桂宝蔗区甘蔗当家品种退化表现及防治对策. 广西甘蔗，2010，3：17-18.

[18] 付思明. 甘蔗良种种芽快繁技术简述. 中国农业信息，2013，12：20-22.

[19] 戚经文，苏广达，谭中文. 甘蔗育种和良种繁育. 北京：农业出版社，1980.

[20] 王海波. 大田作物制种技术. 北京：中国农业大学出版社，2007.

[21] 孙新政. 园艺植物种子生产. 北京：中国农业出版社，2006.

[22] 王裕欣、肖利贞. 甘薯产业化经营. 北京：金盾出版社，2010.

[23] 河南省农作物品种重点实验室. 甘薯脱毒及高产高效技术. 郑州：河南科学技术出版社，2000.

[24] 高文红，王志强. 现代甘薯产业技术. 北京：中国农业大学出版社，2014.

[25] 韩黎明，杨俊丰，景覆贞，等. 马铃薯产业原理与技术. 北京：中国农业科学技术出版社，2010.

[26] 崔杏春. 马铃薯良种繁育与高效栽培技术. 北京：化学工业出版社，2011.

[24] 卢翠华，邱宏，张丽莉. 马铃薯组织培养原理与技术. 北京：中国农业科学技术出版社，2009.

[25] GB/T 17318—1998 大豆原种生产技术操作规程.

[26] 曹雯梅，刘松涛. 作物种子生产. 北京：中国农业大学出版社，2010.

[27] 万书波. 花生品种改良与高产优质栽培. 北京：中国农业出版社，2008.

[28] 禹山林. 中国花生遗传育种学. 上海：上海科学技术出版社，2011.

[29] 范永强. 现代中国花生栽培. 济南：山东科学技术出版社，2014.